Methoden der Regelungs- und Automatisierungstechnik

Herausgegeben von
Otto Föllinger, Hans Sartorius und Volker Krebs

Lineare Abtastsysteme

von
Professor em. Dr. rer. nat. Dr.-Ing. E. h. Otto Föllinger,
Universität Karlsruhe

5., durchgesehene Auflage

Mit 104 Bildern und 2 Tabellen

R. Oldenbourg Verlag München Wien 1993

Prof. em. Dr. rer. nat. Dr.-Ing. E.h. Otto Föllinger, geboren 1924, studierte Mathematik und Physik an der Universität Frankfurt und promovierte 1952 in Mathematik. Ab 1956 arbeitete er im Institut für Automation der AEG. Von 1965 bis 1990 war er Inhaber des Lehrstuhls für Regelungs- und Steuerungssysteme an der Elektrotechnischen Fakultät der Universität Karlsruhe. 1986 verlieh ihm die Elektrotechnische Fakultät der Ruhruniversität Bochum die Ehrendoktorwürde. 1988 erhielt er das Ehrenzeichen des VDI.

Die Deutsche Bibliothek - CIP-Einheitsaufnahme

Föllinger, Otto:
Lineare Abtastsysteme / von Otto Föllinger. - 5., durchges.
Aufl. - München ; Wien : Oldenbourg, 1993
(Methoden der Regelungs- und Automatisierungstechnik)
ISBN 3-486-22725-4

Druck: Grafik und Druck, München
Bindung: R. Oldenbourg Graphische Betriebe GmbH, München

ISBN 3-486-22725-4

Inhaltsverzeichnis

Vorwort

Unter einem Abtastsystem (oder zeitdiskreten System) ist ein dynamisches System zu verstehen, in dem Abtastvorgänge auftreten, d.h. aus kontinuierlichen Zeitverläufen zu diskreten Zeitpunkten, den Abtastzeitpunkten, Funktionswerte entnommen und die so erhaltenen Wertefolgen weiterverarbeitet werden.

Enthält ein kontinuierliches dynamisches System, dessen mathematisches Modell also vorwiegend aus Differentialgleichungen besteht, ein digital arbeitendes Gerät, z.B. einen Mikrorechner, so ist es notwendig, dessen Eingangsgrößen abzutasten, weil man so Wertefolgen erhält, welche in die erforderliche Zahlendarstellung übersetzt werden können, was für kontinuierliche Zeitverläufe ausgeschlossen ist. Jedes derartige System ist daher ein Abtastsystem.

Eine digitale Regelung, d.h. eine Regelung, bei der die Funktionen des Reglers durch einen Digitalrechner, speziell Mikrorechner, ausgeübt werden, stellt also ein Abtastsystem dar. Jedoch sind beide Begriffe nicht deckungsgleich. Es gibt Abtastvorgänge, die mit der Verwendung von Rechnern nichts zu tun haben, vielmehr auf andere Weise, z.B. durch die meßtechnische Erfassung von Systemgrößen, zustande kommen.

Liegen die Abtastzeitpunkte dicht beisammen, so ist es einleuchtend, daß die Verarbeitung der abgetasteten Signale das kontinuierliche Verhalten approximiert, daß also eine derartige digitale Regelung (oder Steuerung) "quasikontinuierlich" arbeitet. In solchem Fall kann man sich an die bewährten kontinuierlichen Reglertypen, wie PI- und

PID-Regler, halten und braucht sie lediglich in entsprechende Algorithmen umzusetzen. Die eigentliche Abtastmethodik setzt erst dann ein, wenn die Distanz benachbarter Abtastzeitpunkte größer wird und das quasi-kontinuierliche Verhalten dadurch verlorengeht. Dann sind andere als die konventionellen Betrachtungsweisen erforderlich, die aber immerhin in weitgehender Analogie zur kontinuierlichen linearen Theorie entwickelt werden können. Sie sind Gegenstand des vorliegenden Buches.

Entsprechend der Intention der Reihe "Methoden der Regelungs- und Automatisierungstechnik" beschränkt sich der Text auf die wesentlichen Züge der Theorie und versucht, diese anschaulich und anwendungsnah darzustellen. Um dem Leser ein selbständiges Urteil über die Begriffsbildungen, Methoden und Kriterien zu ermöglichen, werden deren Begründung, Tragweite, Zusammenhang eingehend erörtert. Wer sich für Herleitungen nicht interessiert, kann den Text aber auch als Rezeptbuch lesen. Um den Leser nicht mehr als nötig zu strapazieren, wurde besonders auf gute Lesbarkeit und genügende Breite der Darstellung geachtet.

Die Gliederung des Buches ergibt sich aus seiner Zielsetzung. Nachdem im Kapitel 1 etwas zum Auftreten von Abtastvorgängen gesagt wurde, ist der nächste Schritt die mathematische Analyse des Abtastvorganges (Kapitel 2). Aus ihr folgt unmittelbar die mathematische Methode zur Behandlung von Abtastsystemen in Form der z-Transformation. Deren Rechenregeln werden ausführlich in Kapitel 3 dargestellt. Mit diesem Werkzeug wird an die Beschreibung und Analyse von Abtastsystemen herangegangen (Kapitel 4 und 5). Im Mittelpunkt steht die eingehende Diskussion des Stabilitätsbegriffs und der Stabilitätskriterien. Die Übertragung des von den kontinuierlichen Systemen her geläufigen Wurzelortsverfahrens auf Abtastsysteme (Abschnitt 5.5) leitet zur Regelungssynthese über. Diese steht im Kapitel 6 im Mittelpunkt und ist von besonderem Interesse, da die Abtastsysteme mit dem "Entwurf auf endliche Einstellzeit" eine Synthesemöglichkeit bieten, die es in dieser Form bei kontinuierlichen Systemen nicht gibt. Im Kapitel 7 wird die Beschreibung, Analyse und vor allem Synthese von Abtastsystemen im Zustandsraum behandelt. Den Abschluß bilden 20 Übungsaufgaben mit ausführlicher Beschreibung des Lösungsweges.

Auf Fragen der Gerätetechnik und Programmierung wird nicht eingegangen. Die Dinge ändern sich hier allzu rasch und sind zu sehr an konkrete Details gebunden, als daß sie in einem Lehrbuch über methodische Grundlagen Platz finden könnten. Hierfür sei etwa verwiesen auf

. Franklin, G.F. - Powell, J.D. - Workman, M.L.: Digital Control of Dynamic Systems. Addison-Wesley, 2. Auflage, 1990. Kapitel 12.

. Auslander, D.M. - Tham, Ch.H.: Real-time software for control: program examples in C. Prentice Hall, 1989.

Als eine erste Einführung in die Programmierung kann auch das Buch

. Gausch, F. - Hofer, A. - Schlacher, K.: Digitale Regelkreise - ein einfacher Einstieg mit dem Programm µLINSY, R. Oldenbourg Verlag, 1991,

dienen.

Auch auf die Anwendung der Nyquist-Ortskurve und der Frequenzkennlinien auf Abtastsysteme wurde verzichtet. Ausführliche Darstellungen dieser Materie findet man in der Aufsatzserie "Reglersynthese für Systeme mit Begrenzungen" von G. SCHNEIDER und N. DOURDOUMAS in den Gelben Blättern der Zeitschrift "Regelungstechnik" 1977/78 sowie in den Büchern von W. LATZEL [45], F. DÖRRSCHEIDT - W. LATZEL [20] und F. GAUSCH - A. HOFER - K. SCHLACHER [43].

In der obigen Aufsatzserie sowie in weiteren Aufsätzen von G. SCHNEIDER und seinen Mitarbeitern (siehe die Zitate in Abschnitt 6.5) werden auch Nichtlinearitäten in Gestalt von Begrenzungskennlinien betrachtet.

Nun ein Wort zu den Voraussetzungen. An mathematischen Kenntnissen werden die Elemente der Laplace-Transformation sowie einige Grundtatsachen der Funktionentheorie gebraucht. Im Kapitel 7 benötigt man überdies die Grundregeln der Vektor- nd Matrizenrechnung. Was die regelungstechnischen Voraussetzungen betrifft, so sollten die Grundbegriffe des Regelkreises und seine Darstellung im Strukturbild (Signalflußbild, Wirkungsplan) sowie die linearen Stabilitätskriterien und das Wurzelortsverfahren für kontinuierliche Systeme bekannt sein. Für das Kapitel 7 werden die Grundtatsachen der Zustandsbeschreibung eines dynamischen Systems als bekannt angesehen.

Zur Bezeichnungsweise ist zu bemerken, daß in den Strukturbildern die Übertragungsglieder durch Übertragungsfunktionen, also durch komplexe Funktionen, charakterisiert werden, obgleich an den Wirkungslinien Zeitfunktionen zu denken sind. Die Übertragungsfunktion ist hierbei als Symbol der zugehörigen Funktionalbeziehung im Zeitbereich aufzufassen.

Mein Dank gilt Herrn Privatdozent Dr. Anton HOFER (Technische Universität Graz) für wertvolle Ratschläge, Herrn Klaus MÖSSNER für seine Hilfe bei Literaturrecherchen, Frau Rita BELLM für die sorgfältige Durchführung der Schreibarbeiten, Herrn Manfred JOHN vom Oldenbourg Verlag für die angenehme Zusammenarbeit und nicht zum wenigsten meiner Frau URSULA, insbesondere für ihr Verständnis, daß ein Emeritus nicht so leicht von seiner ihm lieb gewordenen Tätigkeit ablassen kann.

Karlsruhe, im Mai 1993 O. Föllinger

1. Auftreten von Abtastvorgängen

Wird eine zeitveränderliche Größe in einem technischen System verarbeitet, werden also gewisse Operationen mit ihr vorgenommen, muß sie zunächst einmal erfaßt werden. So verfügt jeder Regelkreis über eine Meßeinrichtung, mit welcher der Istwert der Regelgröße erfaßt wird, um mit der Führungsgröße verglichen werden zu können.

Es kann nun sein, daß die zeitveränderliche Größe nicht laufend erfaßt, sondern nur von Zeit zu Zeit gemessen wird und daß infolgedessen für die Weiterverarbeitung nur die Werte zu den Meßzeitpunkten zur Verfügung stehen. Man sagt dann, die zeitveränderliche Größe werde abgetastet und versteht darunter also die Entnahme einzelner Funktionswerte aus dem kontinuierlichen Werteverlauf zu den Meßzeitpunkten. Diese werden dann auch als Abtastzeitpunkte bezeichnet. In den weitaus meisten Fällen sind die Abtastzeitpunkte äquidistant, was wir für das Folgende voraussetzen wollen. Setzt die Abtastung etwa zum Zeitpunkt $t=0$ ein und werden die Meßwerte im zeitlichen Abstand T entnommen, so entsteht aus der Funktion $f(t)$ die Wertefolge

$$f_0 = f(0),\ f_1 = f(T),\ f_2 = f(2T), \ldots, f_k = f(kT), \ldots,$$

die man kurz mit (f_k) bezeichnen kann. Falls keine Mißverständnisse zu befürchten sind, werden wir die Klammern auch weglassen und die Folge einfach mit f_k bezeichnen. T heißt die Abtastperiode.

Um die Meßwerte f_k weiterverarbeiten zu können, müssen sie noch eine gewisse Zeitspanne nach dem Meßzeitpunkt kT zur Verfügung stehen. Jede Abtastung ist also notwendigerweise mit einer Speicherung der abgetasteten Werte verbunden.

Bei den regelungstechnischen Anwendungen darf man sich im allgemeinen vorstellen, daß der Meßwert f_k über die gesamte Abtastperiode T gespeichert wird, also so lange, bis der nächste Meßwert f_{k+1} zur Verfügung steht.

Was hier in Worten beschrieben wurde, ist im Bild 1/1 anschaulich dargestellt. Durch den mit einer Speicherung verbundenen Abtastvorgang wird aus der kontinuierlichen Zeitfunktion f(t) über eine Wertefolge $(f_k) = \big(f(kT)\big)$ eine Treppen- oder Stufenfunktion erzeugt, die wir mit $\bar{f}(t)$ bezeichnen wollen.

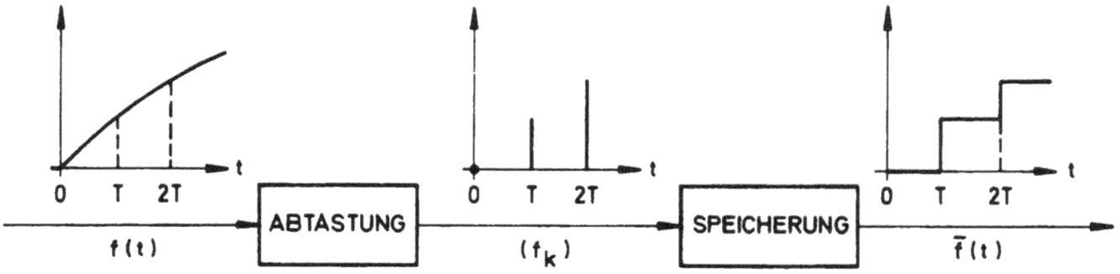

Bild 1/1 Abtastvorgang

Ein einfaches Beispiel für einen solchen Abtastvorgang liefert ein Rundsichtradar. Um die Besetzung des Luftraumes um einen Flughafen unter Kontrolle zu halten, kreist der Radarstrahl der Rundsichtanlage gleichmäßig. Trifft er ein Objekt, so wird dieses als leuchtender Punkt auf einem Sichtgerät wiedergegeben, wobei man seinen Abstand vom Kontrollzentrum ablesen kann. Erst nach einer Umdrehung des Radarschirms wird die Lage des Objektes von neuem festgestellt. Die Lage des Objektes ist daher nur in den Zeitpunkten bekannt, in denen es vom Radarstrahl getroffen wird. Sieht man von seiner Eigenbewegung ab, so sind diese Zeitpunkte äquidistant und durch die Umdrehungszeit des Radarschirms gegeben. Trägt man die von der Radareinrichtung gemessene Entfernung des Objektes über der Zeit auf und denkt sich den Meßwert in den Zwischenzeiten festgehalten, etwa durch den nachleuchtenden Punkt auf dem Sichtgerät, so erhält man Zeitverläufe wie im Bild 1/1.

Auf ganz andere Weise kann ein Abtastvorgang bei der Ortung eines Objektes unter Wasser zustande kommen, und zwar dann, wenn das Objekt aktiv angepeilt wird. Da unter Wasser elektromagnetische Wellen nicht zu verwenden sind, muß das zu ortende Objekt mit Ultraschallimpulsen angepeilt werden. Im Unterschied zu elektromagnetischen Wellen spielt dann die Laufzeit des Schalles eine wesentliche Rolle. Von der Peileinrichtung wird ein Schallimpuls ausgesandt, der nach der Reflexion am Zielobjekt wieder von der Peileinrichtung empfangen wird, woraus unter anderem der Lagewinkel des Zielobjektes ermittelt werden kann. Erst nach dem Empfang des reflektierten Schallimpulses kann ein neuer Suchimpuls ausgesandt werden, um die inzwischen möglicherweise veränderte Lage des Zielobjektes von neuem festzustellen. Bei der Schallgeschwindigkeit von etwa 1500 ms^{-1} im Wasser und einer Reichweite von einigen tausend Metern können so mehrere Sekunden zwischen zwei aufeinanderfolgenden Messungen liegen. Man wird daher von vornherein die Schallimpulse nur in bestimmten vorgegebenen Abständen aussenden, die durch die maximale Reichweite der Schallquelle bestimmt sind. Zwischen dem sich kontinuierlich ändernden Lagewinkel des angepeilten Objektes und dem gemessenen und gespeicherten Winkel besteht also ebenfalls der im Bild 1/1 skizzierte Zusammenhang.

In wiederum anderer Weise kommt ein Abtastvorgang zustande, wenn in chemischen Prozessen automatische Analysengeräte verwendet werden. Um festzustellen, welche Menge eines bestimmten Stoffes in einer vorliegenden Stoffkombination enthalten ist, wird eine Probe in einem automatischen Analysegerät, z.B. einem Gaschromatographen, selbsttätig untersucht. Dieses benötigt zur Durchführung der Analyse eine gewisse Zeit. Erst dann, wenn eine Analyse abgeschlossen ist, kann eine neue Analyse beginnen. Der zuletzt gemessene Wert wird so lange festgehalten, bis der neue Analysenwert vorliegt. Daher ist der Zusammenhang zwischen der zeitveränderlichen Stoffmenge und dem gemessenen Wert auch hier durch Bild 1/1 gegeben.

In den skizzierten Beispielen kommt ein Abtastvorgang durch die Art der Meßwerterfassung zustande. Auf andere Weise, nämlich durch die Art der Meßwertverarbeitung, entstehen Abtastvorgänge bei der Verwendung eines Digitalrechners zur Beobachtung und Beeinflussung von industriellen Prozessen. Von den verschiedenen Aufgaben eines solchen Rechners interessiert uns hier in erster Linie die Möglichkeit, daß er die Funktion des Reglers für die zum Prozeß gehörigen Regelungen übernehmen kann. Man spricht dann auch von direkter digitaler Kontrolle (DDC), wobei die Benennung "Kontrolle" die Möglichkeit miteinschließt, daß außer Reglern auch Steuereinrichtungen, also die aktiven Teile von reinen Steuerungssystemen, im Rechner realisiert werden. Im folgenden wird der grundsätzliche Aufbau einer Regelung mit Prozeßrechner (insbesondere Mikrorechner) beschrieben.

Es gibt eine ganze Reihe von Gründen, warum man mehr und mehr zur digitalen Realisierung von Reglern (und Steuergeräten) übergeht:

- Umfangreiche Automatisierungssysteme sind ihrer Natur nach digital. Regeleinrichtungen, die als Bestandteile hiervon auftreten, fügen sich am besten ein, wenn sie ebenfalls digital realisiert werden.
- Die Flexibilität ist ganz wesentlich größer als bei Verwendung analog arbeitender Geräte. Dadurch kann man ohne großen Aufwand Umstellungen der Regelalgorithmen vorneh-

men, wie sie z.B. bei Abänderung der Fahrweise der Anlage erforderlich werden. Hohe Flexibilität ist auch von Bedeutung für die Beeinflussung der Regeleinrichtungen von übergeordneten Ebenen her, wie sie bei hierarchischen Automatisierungssystemen stattfindet. Ebenso wichtig ist die Flexibilität für die Adaption, also für die Anpassung der Reglerparameter oder darüber hinaus der Reglerstruktur an das sich ändernde Prozeßverhalten während des Prozeßablaufs.

. Digital realisierte Parameter sind driftfrei. Generell sind sie unempfindlicher gegenüber Umwelteinflüssen, wie z.B. Temperaturschwankungen, als analog verwirklichte Parameter.

. Die Parameter eines digital arbeitenden Geräts können aufgrund ihres digitalen Charakters grundsätzlich beliebig genau eingestellt werden. Ebenso lassen sich digital realisierte Operationen prinzipiell mit beliebiger Genauigkeit ausführen. Hingegen kann eine hinreichend genaue analoge Verwirklichung erhebliche Schwierigkeiten machen.

. Die Realisierung komplizierter Regelungs- und Steuerungsgesetzmäßigkeiten, die in analoger Form sehr aufwendig oder sogar undurchführbar sein kann, ist mittels Mikrorechnern ohne Schwierigkeit möglich.

. Damit hängt zusammen, daß die Regelung von Mehrgrößensystemen, also Systemen mit mehreren Ein- und Ausgangsgrößen, die aufgrund innerer Kopplungen nicht getrennt zu behandeln sind, mit digitalen Reglern erheblich effizienter sein kann als mit analogen Reglern, bei denen man im wesentlichen auf Entkopplung angewiesen ist. Bei digitalen Reglern hingegen steigt der Aufwand zur Bearbeitung von Mehrgrößensystemen gegenüber dem mit entsprechenden Algorithmen bei Eingrößensystemen erforderlichen nicht entscheidend an.

- Schließlich kann bei digitaler Regelung eine Protokollierung der interessierenden zeitveränderlichen Größen nebenher mitlaufen.

Will man aus solchen Gründen den Regler digital realisieren, d.h. als Algorithmus in einem Digitalrechner darstellen, so muß die Meßgröße, welche dem Regler zugeführt wird, notwendigerweise digitalisiert werden. Dazu ist es erforderlich, sie "abzutasten", d.h. aus dem kontinuierlichen Verlauf der Meßgröße in bestimmten Zeitabständen Werte zu entnehmen und sie einem A/D-Umsetzer zuzuführen, welcher aus der zunächst vorliegenden analogen Darstellung die erforderliche digitale Darstellung erzeugt. Jede digitale Regelung setzt daher zwangsläufig einen Abtastvorgang voraus.

Wird die Abtastung in so kurzen Zeitabständen durchgeführt, daß die Folge der Abtastwerte den kontinuierlichen Zeitverlauf getreu wiedergibt, so kann man sich so verhalten, als ob die Meßgröße tatsächlich kontinuierlich erfaßt würde, kann also den Abtastvorgang ignorieren und die Methoden zur Behandlung kontinuierlicher Regelungssysteme verwenden. In vielen Fällen wird aber eine Abtastung so hoher Frequenz nicht möglich sein, sicherlich dann nicht, wenn die Zeitvorgänge des Systems und damit die Änderungen der Meßgröße genügend schnell erfolgen. Dann läßt sich die digitale Regelung nicht mehr als "quasikontinuierlich" ansehen, sondern muß als Abtastsystem behandelt werden.*)

---

*) Eine Art Zwischenstellung zwischen den beiden Vorgehensweisen nimmt ein Vorschlag von H.P. TRÖNDLE ein: Anwenderorientierte Auslegung von Abtastreglern nach der Methode der Doppelverhältnisse. Regelungstechnik 26 (1978), Seite 384-391.
Das Prinzip besteht darin, den Abtastregler in einen äquivalenten kontinuierlichen Regler zu transformieren und diesen nach einem kontinuierlichen Syntheseverfahren zu entwerfen. Auch hier darf jedoch die Abtastperiode nicht zu groß werden.

Das Bild 1/2 zeigt den grundsätzlichen Aufbau einer solchen digitalen Regelung. Die Meßeinrichtung erfaßt laufend den Istwert x der Regelgröße. Der erfaßte Istwert ist mit r (Rückführgröße) bezeichnet. Die weitere Verarbeitung

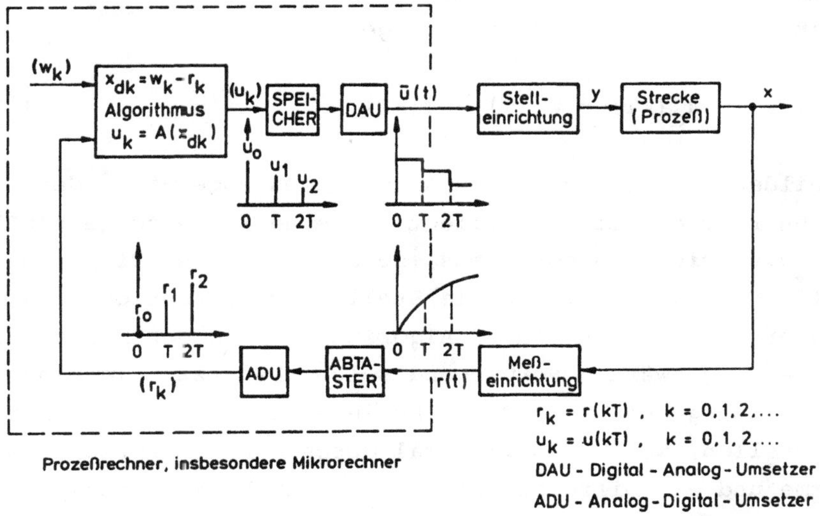

Bild 1/2 Blockschema einer digitalen Regelung

kann man sich im Prinzip so vorstellen, daß aus dem kontinuierlichen Werteverlauf r(t) durch einen mittels Zeitprogramm gesteuerten Schalter, den Abtaster, äquidistante Werte zu den Zeitpunkten kT, k = 0,1,2,..., entnommen werden. Die Abtastperiode T, also der zeitliche Abstand zweier benachbarter Abtastwerte, wird für verschiedene physikalische Größen verschieden gewählt werden. So wird sie bei Temperaturregelungen erheblich größer sein als bei Durchflußregelungen.

Die abgetasteten Werte werden in der Reihenfolge, in der sie anfallen, dem Analog-Digital-Umsetzer zugeführt, der sie in einer für die Arbeitsweise des Rechners geeigneten digitalen Form darstellt. Die durch ihn bewirkte Quantisierung der Funktionswerte ist aber normalerweise so fein abgestuft, daß sie für unsere Zwecke vernachlässigt werden darf.

Im Rechner wird die erfaßte Istwertfolge r(kT) mit der gespeichert vorliegenden Führungsgrößenfolge w(kT) verglichen und die Regeldifferenzfolge

$$x_d(kT) = w(kT) - r(kT) \tag{1.1}$$

gebildet. Auf sie wird ein Algorithmus angewandt, der im Rechner programmiert vorliegt und eine Steuerfolge u(kT) erzeugt. Dieser Algorithmus, zusammen mit der Differenzbildung (1.1), tritt an die Stelle des konventionellen Reglers. Unter den vielen Algorithmen, die denkbar sind, werden gegenwärtig vorwiegend solche benutzt, die eine Übersetzung des PI- und PID-Reglers ins Diskontinuierliche darstellen, wobei das Integral durch eine entsprechende Summe und der Differentialquotient durch einen entsprechenden Differenzenausdruck ersetzt wird [67].

Man geht dabei von der Gleichung des PID-Reglers im Zeitbereich aus:

$$u(t) = K_R\left[x_d(t) + \frac{1}{T_N}\int_0^t x_d(\tau)d\tau + T_V\dot{x}_d(t)\right], \tag{1.2}$$

wobei

- K_R der Übertragungsbeiwert des Reglers,
- T_N die Nachstellzeit,
- T_V die Vorhaltzeit

ist. Man ersetzt nun die kontinuierlichen Funktionen $x_d(t)$ und u(t) durch die Zahlenfolgen $x_d(kT)$ und u(kT). Für das Integral

$$\int_0^t x_d(\tau)d\tau$$

nimmt man die Summe

$$\sum_{\nu=0}^{k-1} x_d(\nu T)\cdot T \ ,$$

welche die durch das Integral dargestellte Fläche unter der Funktionskurve $x_d(t)$ approximiert. Als obere Grenze der Summe könnte man statt k-1 auch k wählen, um den letzten zum Zeitpunkt kT vorliegenden Wert von x_d noch zu verwenden. Schließlich ersetzt man den Differentialquotienten $\dot{x}_d(t)$ durch den Differenzenquotienten

$$\frac{x_d(kT)-x_d\big((k-1)T\big)}{T} \ .$$

Zur Verminderung der Störwelligkeit kann man hier auch kompliziertere Differenzenquotienten einführen, worauf wir aber nicht einzugehen brauchen, da dies bei den weiteren Untersuchungen keine Rolle spielt.

Insgesamt erhält man so aus (1.2) den PID-Algorithmus

$$u(kT) = K_R x_d(kT) + K_R \frac{T}{T_N} \sum_{\nu=0}^{k-1} x_d(\nu T) + $$
$$+ K_R \frac{T_V}{T}\Big[x_d(kT) - x_d\big((k-1)T\big)\Big] .$$

Setzt man hierin die Vorhaltzeit $T_V = 0$, so ergibt sich der PI-Algorithmus, den wir den folgenden Betrachtungen zugrunde legen wollen:

$$u(kT) = K_R x_d(kT) + K_R \frac{T}{T_N} \sum_{\nu=0}^{k-1} x_d(\nu T) \quad . \qquad (1.3)$$

Man darf annehmen, daß die Erstellung dieses Wertes u(kT) aus den abgetasteten Werten r(νT), ν=0,1,...,k-1, so wenig Zeit beansprucht, daß diese Zeitspanne gegenüber der Abtastperiode T vernachlässigt werden kann. Die Werte u(kT) und r(kT) dürfen daher als gleichzeitig angesehen werden. Sicherlich gilt dies für verfahrenstechnische Strecken, während es z.B. in der Antriebstechnik wegen der kurzen Tastperiode und der unter Umständen aufwendigeren Algorithmen anders sein kann. In einem solchen Fall ist die Rechenzeit als Totzeit zu berücksichtigen.

Auch der Wert u(kT) liegt zunächst digital vor. Durch den Speicher wird er über die unmittelbar folgende Abtastperiode festgehalten und durch einen Digital-Analog-Umsetzer in analoger Form dargestellt. Es entsteht so eine Treppenfunktion $\bar{u}(t)$, die über eine analoge Stelleinrichtung auf die Regelstrecke einwirkt.

Man kann nunmehr die digitale Regelung durch das im Bild 1/3 dargestellte Blockschema beschreiben. Dabei ist angenommen, daß ein PI-Algorithmus zur Regelung vorgesehen ist, daß Meßeinrichtung und Stelleinrichtung proportional wirken und daß die Strecke mit genügender Näherung durch eine Verzögerung 1. Ordnung mit Totzeit charakterisiert werden kann. Die Gleichungen (1.1) und (1.3) des Regelalgorithmus sind abgekürzt in der Form

$$x_{dk} = w_k - r_k , \tag{1.4}$$

$$u_k = K_R \left[x_{dk} + \frac{T}{T_N} \sum_{\nu=0}^{k-1} x_{d\nu} \right] \tag{1.5}$$

geschrieben, wobei also

$$r_k = r(kT),\ w_K = w(kT),\ x_{dk} = x_d(kT),\ u_k = u(kT)$$

ist.

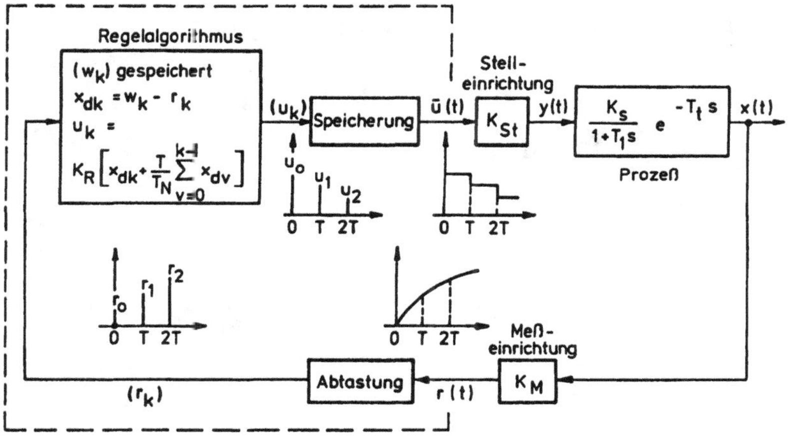

Bild 1/3 Struktur eines digitalen Regelkreises

Hier wird somit der kontinuierliche Zeitverlauf r(t) zunächst abgetastet, was zu der Wertefolge (r_k) führt. Diese wird dann durch den Rechneralgorithmus weiterverarbeitet, und zwar wird aus ihr und der im Rechner gespeicherten Wertefolge (w_k) nach einem bestimmten Programm die Steuerfolge (u_k) erzeugt. Erst aus dieser wird dann durch Speicherung über die Abtastperiode T die Treppenfunktion $\bar{u}(t)$ gebildet.

Bei dieser Beschreibung des dynamischen Verhaltens ist also, abweichend von den früheren Beispielen, die Abtastung nicht unmittelbar mit einer Speicherung über die Abtastperiode T verbunden. Man kann aber leicht eine äquivalente

Beschreibung für die Tätigkeit des Prozeßrechners angeben, bei der Abtastung und Speicherung über T unmittelbar aufeinander folgen. Auf diese Weise ist es möglich, die Meßwertverarbeitung und -ausgabe in der gleichen Weise zu beschreiben wie die Meßwerterfassung.

Dazu ist es zweckmäßig, die Gleichung (1.5) etwas umzuformen. Hierzu schreiben wir sie zunächst für k-1 an:

$$u_{k-1} = K_R\left[x_{d,k-1} + \frac{T}{T_N}\sum_{\nu=0}^{k-2} x_{d\nu}\right] . \qquad (1.6)$$

Nun wird (1.6) von (1.5) subtrahiert:

$$u_k - u_{k-1} = K_R\left[x_{dk} - x_{d,k-1} + \frac{T}{T_N} x_{d,k-1}\right] ,$$

$$u_k = K_R x_{dk} + K_R\left(\frac{T}{T_N} - 1\right) x_{x,k-1} + u_{k-1} . \qquad (1.7)$$

Die Gleichung (1.7) verknüpft diskrete Werte miteinander. Da sie für k = 0,1,2,... gilt, steht sie für eine ganze Schar von Gleichungen. Man kann <u>eine</u> äquivalente Gleichung mit Treppenfunktionen finden, die dieser Gleichungsschar entspricht.

Zur Wertefolge (u_k) gehört die Treppenfunktion $\bar{u}(t)$, die im k-ten Intervall $kT \leqq t < (k+1)T$, k = 0,1,2,... die Höhe u_k hat. Zur Wertefolge

$$(u_{k-1}) = (u_{-1}, u_0, u_1, \ldots) ,$$

also der um einen Schritt nach rechts verschobenen Wertefolge (u_k), gehört demgemäß die um T nach rechts verschobene Treppenfunktion $\bar{u}(t-T)$. Da Entsprechendes natürlich auch für $x_d(t)$ gilt, kann man (1.7) auch als Gleichung für die Treppenfunktionen $\bar{u}(t)$ und $\bar{x}_d(t)$ schreiben:

$$\bar{u}(t) = K_R \bar{x}_d(t) + K_R\left(\frac{T}{T_N} - 1\right) \bar{x}_d(t-T) + \bar{u}(t-T) \quad . \quad (1.8)$$

Nun kann man sich vorstellen, daß die Speicherung über die Abtastperiode T sofort nach der Abtastung erfolgt, also noch vor der Verarbeitung im Algorithmus aus (r_k) die Treppenfunktion $\bar{r}(t)$ erzeugt. Weiterhin kann man sich vorstellen, daß statt der Wertefolge (w_k) im Rechner die Treppenfunktion $\bar{w}(t)$ gespeichert vorliegt, daß also die Differenzbildung

$$\bar{x}_d(t) = \bar{w}(t) - \bar{r}(t)$$

zwischen den Treppenfunktionen erfolgt und daß schließlich der Algorithmus in der Form (1.8) angewandt wird, die zu (1.7) und damit zu (1.5) äquivalent ist. Dann liefert der Algorithmus selbst bereits die Treppenfunktion $\bar{u}(t)$.

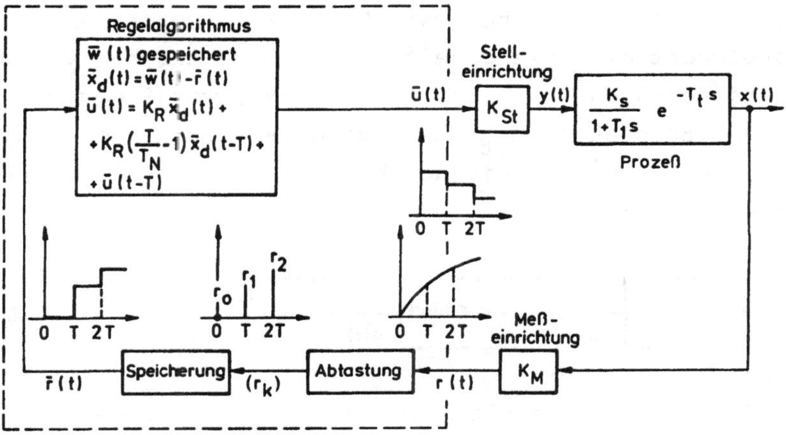

Bild 1/4 Äquivalente Struktur des digitalen Regelkreises aus Bild 1/3

Diese Beschreibung des Rechnerverhaltens, die im Bild 1/4 wiedergegeben ist, mag weniger eng an die realen Gegebenheiten angepaßt sein als die frühere aus Bild 1/3. Nichtsdestoweniger ist sie äquivalent zu ihr, d.h. die gleiche Eingangsfunktion r(t) erzeugt bei beiden Strukturen die gleiche Ausgangsfunktion $\bar{u}(t)$. Für die Untersuchung der Dynamik von DDC-Regelkreisen kann sie also ebenfalls zugrunde gelegt werden. Kurz gesagt kann man also Speicherung und Rechneralgorithmus miteinander vertauschen. Wie aus der Herleitung hervorgeht, hängt dieses Ergebnis nicht von dem speziellen hier betrachteten Algorithmus ab.

Besteht die an den Digitalrechner angeschlossene Stelleinrichtung in einem integrierenden Stellantrieb, so ist die Struktur des Digitalregelkreises zunächst etwas anders als im Bild 1/3. Handelt es sich beispielsweise um einen Schrittmotor, der über eine geeignete elektronische Schaltung angesteuert wird, so reagiert dieser auf einen eingegebenen Steuerimpuls der Höhe Δu_k mit einer proportionalen Winkeländerung und hält dann die neue Winkellage so lange fest, bis der nächste Eingangsimpuls Δu_{k+1} eine entsprechende Winkeländerung bewirkt. Der Schrittmotor summiert und speichert also gleichzeitig. Sein dynamisches Verhalten wird durch das Bild 1/5 beschrieben, wobei der Proportionalitätsfaktor K_{St} als besonderer Block abgetrennt ist, um den Vergleich mit der bisher untersuchten Struktur zu erleichtern.

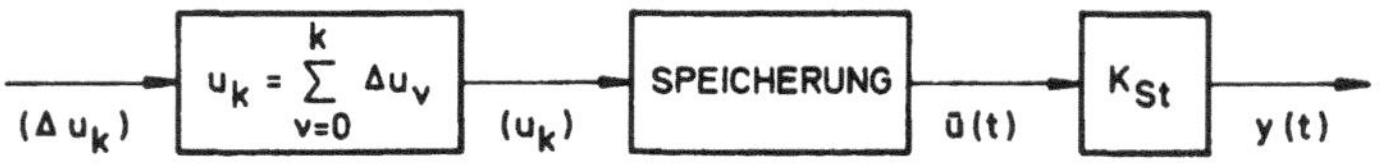

Bild 1/5 Dynamisches Verhalten eines Schrittmotors

Wegen dieses Verhaltens des Schrittmotors wird der Rechneralgorithmus abgewandelt, und zwar so, daß statt der

Werte u_k die Differenzen

$$\Delta u_k = u_k - u_{k-1}$$

geliefert werden. Wegen (1.7) gilt

$$\Delta u_k = K_R x_{dk} + K_R \left(\frac{T}{T_N} - 1\right) x_{d,k-1} \ . \qquad (1.9)$$

Man spricht jetzt vom PI-Geschwindigkeits-Algorithmus und bezeichnet im Unterschied hierzu den Algorithmus (1.5) als PI-Stellungs- oder PI-Positions-Algorithmus. Die so erhaltene Gesamtstruktur ist im Bild 1/6 aufgezeichnet. Der Algorithmus, durch den aus der Wertefolge (r_k) die Wertefolge (u_k) erzeugt wird, ist seiner Herleitung nach der gleiche wie früher. Nur wird er jetzt nicht mehr vollständig im Rechner realisiert. Dort wird vielmehr nur der PI-Geschwindigkeits-Algorithmus verwirklicht, während die zusätzliche Summation im Schrittmotor ausgeführt wird.

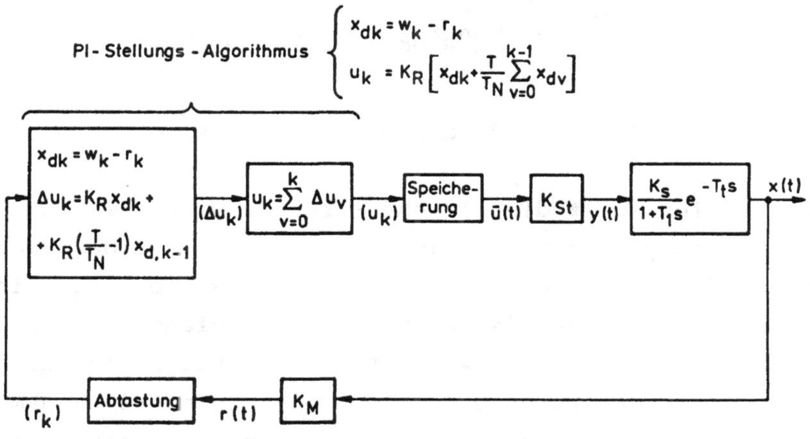

Bild 1/6 Struktur eines digitalen Regelkreises mit Schrittmotor

Daß Geschwindigkeits-Algorithmus und nachfolgende Summation zusammen wieder den Stellungsalgorithmus ergeben, ist, wie gesagt, aus der Herleitung des Geschwindigkeitsalgorithmus (1.7) klar. Man kann sich aber auch nochmals direkt überzeugen. Wegen (1.9) ist

$$\begin{aligned}
\Delta u_k &= K_R x_{dk} + K_R\left(\frac{T}{T_N} - 1\right) x_{d,k-1} \,, \\
\Delta u_{k-1} &= K_R x_{d,k-1} + K_R\left(\frac{T}{T_N} - 1\right) x_{d,k-2} \,, \\
&\vdots \\
\Delta u_1 &= K_R x_{d1} + K_R\left(\frac{T}{T_N} - 1\right) x_{do} \,, \\
\Delta u_o &= K_R x_{do} \,,
\end{aligned}$$

wobei vorausgesetzt ist, daß $x_d(t) \equiv 0$ für $t < 0$. Durch Addition dieser Gleichungen folgt

$$u_k = \sum_{\nu=0}^{k} \Delta u_\nu = K_R x_{dk} + K_R \frac{T}{T_N} \sum_{\nu=0}^{k-1} x_{d\nu} \,.$$

Das ist nach (1.5) gerade der PI-Stellungsalgorithmus.

Bild 1/6 gibt somit die gleiche Struktur wieder wie Bild 1/3, mit dem gleichen Algorithmus wie dort, nur daß dieser anders auf die Geräte verteilt ist. Das ist aber für die Untersuchung des dynamischen Verhaltens belanglos. Für diese braucht man daher zwischen den Strukturen im Bild 1/3 und 1/6 gar nicht zu unterscheiden. Insbesondere kann man auch jetzt Speicherung und Algorithmus vertauschen, darf also annehmen, daß Abtastung und Speicherung unmittelbar aufeinanderfolgen.

Was die Wahl der Abtastperiode T betrifft, so darf sie einen gewissen Mindestbetrag nicht unterschreiten. Denn während der Zeitspanne T müssen die Regelalgorithmen für sämtliche an den Prozeßrechner angeschlossenen Regelkreise durchgeführt werden, sowie eventuell weitere Rechenoperationen, die mit der Regelung nichts zu tun haben. Auf der anderen Seite darf T aus regelungsdynamischen Gründen nicht zu groß werden, da sonst beispielsweise Störungen die Regelgröße allzu stark beeinflussen könnten. Bei der Wahl von T muß man einen Kompromiß zwischen beiden Forderungen schließen.

Ist T sehr klein gegenüber der dominierenden Zeitkonstante der Regelung, so nähern sich die Treppenfunktionen kontinuierlichen Funktionen. Der PI- bzw. PID-Algorithmus wirkt dann nahezu wie ein konventioneller PI- bzw. PID-Regler, und die Parameter des Algorithmus können dann in der gleichen Weise wie dort festgelegt werden. Näheres hierüber kann man etwa in [20], Abschnitt 4.4, oder in [51], Abschnitt 7.12, nachlesen. In einem solchen Fall kann man die Tatsache, daß Abtastvorgänge auftreten, ignorieren und die gesamte digitale Regelung als quasikontinuierlich ansehen. Dies ist jedoch ausgeschlossen, wenn T nicht mehr genügend klein ist. Dann muß man die Abtastvorgänge bei der Analyse und dem Entwurf des digitalen Regelkreises berücksichtigen. Das gleiche gilt nicht nur für den hier als Beispiel angeführten PI-Algorithmus, sondern für beliebige Algorithmen.

Unter ihnen gibt es Algorithmen, die kein Gegenstück bei kontinuierlichen Systemen haben, also auch nicht aus kontinuierlichen Reglern hergeleitet werden können, sondern an das Auftreten eines Abtastvorgangs gebunden sind. Sie können daher nur mit Hilfe von Abtastreglern verwirklicht werden, nicht jedoch mit kontinuierlichen Reglern nach Art des PI- und PID-Reglers. Mit solchen Algorithmen werden wir uns später hauptsächlich befassen. Sie sind von vornherein auf die Rechneranwendung zugeschnitten. Zu ihnen gehört beispielsweise der Entwurf auf endliche Einstellzeit (Deadbeat-Entwurf), der in Kapitel 6 und Abschnitt 7.5 behandelt wird.

2. Mathematische Beschreibung des Abtastvorganges

Der eigentliche Abtastvorgang besteht darin, daß aus einer kontinuierlichen Zeitfunktion f(t) zu diskreten Zeitpunkten, die wir als äquidistant annehmen wollen, Funktionswerte entnommen werden. Die Bezeichnung "kontinuierlich" soll nicht ausschließen, daß die Funktion f(t) an einzelnen Stellen Sprünge aufweist. Fällt eine solche Sprungstelle von f(t) mit einem Abtastzeitpunkt kT zusammen, so soll unter dem abgetasteten Wert f(kT) der rechtsseitige Grenzwert von f(t) verstanden werden.*)

Durch den Abtastvorgang entsteht also aus der kontinuierlichen Zeitfunktion f(t) die Wertefolge

$$\big(f(kT)\big) = (f_k)\ , \quad k = 0,1,2,\ldots\ .$$

Hier wie auch im folgenden wollen wir annehmen, daß die Zeitfunktionen für $t < 0$ verschwinden, sofern nicht ausdrücklich das Gegenteil gesagt wird.

Den Abtastvorgang kann man sich durch ein Übertragungsglied ausgeführt denken. Dieses ist allerdings nicht von der üblichen Art, bei der Zeitfunktionen in Zeitfunktionen verwandelt werden, vielmehr setzt es eine Zeitfunktion in eine Wertefolge um. Es wäre daher naheliegend, als Symbol einen Schalter zu nehmen, der alle T Sekunden kurzzeitig geschlossen wird. Leider ist dieses Symbol in der Abtasttheorie aber bereits in etwas anderer Weise in Gebrauch.

---

*) Diese Festsetzung ist in der Literatur über Abtastsysteme üblich. Ebenso könnte man festsetzen, unter dem abgetasteten Wert f(kT) den linksseitigen Grenzwert von f(t) zu verstehen. Für die Anwendung ist dies ohne Belang.

Wir wollen daher die Abtastung, also die Entnahme diskreter Funktionswerte aus einer Funktion, durch ABT kennzeichnen, wie dies im Bild 2/1 dargestellt ist. Das zugehörige Übertragungsglied sei Abtaster genannt.

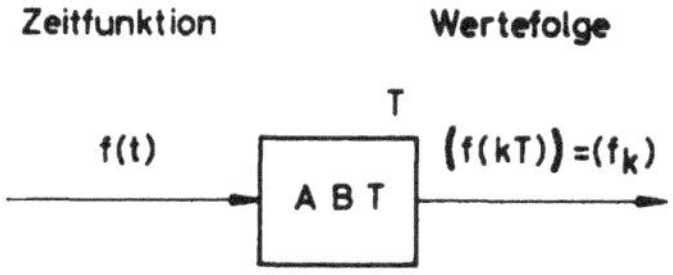

Bild 2/1 Abtastung

Wie die im vorigen Abschnitt angeführten Beispiele zeigen, wird der zum Zeitpunkt kT abgetastete Funktionswert häufig über die nachfolgende Abtastperiode gespeichert. Dadurch wird aus der Wertefolge (f_k) die Treppenfunktion $\bar{f}(t)$, wie dies bereits im Bild 1/1 veranschaulicht ist. Auch diese Operation kann man sich durch ein Übertragungsglied ausgeführt denken, das ebenfalls von den üblichen Übertragungsgliedern abweicht, da es aus einer Wertefolge eine Zeitfunktion erzeugt. Im Bild 2/2 ist es durch das Symbol SP (= Speicherung) gekennzeichnet. Der Name "Halteglied" wurde absichtlich vermieden, da es sich bei diesem um ein Übertragungsglied von etwas anderer Wirkungsweise handelt.

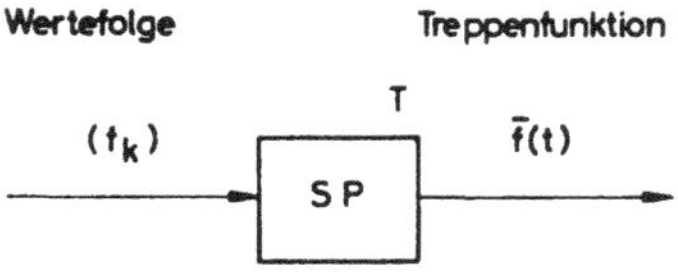

Bild 2/2 Speicherung über die Abtastperiode T

Auch wenn in der technischen Anlage die Speicherung nicht unmittelbar nach der Abtastung erfolgt, kann man bei der mathematischen Beschreibung der Systemdynamik doch vielfach so verfahren, als ob dieses Verhalten vorläge. Ein Beispiel bietet der im vorigen Abschnitt behandelte digitale Regelkreis (Übergang vom Bild 1/3 zum Bild 1/4).

Generell liegt die im Bild 2/3a skizzierte Situation vor. Die durch den Abtaster erzeugte Wertefolge (f_k) wird zunächst einem Algorithmus unterworfen, durch den aus ihr

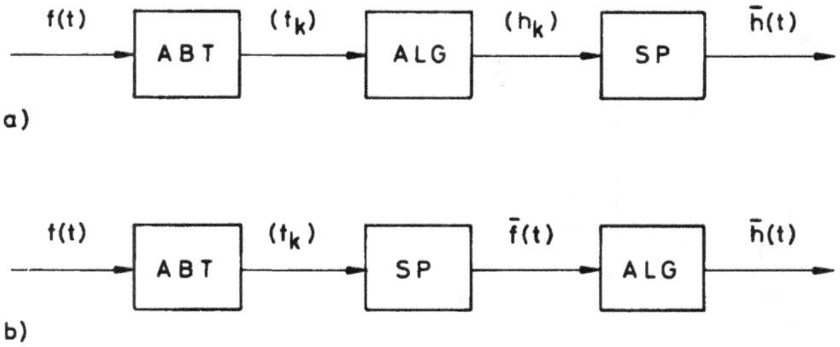

Bild 2/3 Vertauschbarkeit von Speicherung und Algorithmus

eine neue Zahlenfolge (h_k) erzeugt wird. Unter einem solchen Algorithmus sei in diesem Buch stets eine lineare Differenzengleichung mit konstanten Koeffizienten verstanden (siehe Abschnitt 3.3.2). Erst aus der Wertefolge (h_k) wird dann die Treppenfunktion $\bar{h}(t)$ gemacht.

Dann kann man sich aber, wie schon im vorigen Abschnitt erwähnt und am Beispiel durchgeführt, den Speicher vor den Algorithmus verlegt denken und gelangt so zu dem Bild 2/3b, in dem der Algorithmus auf die Treppenfunktion $\bar{f}(t)$ angewandt wird und aus ihr direkt die Treppenfunktion $\bar{h}(t)$ hervorbringt.

Wir wollen daher allgemein annehmen, daß auf den Abtaster unmittelbar die Speicherung über T folgt, wie dies im Bild 2/4 nochmals dargestellt ist. Das gesamte Übertragungsglied, das aus der Funktion f(t) die Treppenfunktion $\bar{f}(t)$ erzeugt, sei als Abtast-Halte-Glied bezeichnet.

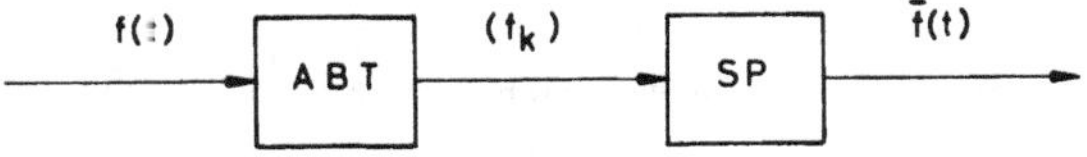

Bild 2/4 Abtast-Halte-Glied (AH-Glied)

Nunmehr soll der Abtast-Halte-Vorgang mathematisch beschrieben werden.

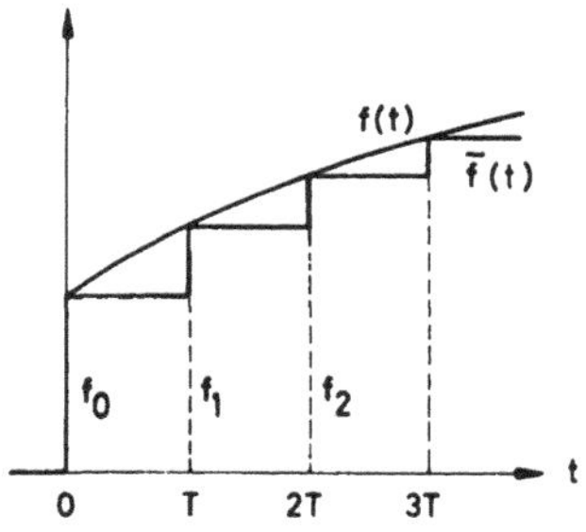

Bild 2/5 Funktion und zugehörige Treppenfunktion

Im Bild 2/5 ist die Funktion f(t) gemeinsam mit der aus ihr entstandenen Treppenfunktion $\bar{f}(t)$ aufgezeichnet. Man kann $\bar{f}(t)$ auch als eine Folge von Impulsen der konstanten Breite T, aber der variablen Höhe $f(kT) = f_k$ auffassen. Bezeichnet man den Einheitssprung (Bild 2/6) mit $\sigma(t)$, also

$$\sigma(t) = \begin{cases} 0 & \text{für} \quad t < 0 \\ 1 & \text{für} \quad t \geqq 0 \end{cases},$$

so kann man einen Impuls der Treppenfunktion in der Form

$$f_k\left[\sigma(t-kT)-\sigma\left(t-(k+1)T\right)\right]$$

darstellen. Dies zeigt das Bild 2/7. Die gesamte Treppenfunktion wird daher durch den Ausdruck

$$\bar{f}(t) = \sum_{k=0}^{\infty} f_k\left[\sigma(t-kT)-\sigma\left(t-(k+1)T\right)\right] \qquad (2.1)$$

beschrieben. Durch Laplace-Transformation folgt daraus

$$\bar{F}(s) = \sum_{k=0}^{\infty} f_k \left[\frac{e^{-kTs}}{s} - \frac{e^{-(k+1)Ts}}{s}\right]$$

oder

$$\bar{F}(s) = \frac{1-e^{-Ts}}{s} \cdot \sum_{k=0}^{\infty} f_k e^{-kTs} \quad . \qquad (2.2)$$

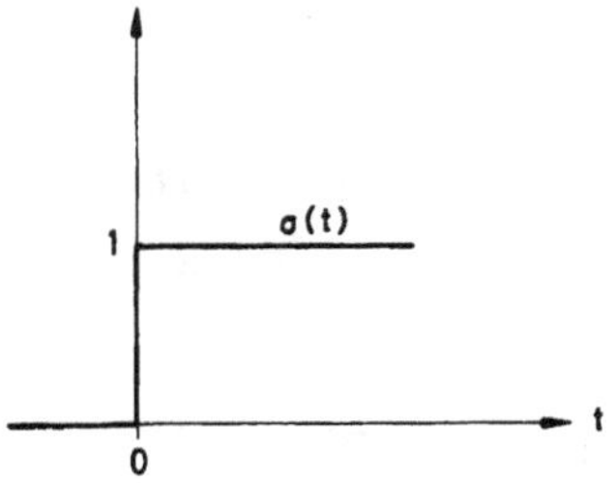

Bild 2/6 Einheitssprung

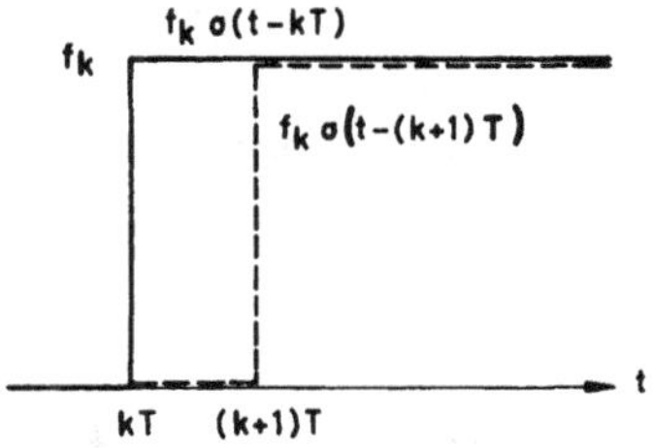

Bild 2/7 Impuls aus einer Treppenfunktion als Differenz zweier Sprungfunktionen

Das ist eine sehr bemerkenswerte Zerlegung der Treppenfunktionsbildung und damit der Operation des Abtast-Halte-Gliedes in zwei Teiloperationen, welche durch die beiden Faktoren in (2.2) charakterisiert sind. Es wäre sehr schön, wenn sich diese beiden Teiloperationen, die aus der mathematischen Beschreibung des Abtast-Halte-Vorgangs zwangsläufig hervorgehen, mit den oben eingeführten, aus der Arbeitsweise der technischen Anlage stammenden Operationen der "Abtastung" und "Speicherung über T" decken würden. Das ist aber leider nicht der Fall, wie die folgende Erörterung zeigen wird.

Wenden wir uns zunächst dem Faktor

$$F^*(s) = \sum_{k=0}^{\infty} f_k e^{-kTs} \qquad (2.3)$$

zu. Als erstes interessiert die Frage, ob es zu ihm eine Originalfunktion im Sinne der Laplace-Transformation gibt. Um sie bejahen zu können, ist es notwendig, den klassischen Funktionsbereich zu überschreiten und δ-Funktionen zu benutzen.

Das Rechnen mit ihnen wird in der Distributionentheorie exakt begründet, wofür auf [34, 52] verwiesen sei. Für unsere Zwecke genügt es, die δ-Funktion als einen hohen und schmalen Impuls aufzufassen, wie er im Bild 2/8 skizziert ist. Dabei soll also die Impulsbreite sehr klein gegen die Zeitkonstanten des Systems und die Impulsfläche gleich 1 sein. Wir benötigen im wesentlichen nur <u>eine</u> Eigenschaft der δ-Funktion:

$$f(t)*\delta(t-t_o) = f(t-t_o) \ , \quad t_o \geqq 0 \ . \tag{2.4}$$

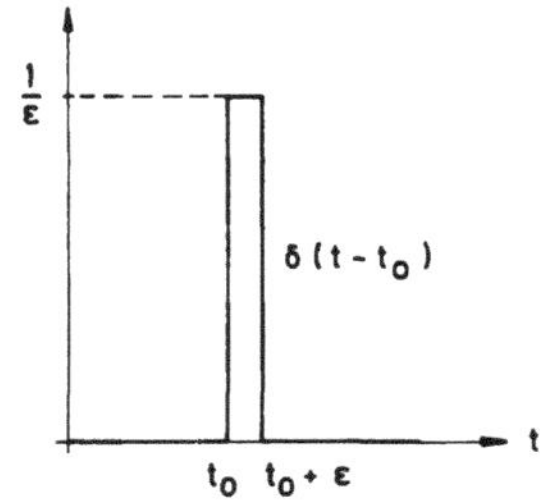

Bild 2/8 δ-Funktion

Darin bedeutet der Stern wie üblich die Faltungsoperation.

Die Beziehung (2.4) kann man sich folgendermaßen verständlich machen. Es ist

$$f(t)*\delta(t-t_o) = \int_0^t f(t-\tau)\delta(\tau-t_o)d\tau \ .$$

Ist $t < t_o$, so muß dieses Integral Null sein, da dann $\delta(\tau-t_o)$ im gesamten Integrationsintervall verschwindet.

Für $t > t_o$ wird aus dem Integral nach Bild 2/8

$$\int_{t_o}^{t_o+\varepsilon} f(t-\tau)\,\frac{1}{\varepsilon}\,d\tau = \int_{t_o}^{t_o+\varepsilon} f(t-t_o)\,\frac{1}{\varepsilon}\,d\tau = f(t-t_o)\ .$$

Wendet man auf (2.4) die Laplace-Transformation an, wobei man auf der linken Seite die Faltungsregel, auf der rechten Seite die Verschiebungsregel "nach rechts" benutzt, so wird daraus

$$F(s)\cdot\mathcal{L}\{\delta(t-t_o)\} = F(s)e^{-t_o s}\ .$$

Daher muß die Korrespondenz

$$\delta(t-t_o) \circ\!\!-\!\!\bullet\ e^{-t_o s} \qquad (2.5)$$

gelten. Speziell für $t_o \to 0$ entsteht

$$\delta(t) \circ\!\!-\!\!\bullet\ 1\ . \qquad (2.6)$$

Wendet man nunmehr die Korrespondenz (2.5) auf $F^*(s)$ nach (2.3) an, so erhält man als Originalfunktion

$$f^*(t) = \sum_{k=0}^{\infty} f_k\,\delta(t-kT)\ . \qquad (2.7)$$

Bei dem Übergang von $f(t)$ zu $f^*(t)$ werden also nicht nur die Funktionswerte f_k aus $f(t)$ entnommen, sondern es wird zusätzlich jeder Wert f_k noch mit $\delta(t-kT)$ multipliziert. Das Übertragungsglied, das durch diese Operation definiert wird, ist also gewiß nicht mit dem oben eingeführten Abtaster identisch.

Zweifellos handelt es sich um eine lineare Operation: Aus $K\,f(t)$ wird $K\,f^*(t)$, und aus $f(t) + g(t)$ wird $f^*(t) + g^*(t)$. Aber im übrigen wird der Zusammenhang zwischen $f(t)$ und $f^*(t)$ durch keine der üblicherweise vorkommenden Funktionalbeziehungen, wie Differentialgleichungen, Differenzengleichungen, Differenzendifferentialgleichungen, hergestellt. Vielmehr wird durch die Gleichung (2.3) bzw. (2.7) eine neue lineare Grundoperation beschrieben. Sie tritt zu den geläufigen linearen Grundoperationen der Summation, der Multiplikation mit einem konstanten Faktor, der Integration, der Differentiation und der Verschiebung (Totzeitbildung) als weitere Operation hinzu.

Man muß für sie ein neues Symbol einführen. Es ist in der Literatur über die Abtastsysteme üblich, hierfür einen Schalter nach Art von Bild 2/9 zu verwenden, obwohl durch diesen ja lediglich die Entnahme von Funktionswerten, aber nicht deren Multiplikation mit δ-Funktionen zum Ausdruck gebracht wird. Um nicht von dem allgemein üblichen Gebrauch abzuweichen, wollen wir bei diesem Symbol bleiben.

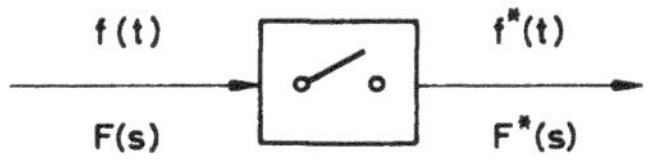

Bild 2/9 δ-Abtaster

Was nun die Benennung dieses Übertragungsgliedes betrifft, so bezeichnet man es in der angelsächsischen Literatur als "sampler" und die Abtastsysteme deshalb als "sampled data systems". Das entspricht unserem Ausdruck "Abtaster". Dabei wird auch sprachlich wiederum nur die Entnahme von Funktionswerten, aber nicht deren Multiplikation mit δ-Funktionen berücksichtigt. Da wir die Benennung "Abtaster" bereits in diesem Sinn verbraucht haben, wollen wir den Übergang von $f(t)$ zu der Impulsfolge $f^*(t)$ genauer als <u>δ-Abtaster</u> kennzeichnen.

Damit ist die Bedeutung des einen Faktors auf der rechten Seite der Gleichung (2.2) behandelt. Der andere Faktor,

$$G_h(s) = \frac{1-e^{-Ts}}{s}, \qquad (2.8)$$

ist demgegenüber eine übliche Übertragungsfunktion. Seine Impulsantwort, also die Originalfunktion zu $G_h(s)$, ergibt sich aus

$$G_h(s) = \frac{1}{s} - \frac{1}{s} e^{-Ts}$$

zu

$$g_h(t) = \sigma(t) - \sigma(t-T) . \qquad (2.9)$$

Sie ist im Bild 2/10 skizziert. Wird also auf dieses Übertragungsglied der δ-Impuls $f_k\delta(t-kT)$ geschaltet, so erscheint am Ausgang ein Impuls der Höhe f_k und der Breite T. Man kann daher sagen, daß der Gewichtsfaktor f_k des δ-Impulses über die gesamte nachfolgende Abtastperiode gehalten wird, und nennt deshalb das durch (2.8) definierte Übertragungsglied Halteglied (oder Haltekreis).*) Aufgrund dieser Halteeigenschaft verwandelt es die eintreffende Impulsfolge $f^*(t)$ in die Treppenfunktion $\bar{f}(t)$ (Bild 2/11).

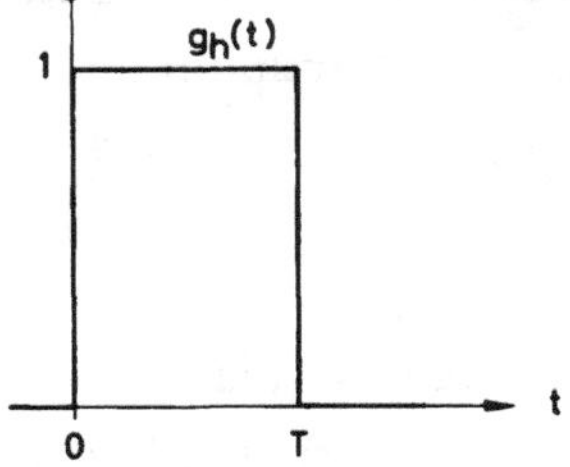

Bild 2/10 Impulsantwort des Haltegliedes

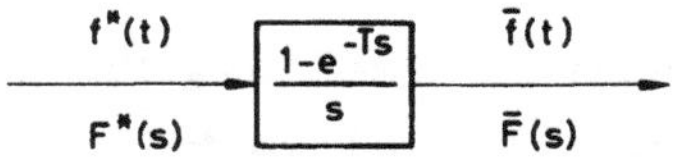

Bild 2/11 Halteglied (Haltekreis)

*) Man spricht auch vom "Halteglied 0-ter Ordnung", um es von anderen, hier nicht betrachteten Haltegliedern zu unterscheiden.

Wie man sieht, führt das Halteglied nicht die früher erwähnte Operation der Speicherung aus, denn es erzeugt die Treppenfunktion nicht aus einer Zahlenfolge, sondern aus einer δ-Impulsfolge.

Fassen wir zusammen. Man kann das Abtast-Halte-Glied, also die Erzeugung der Treppenfunktion $\bar{f}(t)$ aus der kontinuierlichen Funktion f(t), auf zwei verschiedene Weisen aus einfacheren Operationen aufbauen. Lehnt man sich an die Vorgänge in der technischen Anlage an, so gelangt man zu einer Reihenschaltung der beiden Operationen "Abtastung" und "Speicherung über T" (Bild 2/4). Die mathematische Zerlegung der Treppenfunktion ergibt hingegen die Reihenschaltung von "δ-Abtaster" (Bild 2/9) und "Halteglied" (Bild 2/11). Beide Möglichkeiten sind nochmals im Bild 2/12 dargestellt. Darin sind die δ-Funktionen, wie vielfach üblich, als Pfeile symbolisiert.

Die zweite Darstellung ist in dieser Weise gerätetechnisch nicht exakt realisierbar, da die δ-Funktionen als beliebig hohe und schmale Impulse nicht zu verwirklichen sind. Der δ-Abtaster ist daher ein ideales Übertragungsglied, das in der technischen Anlage nicht vorkommt. Die zweite Darstellung weist aber für die mathematische Beschreibung dynamischer Systeme einige Vorzüge auf. So kann man im Bereich der Zeitfunktionen bleiben und braucht nicht zwischendurch auf Zahlenfolgen überzuwechseln, was manche Untersuchung erleichtert. Wir werden sie deshalb im folgenden vorzugsweise verwenden.

Auch andere Formen des Haltegliedes kommen gelegentlich vor. Ist beispielsweise $g_h(t)$ durch den Impuls im Bild 2/13 gegeben, also

$$g_h(t) = \sigma(t) - \sigma(t-\vartheta), \quad 0 < \vartheta < T, \qquad (2.10)$$

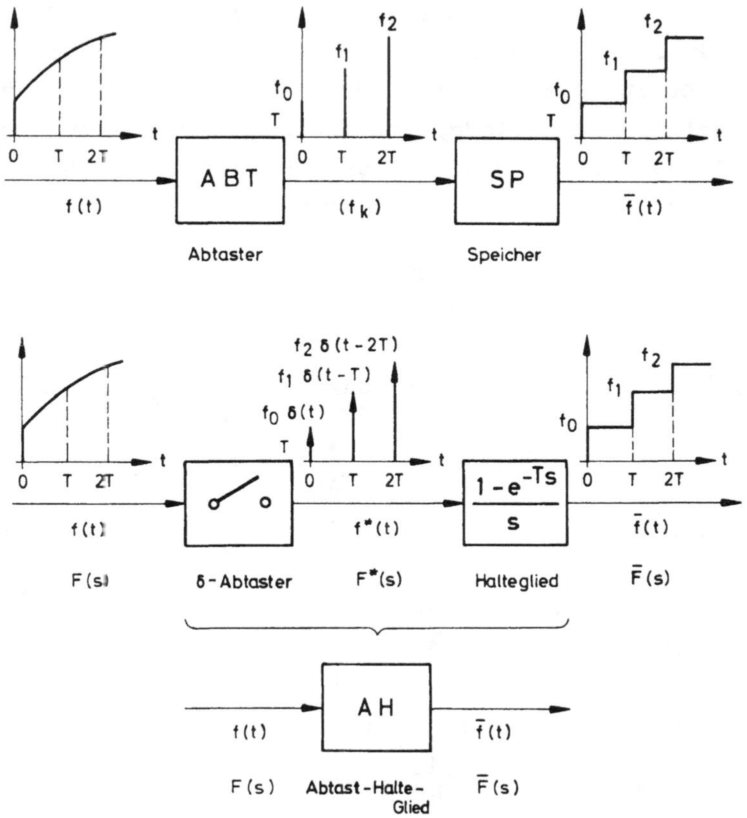

Bild 2/12 Die beiden Darstellungen des Abtast-Halte-Gliedes (AH-Gliedes)

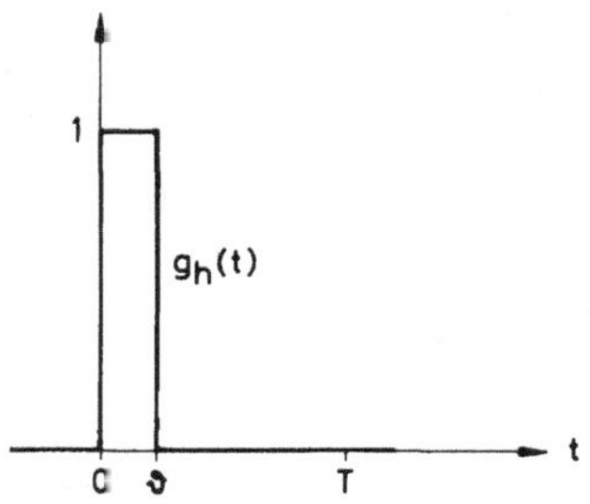

Bild 2/13 Impulsantwort eines Haltegliedes mit der Haltezeit $\vartheta < T$

so stellt $\bar{f}(t)$ die im Bild 2/14 wiedergegebene Folge von Impulsen der Höhe f_k dar, die aber nur die Breite ϑ besitzen. Durch dieses Halteglied wird somit f_k nicht über die gesamte Abtastperiode, sondern nur über das Zeitintervall ϑ gehalten. Die Übertragungsfunktion dieses Haltegliedes ist nach (2.10)

$$G_h(s) = \frac{1-e^{-\vartheta s}}{s} .$$

Wird $\vartheta = T$, so erhält man das früher betrachtete Halteglied.

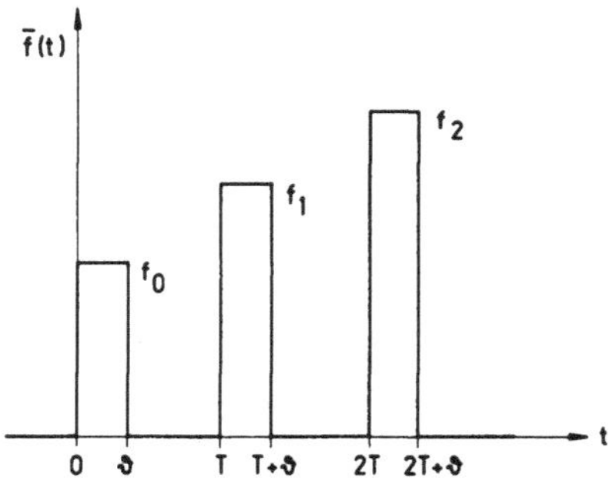

Bild 2/14 Ausgangsgröße des Haltegliedes nach Bild 2/13

3. Die z-Transformation

3.1 Definition und Beispiele

Je nachdem, wie man den Abtastvorgang beschreibt, erhält man aus der kontinuierlichen Zeitfunktion f(t) eine Zahlenfolge (f_k) oder eine Impulsfolge

$$f^*(t) = \sum_{k=0}^{\infty} f_k \delta(t-kT) .$$

Die Laplace-Transformation der Impulsfolge liefert die komplexe Funktion

$$F^*(s) = \sum_{k=0}^{\infty} f_k e^{-kTs} .$$

Geht man nun, wie dies üblich ist, von der komplexen Variablen s zu einer anderen komplexen Variablen z über, indem man

$$e^{Ts} = z \qquad (3.1)$$

setzt, so wird aus der komplexen Funktion $F^*(s)$ einfach eine Potenzreihe in z, allerdings mit negativen Exponenten:

$$\left[F^*(s)\right]_{e^{Ts}=z} = \sum_{k=0}^{\infty} f_k z^{-k} .$$

Diese komplexe Funktion nennt man die <u>z-Transformierte der Impulsfolge $f^*(t)$ und schreibt für sie</u> $F_z(z)$. Der Index z hat nichts mit einer partiellen Differentiation zu tun, sondern dient dazu, diese Funktion von z deutlich von der Funktion F(s) zu unterscheiden. Es ist also

$$F_z(z) = \left[\mathcal{L}\left\{f^*(t)\right\}\right]_{e^{Ts}=z} = \left[F^*(s)\right]_{e^{Ts}=z} = \sum_{k=0}^{\infty} f_k z^{-k}. \quad (3.2)$$

In Analogie zur Laplace-Transformation schreibt man auch

$$\mathcal{Z}\left\{f^*(t)\right\} = F_z(z)$$

oder

$$f^*(t) \circ\!\!-\!\!\bullet\, F_z(z) \; .$$

Ist beispielsweise

$$f^*(t) = \delta(t-mT)$$

so ist nach (2.5)

$$F^*(s) = \mathcal{L}\left\{\delta(t-mT)\right\} = e^{-mTs} \; ,$$

also

$$F_z(z) = z^{-m} \; .$$

Es gilt daher

$$\delta(t-mT) \circ\!\!-\!\!\bullet\, z^{-m} \; ,$$

also speziell

$$\delta(t) \circ\!\!-\!\!\bullet\, 1 \; .$$

Wie man sieht, ist die z-Transformation nichts weiter als eine spezielle Art der Laplace-Transformation, nämlich die Laplace-Transformation angewandt auf eine Klasse nichtkonventioneller Zeitfunktionen, der Impulsfolgen $f^*(t)$.

Wie man aus (3.2) erkennt, kann man aber auch von den Zahlenfolgen (f_k) direkt zur z-Transformierten gelangen, indem man die Werte f_k als Koeffizienten einer Potenzreihe mit negativen Exponenten auffaßt:

$$\sum_{k=0}^{\infty} f_k z^{-k} = F_z(z) \ . \tag{3.3}$$

Allerdings mutet dieser Übergang, für sich allein betrachtet, recht willkürlich an. Erst der oben geschilderte Zusammenhang mit der Laplace-Transformation zeigt seine eigentliche Motivation.

Die Zuordnung der komplexen Funktion $F_z(z)$ zur Zahlenfolge (f_k) schreibt man wieder in der Form

$$\mathfrak{Z}\left\{(f_k)\right\} = F_z(z)$$

oder

$$(f_k) \ \circ\!\!-\!\!\bullet \ F_z(z) \ .$$

Man kann also $F_z(z)$ auch als z-Transformierte der Zahlenfolge (f_k) ansehen.

Da wir von der mathematischen Beschreibung des Abtastprozesses ausgingen, war bisher (f_k) die Folge der Funktionswerte $f(kT)$ aus einer Funktion $f(t)$. Für die Definition (3.2) bzw. (3.3) der z-Transformation ist es aber keineswegs erforderlich, daß die Impulsfolge bzw. Zahlenfolge, die z-transformiert werden soll, durch Abtastung einer Zeitfunktion $f(t)$ entstanden ist. Vielmehr ist ihre Herkunft ganz gleichgültig, und sie kann irgendwoher genommen sein.

Stammt aber die Impulsfolge $f^*(t)$ bzw. die Zahlenfolge (f_k) aus der δ-Abtastung bzw. Abtastung einer Funktion $f(t)$, so pflegt man die komplexe Funktion $F_z(z)$ auch als z-Transformierte von f(t) zu bezeichnen und schreibt dann

$$\mathfrak{Z}\{f(t)\} = F_z(z)$$

oder

$$f(t) \circ\!\!-\!\!\bullet\, F_z(z) \;.$$

Diese Bezeichnungsweise ist in den Anwendungen allgemein üblich, und wir wollen uns deshalb an diesen Gebrauch anschließen. Man darf darüber aber nicht vergessen, daß diese Zuordnung nur eine mittelbare ist: Wenn man von $f(t)$ ausgeht, muß man zuerst $f^*(t)$ oder (f_k) bilden, und erst diesen Objekten ist die komplexe Funktion $F_z(z)$ direkt zugeordnet. Vor allem bei der Umkehrung der z-Transformation darf man diese Tatsache nicht vergessen.

Ob man die z-Transformierte zu einer Zeitfunktion $f(t)$ über die Impulsfolge $f^*(t)$ oder über die Zahlenfolge (f_k) gewinnt, ist an sich gleichgültig. Für die Berechnung von konkreten z-Transformierten ist es günstiger, von der Zahlenfolge auszugehen.

Betrachten wir als erstes Beispiel den Einheitssprung $\sigma(t)$ Hier ist

$$(f_k) = (1,1,1,\ldots) \;,$$

also nach (3.3)

$$F_z(z) = \sum_{k=0}^{\infty} z^{-k} \;.$$

Das ist eine geometrische Reihe mit dem Quotienten $z^{-1} = \frac{1}{z}$. Für $|z| > 1$ ist er dem Betrage nach < 1. Dann ist die Reihe konvergent und hat die Summe $1/(1-z^{-1})$. Damit hat man die Korrespondenz

$$\sigma(t) \circ\!\!-\!\!\bullet \frac{1}{1-z^{-1}} = \frac{z}{z-1} . \tag{3.4}$$

Als weiteres Beispiel werde $f(t) = e^{\alpha t}$ gewählt. Hier ist

$$(f_k) = (e^{\alpha kT}) ,$$

also

$$F_z(z) = \sum_{k=0}^{\infty} e^{\alpha kT} z^{-k} = \sum_{k=0}^{\infty} (e^{\alpha T} z^{-1})^k .$$

Wiederum liegt eine geometrische Reihe vor, aber mit dem Quotienten $e^{\alpha T} z^{-1}$. Ist $\alpha = \delta + j\omega$, so folgt aus der Forderung

$$|e^{\alpha T} z^{-1}| < 1 \text{ wegen } |e^{j\omega T}| = 1 :$$

$$e^{\delta T} \frac{1}{|z|} < 1$$

oder

$$|z| > e^{\delta T} .$$

Für diese z ist die Reihe also konvergent, und zwar mit der Summe

$$F_z(z) = \frac{1}{1-e^{\alpha T} z^{-1}} .$$

Somit gilt die Korrespondenz

$$e^{\alpha t} \circ\!\!-\!\!\bullet \frac{1}{1-e^{\alpha T}z^{-1}} = \frac{z}{z-e^{\alpha T}} \,. \tag{3.5}$$

Nicht immer ist die Reihe so einfach zu summieren, wie in den beiden eben durchgerechneten Beispielen. Etwas schwieriger ist die Summation schon für die Rampenfunktion $f(t) = t$. Hier hat man zunächst

$$(f_k) = (0,T,2T,3T,\dots) \,,$$

also

$$F_z(z) = T(z^{-1}+2z^{-2}+3z^{-3}+\dots) \,.$$

Das ist keine geometrische Reihe mehr. Dennoch kann man wieder mit Hilfe dieser Reihe summieren, wenn man erkennt, daß es sich um ein Produkt zweier geometrischer Reihen handelt:

$$z^{-1} + 2z^{-2} + 3z^{-3} +\dots = (1+z^{-1}+z^{-2}+\dots)(z^{-1}+z^{-2}+\dots) \,.$$

Infolgedessen ist

$$F_z(z) = T\,\frac{1}{1-z^{-1}}\,\frac{z^{-1}}{1-z^{-1}} \,.$$

Es gilt so die Korrespondenz

$$t \circ\!\!-\!\!\bullet \frac{Tz^{-1}}{(1-z^{-1})^2} = \frac{Tz}{(z-1)^2} \,. \tag{3.6}$$

Noch etwas schwieriger wird die Summation, wenn man zur beliebigen Potenzfunktion $f(t) = t^n$, $n = 1,2,\dots,$ übergeht. Dann ist

$$(f_k) = \left((kT)^n\right) = T^n(0,1^n,2^n,3^n,\ldots) \ ,$$

also

$$F_z(z) = T^n(z^{-1}+2^n z^{-2}+3^n z^{-3}+\ldots)$$

oder

$$F_z(z) = T^n z^{-1}(1+2^n w+3^n w^2+\ldots) = T^n z^{-1} S_n(w) \ , \tag{3.7}$$

wenn

$$z^{-1} = w$$

gesetzt wird. Daher ist

$$S_{n-1}(w) = 1 + 2^{n-1}w + 3^{n-1}w^2 + \ldots \ ,$$

also

$$wS_{n-1}(w) = w + 2^{n-1}w^2 + 3^{n-1}w^3 + \ldots \ .$$

Durch Differentiation nach w folgt daraus

$$S_{n-1}(w) + wS'_{n-1}(w) = 1 + 2^n w + 3^n w^2 + \ldots \ .$$

Auf der rechten Seite steht aber jetzt gerade $S_n(w)$. Damit hat man die Rekursionsformel

$$S_n(w) = S_{n-1}(w) + wS'_{n-1}(w) \ , \quad n = 1,2,\ldots \ .$$

Da

$$S_o(w) = 1 + w + w^2 + \ldots = \frac{1}{1-w}$$

bekannt ist, erhält man sukzessive

$$S_1(w) = \frac{1}{(1-w)^2}, \quad S_2(w) = \frac{1+w}{(1-w)^3},$$

$$S_3(w) = \frac{1+4w+w^2}{(1-w)^4}, \quad \text{usw.}$$

Nach (3.7) ergeben sich daraus zunächst die bereits bekannte Korrespondenz für t sowie die neuen Beziehungen

$$t^2 \circ\!\!-\!\!\bullet\; T^2 z^{-1} \frac{1+z^{-1}}{(1-z^{-1})^3} = T^2 z \frac{z+1}{(z-1)^3}, \tag{3.8}$$

$$t^3 \circ\!\!-\!\!\bullet\; T^3 z^{-1} \frac{1+4z^{-1}+z^{-2}}{(1-z^{-1})^4} = T^3 z \frac{z^2+4z+1}{(z-1)^4}. \tag{3.9}$$

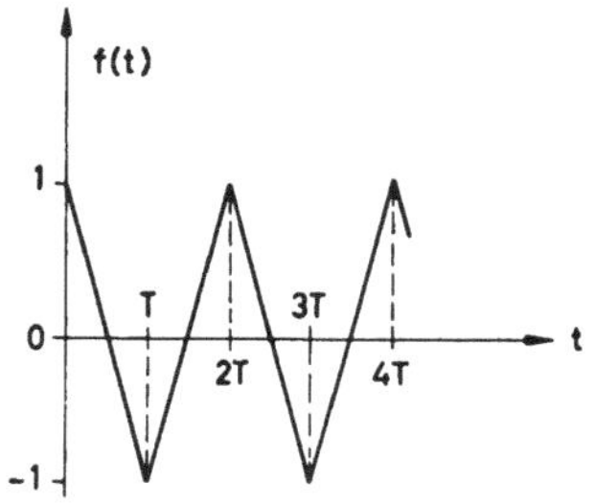

Bild 3/1 Dreieckschwingung

Die Funktion f(t) kann auch graphisch gegeben sein. Betrachten wir beispielsweise das Bild 3/1, das eine Dreieckschwingung zeigt. Für sie ist

$$(f_k) = (1,-1,1,-1,\ldots),$$

also

$$F_z(z) = 1 - z^{-1} + z^{-2} - z^{-3} +- \ldots .$$

Wiederum liegt eine geometrische Reihe vor, aber diesmal mit dem Quotienten $-z^{-1}$. Demnach ist

$$F_z(z) = \frac{1}{1+z^{-1}} = \frac{z}{z+1} \,. \tag{3.10}$$

Selbstverständlich braucht die Reihensumme keine elementare Funktion zu sein, wie dies in den Rechenbeispielen der Fall war. Sie braucht also nicht geschlossen darstellbar zu sein. Auf jeden Fall muß aber ihre Konvergenz gesichert sein. Darüber müssen noch einige Worte gesagt werden.

Eine Reihe der fraglichen Art wird als Laurentreihe bezeichnet [49]. Allgemein sind diese von der Form

$$\ldots + a_{-n}(z-z_o)^{-n} + \ldots + a_{-1}(z-z_o)^{-1} + a_o + a_1(z-z_o) + \ldots ,$$

enthalten also Potenzen mit negativen und positiven Exponenten. Die z-Transformierten sind spezielle Laurentreihen, insofern bei ihnen stets $z_o = 0$ ist und keine Potenzen mit positivem Exponenten vorkommen.

Wir dürfen annehmen, daß die Funktionen $f(t)$, mit denen wir es zu tun haben, in jedem endlichen Bereich beschränkt sind und für $t \to +\infty$ nicht stärker als eine e-Funktion mit genügend großem positiven Exponenten anwachsen. Daher ist

$$|f(t)| \leqq Me^{at} \quad \text{für alle } t \,, \tag{3.11}$$

wobei M und a genügend große positive Zahlen sind. Für die durch Abtastung gewonnene Wertefolge ist dann

$$|f_k| \leqq Me^{akT} \,. \tag{3.12}$$

Falls die Zahlenfolge (f_k) auf andere Weise gewonnen wurde, soll angenommen werden, daß sie ebenfalls die Ungleichung (3.12) erfüllt. Dann gilt für ein Glied der zugehörigen z-Transformierten

$$F_z(z) = \sum_{k=0}^{\infty} f_k z^{-k} :$$

$$|f_k z^{-k}| = |f_k| \cdot |z|^{-k} \leqq M \left(\frac{e^{aT}}{|z|}\right)^k .$$

Dieser Term ist das k-te Glied einer geometrischen Reihe mit dem Quotienten $e^{aT}/|z|$, die somit absolute Majorante der betrachteten Laurentreihe ist. Der Quotient ist < 1, wenn $|z| > e^{aT}$ ist. Für alle diese z ist daher die betrachtete Laurentreihe konvergent. Der Konvergenzbereich umfaßt das Außengebiet des Kreises mit dem Radius e^{aT} um $z = 0$ (Bild 3/2).

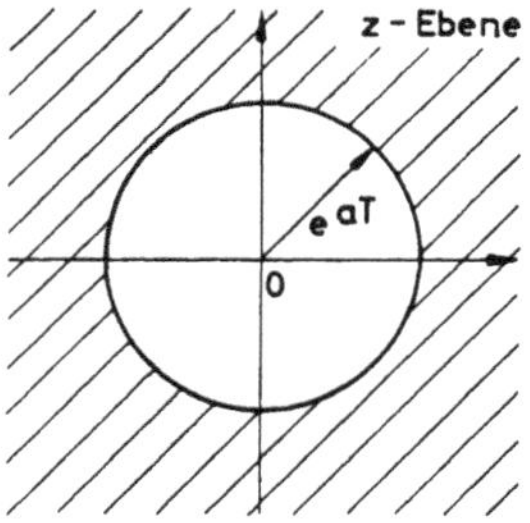

Bild 3/2 Konvergenzbereich der Reihe $F_z(z) = \sum_{k=0}^{\infty} f_k z^{-k}$, wenn $|f_k| \leqq Me^{akT}$ für alle k: Schraffierter Bereich

Wie jede Laurentreihe stellt auch $\sum_{k=0}^{\infty} f_k z^{-k}$ im Innern des Konvergenzbereiches eine holomorphe, d.h. komplex differenzierbare, Funktion dar. Durch analytische Fortsetzung ([49], 3. Kapitel, § 1) kann sie auf weitere Bereiche der z-Ebene ausgedehnt werden.

Für jede von uns betrachtete Zeitfunktion f(t) bzw. Zahlenfolge (f_k) ist also die Laurentreihe der zugehörigen z-Transformierten gewiß konvergent, sofern wir uns im Außengebiet eines genügend großen Kreises um den Nullpunkt der komplexen Ebene aufhalten. Wenn im folgenden mit solchen Laurentreihen gerechnet wird, so soll dies selbstverständlich stets im Konvergenzbereich geschehen, ohne daß es weiterhin ausdrücklich gesagt wird.

Zusammenfassend darf man sagen, daß die z-Transformation für die Impuls- und Zahlenfolgen die gleiche Rolle spielt wie die Laplace-Transformation für beliebige Zeitfunktionen. Da das Auftreten von Impulsfolgen bzw. Zahlenfolgen das Charakteristikum des Abtastvorganges ist, liegt es auf der Hand, daß die z-Transformation ein geeignetes Hilfsmittel für die Behandlung von Abtastsystemen sein wird. Zuvor ist es aber erforderlich, einfache Regeln für das Rechnen mit der z-Transformation bereitzustellen, entsprechend den Rechenregeln der Laplace-Transformation.

Das soll im folgenden geschehen. Dabei wird sich zeigen, daß die z-Transformation einfacher zu handhaben ist als die Laplace-Transformation. Das ist nicht verwunderlich, da eine Laurentreihe, also letztlich eine Potenzreihe, eine erheblich einfachere analytische Begriffsbildung darstellt als ein uneigentliches Parameterintegral wie das Laplace-Integral.

3.2 Rechenregeln der z-Transformation

Die Rechenregeln der z-Transformation geben an, wie sich eine Operation, die auf die Zeitfunktionen bzw. Impuls- oder Zahlenfolgen angewandt wird, z.B. eine Verschiebung nach rechts, in den zugehörigen z-Transformierten widerspiegelt. Diese Regeln seien sowohl für die Zeitfunktionen wie für die Zahlenfolgen formuliert.

Vorausgeschickt werde eine allgemeine Eigenschaft der z-Transformation, ihre Linearität:

$$c_1 f_1(t) + c_2 f_2(t) \circ\!\!-\!\!\bullet\ c_1 F_{1z}(z) + c_2 F_{2z}(z) \ . \qquad (3.13)$$

Es ist nämlich

$$\mathcal{Z}\left\{c_1 f_1(t) + c_2 f_2(t)\right\} = \sum_{k=0}^{\infty} (c_1 f_{1k} + c_2 f_{2k}) z^{-k} =$$

$$= c_1 \sum_{k=0}^{\infty} f_{1k} z^{-k} + c_2 \sum_{k=0}^{\infty} f_{2k} z^{-k} =$$

$$= c_1 \mathcal{Z}\left\{f_1(t)\right\} + c_2 \mathcal{Z}\left\{f_2(t)\right\} ,$$

und zwar für beliebige Konstanten c_1, c_2.

Auf der linken Seite der Korrespondenz (3.13) kann man statt der Zeitfunktionen auch die entsprechenden Zahlenfolgen schreiben, also (f_{1k}) und (f_{2k}). Läßt man, da keine Mißverständnisse zu befürchten sind, die Klammern weg, so kann man die Korrespondenz (3.13) auch in der folgenden Form schreiben:

$$c_1 f_{1k} + c_2 f_{2k} \circ\!\!-\!\!\bullet\ c_1 F_{1z}(z) + c_2 F_{2z}(z) \ .$$

Entsprechendes gilt auch für die späteren Korrespondenzen.

3.2.1 Verschiebungsregeln

Verschiebt man die Zeitfunktion $f(t)$ um ein Vielfaches mT der Abtastperiode nach rechts, bildet also $f(t-mT)$, so wird aus der Zahlenfolge

$$(f_k) = (f_0, f_1, f_2, \ldots, f_m, \ldots)$$

die Zahlenfolge

$$(f_{k-m}) = (f_{-m}, f_{-m+1}, f_{-m+2}, \ldots, f_0, \ldots) \ .$$

Dabei ist

$$f_{-m} = f(-mT),\ f_{-m+1} = f\big(-(m-1)T\big), \ldots,$$

wobei ausnahmsweise $f(t) \neq 0$ auch für $t < 0$ zugelassen sei (Bild 3/3). Für die verschobene Funktion ist

$$\mathfrak{z}\Big\{f(t-mT)\Big\} = \sum_{k=0}^{\infty} f(kT-mT)\,z^{-k} = \sum_{k=0}^{\infty} f\big((k-m)T\big)z^{-k} \ .$$

Mit k-m = i wird daraus

$$\sum_{i=-m}^{\infty} f(iT)\,z^{-(i+m)} = z^{-m}\left[\sum_{i=-m}^{-1} f(iT)\,z^{-i} + \sum_{i=0}^{\infty} f(iT)\,z^{-i}\right]$$

$$= z^{-m}\left[F_z(z) + \sum_{\nu=1}^{m} f_{-\nu} z^{\nu}\right].$$

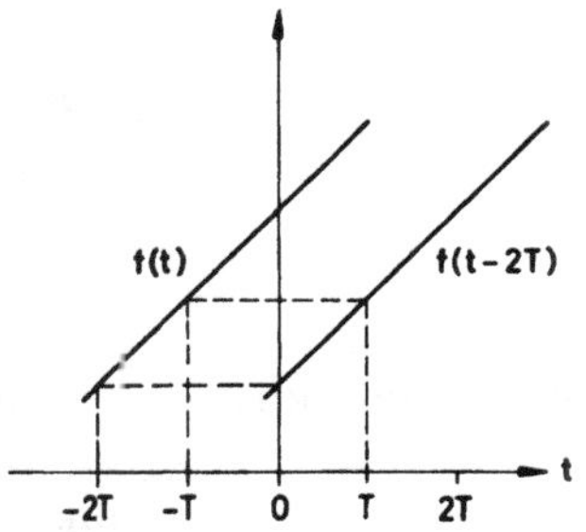

Bild 3/3 Verschiebung einer Zeitfunktion nach rechts

Man hat so die Verschiebungsregel "nach rechts":

$$f(t-mT) \circ\!\!-\!\!\bullet\ z^{-m}\left[F_z(z) + \sum_{\nu=1}^{m} f_{-\nu} z^{\nu}\right], \qquad (3.14)$$

$$m = 1,2,\ldots,$$

bzw.

$$f_{k-m} \circ\!\!-\!\!\bullet\ z^{-m}\left[F_z(z) + \sum_{\nu=1}^{m} f_{-\nu} z^{\nu}\right].^{*)} \qquad (3.15)$$

Falls $f(t) = 0$ für $t < 0$, also $f_{-1} = \ldots = f_{-m} = 0$, vereinfacht sich die Regel zu

$$f(t-mT) \circ\!\!-\!\!\bullet\ z^{-m} F_z(z) \qquad (3.16)$$

bzw.

$$f_{k-m} \circ\!\!-\!\!\bullet\ z^{-m} F_z(z)\ . \qquad (3.17)$$

Ganz entsprechend ergibt sich die Verschiebungsregel "nach links":

$$f(t+mT) \circ\!\!-\!\!\bullet\ z^{m}\left[F_z(z) - \sum_{\nu=0}^{m-1} f_{\nu} z^{-\nu}\right], \qquad (3.18)$$

$$m = 1,2,\ldots,$$

*) Es sei daran erinnert, daß wir bei einer Zahlenfolge (a_k) die Klammern weglassen, wenn keine Irrtümer zu befürchten sind. Demgemäß wird hier für die Zahlenfolge (f_{k-m}) einfach f_{k-m} geschrieben. Entsprechend auch im folgenden.

bzw.

$$f_{k+m} \circ\!\!-\!\!\bullet\; z^m\left[F_z(z) - \sum_{\nu=0}^{m-1} f_\nu z^{-\nu}\right]. \qquad (3.19)$$

3.2.2 Dämpfungsregel

Die beiden Verschiebungsregeln sind ganz analog den Verschiebungsregeln der Laplace-Transformation. Ein weiteres Analogon zu einer Regel der Laplace-Transformation stellt die Dämpfungsregel dar. Man erhält sie, wenn man die Zeitfunktion f(t) mit dem "Dämpfungsfaktor" $e^{\alpha t}$ multipliziert und dann z-transformiert:

$$\mathcal{Z}\left\{f(t)e^{\alpha t}\right\} = \sum_{k=0}^{\infty} f(kT)e^{\alpha kT}z^{-k} =$$

$$= \sum_{k=0}^{\infty} f(kT)(e^{-\alpha T}z)^{-k} = F_z(e^{-\alpha T}z) .$$

Mithin gilt

$$f(t)e^{\alpha t} \circ\!\!-\!\!\bullet\; F_z(e^{-\alpha T}z),\ \alpha \text{ beliebig komplex.} \qquad (3.20)$$

Um aus der z-Transformierten von f(t) die z-Transformierte von $f(t)e^{\alpha t}$ zu erhalten, hat man also nur das Argument z durch $ze^{-\alpha T}$ zu ersetzen.

Die zu $f(t)e^{\alpha t}$ gehörige Wertefolge ist $f(kT)e^{\alpha kT}$. Setzt man $e^{-\alpha T} = \gamma$, so erhält man aus (3.20) als Korrespondenz für Zahlenfolgen

$$f_k\gamma^{-k} \circ\!\!-\!\!\bullet\; F_z(\gamma z),\ \gamma \neq 0 \text{ beliebig komplex.} \qquad (3.21)$$

Die Rechenregeln kann man dazu verwenden, in einfacher Weise z-Transformierte zu berechnen. Betrachten wir beispielsweise die Funktion $e^{\alpha t}$. Man kann sie in der Form $\sigma(t)e^{\alpha t}$ schreiben (da ja nur die Werte für t > 0 berücksichtigt werden). Die z-Transformierte von $\sigma(t)$ ist nach (3.4)

$$F_z(z) = \frac{z}{z-1} \,.$$

Damit gilt nach der Dämpfungsregel

$$e^{\alpha t} = \sigma(t)e^{\alpha t} \circ\!\!-\!\!\bullet \frac{ze^{-\alpha T}}{ze^{-\alpha T}-1}$$

oder

$$e^{\alpha t} \circ\!\!-\!\!\bullet \frac{z}{z-e^{\alpha T}} \,. \qquad (3.22)$$

Das ist die Korrespondenz (3.5), die hier aber einfacher als durch die direkte Berechnung der z-Transformierten erhalten wurde.

Man kann nun auch leicht die z-Transformierten des Sinus und Cosinus herleiten. Aus

$$\sin(\omega t+\phi) = \frac{1}{2j}\left[e^{j(\omega t+\phi)} - e^{-j(\omega t+\phi)}\right]$$

folgt nämlich wegen der Linearität der z-Transformation und wegen (3.22)

$$\mathcal{Z}\left\{\sin(\omega t+\phi)\right\} = \frac{1}{2j}\left[e^{j\phi}\frac{z}{z-e^{j\omega T}} - e^{-j\phi}\frac{z}{z-e^{-j\omega T}}\right] =$$

$$= \frac{z}{2j}\,\frac{(e^{j\phi}-e^{-j\phi})z+e^{j(\omega T-\phi)}-e^{-j(\omega T-\phi)}}{z^2-z(e^{j\omega T}+e^{-j\omega T})+1} \,.$$

Man erhält so die Korrespondenz

$$\sin(\omega t+\phi) \circ\!\!-\!\!\bullet\ z\,\frac{z\sin\phi+\sin(\omega T-\phi)}{z^2-2z\cos\omega T+1}\ . \tag{3.23}$$

Für $\phi = 0$ bzw. $\phi = \frac{\pi}{2}$ folgen daraus die Spezialfälle

$$\sin\omega t \circ\!\!-\!\!\bullet\ z\,\frac{\sin\omega T}{z^2-2z\cos\omega T+1}\ , \tag{3.24}$$

$$\cos\omega t \circ\!\!-\!\!\bullet\ z\,\frac{z-\cos\omega T}{z^2-2z\cos\omega T+1}\ . \tag{3.25}$$

In (3.25) gehört zur Zeitfunktion die Wertefolge $\cos k\omega T$. Wählt man die Abtastperiode T speziell gleich der halben Periode der Cosinusfunktion, also $T = \frac{\tau}{2} = \frac{\pi}{\omega}$, so wird $\cos k\omega T = \cos k\pi = (-1)^k$. Auf der rechten Seite von (3.25) bekommt man dann

$$z\,\frac{z+1}{z^2+2z+1} = \frac{z}{z+1}\ .$$

Damit hat man die Korrespondenz

$$(-1)^k \circ\!\!-\!\!\bullet\ \frac{z}{z+1}\ ,$$

die durch direkte Berechnung bereits früher hergeleitet wurde (Gleichung (3.10)).

Wendet man auf (3.23) die Dämpfungsregel an und erweitert anschließend mit $e^{2\alpha T}$, so resultiert die Korrespondenz:

$$e^{\alpha t}\sin(\omega t+\phi) \circ\!\!-\!\!\bullet\ z\,\frac{z\sin\phi+e^{\alpha T}\sin(\omega T-\phi)}{z^2-2ze^{\alpha T}\cos\omega T+e^{2\alpha T}}\ . \tag{3.26}$$

3.2.3 Differenzbildungs- und Summationsregel

Es liegt auf der Hand, daß die "kontinuierlichen" Operationen der Differentiation und Integration von Zeitfunktionen zur Übertragung in den z-Bereich nicht geeignet sind. Statt dessen wird man die entsprechenden "diskreten" Operationen der Differenzbildung und Summation betrachten müssen.

Wendet man auf die Differenzfunktion f(t) - f(t-T) die Verschiebungsregel "nach rechts" an, so wird

$$\mathfrak{Z}\left\{f(t)-f(t-T)\right\} = F_z(z) - \left[z^{-1}F_z(z)+f_{-1}\right].$$

Man hat so die <u>Differenzbildungsregel</u>

$$f(t) - f(t-T) \circ\!\!-\!\!\bullet \frac{z-1}{z} F_z(z) - f_{-1} \tag{3.27}$$

bzw.

$$f_k - f_{k-1} \circ\!\!-\!\!\bullet \frac{z-1}{z} F_z(z) - f_{-1} . \tag{3.28}$$

Wenn f(t) für $t < 0$ verschwindet, fällt der zusätzliche Term $-f_{-1} = -f(-T)$ weg.

Für die Differenz f(t+T) - f(t) erhält man ganz entsprechend aus der Verschiebungsregel "nach links"

$$f(t+T) - f(t) \circ\!\!-\!\!\bullet (z-1)F_z(z) - f_0 z \tag{3.29}$$

bzw.

$$f_{k+1} - f_k \circ\!\!-\!\!\bullet (z-1)F_z(z) - f_0 z . \tag{3.30}$$

Wie man sieht, besteht eine gewisse Analogie zur Differentiationsregel der Laplace-Transformation für die Originalfunktion. Entsprechende Formeln kann man auch für die höheren Differenzen herleiten.

Für die <u>Summationsregel</u> werde vorausgesetzt, daß $f(t) = 0$ für $t < 0$. Dann ist für die Summenfunktion $\sum_{\nu=0}^{\infty} f(t-\nu T)$ die z-Transformierte gleich

$$\sum_{\nu=0}^{\infty} F_z(z) z^{-\nu} = F_z(z) \frac{1}{1-z^{-1}} .$$

Es gilt also

$$\sum_{\nu=0}^{\infty} f(t-\nu T) \circ\!\!-\!\!\bullet \frac{z}{z-1} F_z(z) , \quad f(t) = 0 \text{ für } t < 0 . \qquad (3.31)$$

Die zu der Summenfunktion gehörende Wertefolge erhält man durch Einsetzen von $t = kT$. Da $f(t-\nu T) = 0$ für $t < \nu T$, ist

$$\sum_{\nu=0}^{\infty} f(kT-\nu T) = f_0 + f_1 + \ldots + f_k .$$

Somit ist die zur Summenfunktion gehörende Zahlenfolge gleich

$$(f_0, f_0+f_1, f_0+f_1+f_2, \ldots) ,$$

und die Korrespondenz lautet

$$\sum_{\nu=0}^{k} f_\nu \circ\!\!-\!\!\bullet \frac{z}{z-1} F_z(z) . \qquad (3.32)$$

Die Differenzbildungs- und Summationsregel sind also einfache Folgerungen aus den Verschiebungsregeln. Als Beispiel für ihre Anwendung werde die <u>z-Transformation eines</u>

PID-Algorithmus vorgenommen, wie er in der DDC-Technik eingesetzt wird. Ähnlich dem PI-Stellungs-Algorithmus stellt er die Übersetzung des herkömmlichen PID-Reglers ins Diskrete dar, wobei, wie schon erwähnt, die Integration durch Summenbildung und die Differentiation durch Differenzbildung ersetzt wird. Im einfachsten Fall wird die Ableitung durch den Differenzenquotienten ersetzt, und man erhält so aus

$$u(t) = K_R \left[x_d(t) + \frac{1}{T_N} \int_0^t x_d(\tau)d\tau + T_v \dot{x}_d(t)\right]$$

den Algorithmus

$$u_k = K_R \left[x_{dk} + \frac{T}{T_N} \sum_{\nu=0}^{k-1} x_{d\nu} + T_v \frac{x_{dk}-x_{d,k-1}}{T}\right], \tag{3.33}$$

wobei also

$$x_{dk} = x_d(kT) \ , \quad u_k = u(kT)$$

ist. Hierfür kann man auch schreiben:

$$u_k = K_R \left[x_{dk} + \frac{T}{T_N} \left(\sum_{\nu=0}^{k} x_{d\nu} - x_{dk} \right) + \frac{T_v}{T} \left(x_{dk} - x_{d,k-1} \right)\right].$$

Nach (3.32) und (3.28) folgt daraus

$$U_z(z) = K_R \left[X_{dz}(z) + \frac{T}{T_N} \frac{z}{z-1} X_{dz}(z) - \frac{T}{T_N} X_{dz}(z) + \frac{T_v}{T} \frac{z-1}{z} X_{dz}(z)\right]$$

oder

$$U_z(z) = K_R \frac{\left(1 + \frac{T_v}{T}\right)z^2 - \left(1 + 2\frac{T_v}{T} - \frac{T}{T_N}\right)z + \frac{T_v}{T}}{z(z-1)} X_{dz}(z). \tag{3.34}$$

Für $T_V = 0$ erhält man daraus den <u>z-transformierten PI-Algorithmus</u>

$$U_z(z) = K_R \frac{z-\left(1 - \frac{T}{T_N}\right)}{z-1} X_{dz}(z) \; . \qquad (3.35)$$

3.2.4 Differentiationsregel für die Bildfunktion

Während die Differentiationsregel für die Zeitfunktion nicht aus der Laplace-Transformation in die z-Transformation übertragen werden kann, ist dies für die Differentiationsregel für die Bildfunktion möglich, da die letztere auch in der z-Transformation eine analytische Funktion von z und deshalb differenzierbar ist. Im Innern des Konvergenzbereichs der Laurentreihe folgt aus

$$F_z(z) = \sum_{k=0}^{\infty} f_k z^{-k}$$

durch gliedweise Differentiation nach z

$$F_z'(z) = - \sum_{k=0}^{\infty} k f_k z^{-k-1} = -z^{-1} \sum_{k=0}^{\infty} k f_k z^{-k}$$

oder

$$-zF_z'(z) = \sum_{k=0}^{\infty} k f_k z^{-k} \; .$$

Man hat so die Korrespondenz

$$k f_k \circ\!\!-\!\!\bullet \; -zF_z'(z) \; . \qquad (3.36)$$

Da die Zahlenfolge

$$kf_k = \frac{kT}{T} f(kT)$$

durch Abtastung der Funktion $\frac{t}{T} f(t)$ entsteht, kann man auch schreiben:

$$tf(t) \circ\!\!-\!\!\bullet -TzF_z'(z) \; . \qquad (3.37)$$

Mit Hilfe dieser Regel kann man beispielsweise, von $\sigma(t)$ ausgehend, nacheinander die Potenzen t^n z-transformieren. Oder ein anderes Beispiel: Differenziert man die z-Transformierte von $\sin\omega t$ gemäß (3.24), so erhält man

$$t\sin\omega t \circ\!\!-\!\!\bullet \frac{Tz(z^2-1)\sin\omega T}{(z^2-2z\cos\omega T+1)^2} \; . \qquad (3.38)$$

3.2.5 Faltungsregel

Eine wichtige Rolle bei der Anwendung der Laplace-Transformation auf technische Systeme spielt die Faltungsregel. Da die Faltung zweier Funktionen $f(t)$ und $g(t)$ zu einem Integral führt, ist von vornherein nicht zu erwarten, daß die Faltungsregel der Laplace-Transformation auch in der z-Transformation gültig bleibt. Im allgemeinen ist also

$$\mathcal{Z}\left\{f(t)*g(t)\right\} \neq \mathcal{Z}\left\{f(t)\right\}\cdot\mathcal{Z}\left\{g(t)\right\} \; .$$

Ein einfaches Beispiel liefert die Faltung des Einheitssprunges mit sich selbst. Es ist $\sigma(t)*\sigma(t) = \int_0^t \sigma(\tau)\sigma(t-\tau)d\tau =$

$$= \int_0^t 1\cdot 1\cdot d\tau = t \; .$$

In diesem Fall ist somit

$$\mathcal{Z}\left\{\sigma(t)*\sigma(t)\right\} = \mathcal{Z}\left\{t\right\} = \frac{Tz}{(z-1)^2} \; ,$$

hingegen

$$\mathcal{Z}\{\sigma(t)\}\cdot\mathcal{Z}\{\sigma(t)\} = \left(\frac{z}{z-1}\right)^2 .$$

Sind jedoch die miteinander gefalteten Funktionen Impulsfolgen, also von der Form

$$f^*(t) = \sum_{\nu=0}^{\infty} f_\nu \delta(t-\nu T)$$

und

$$g^*(t) = \sum_{\mu=0}^{\infty} g_\mu \delta(t-\mu T) ,$$

so ist die Faltungsregel gültig:

$$\mathcal{Z}\{f^*(t)*g^*(t)\} = \mathcal{Z}\{f^*(t)\}\cdot\mathcal{Z}\{g^*(t)\} \tag{3.39}$$

oder

$$f^*(t)*g^*(t) \circ\!\!-\!\!\bullet\; F_z(z)\cdot G_z(z) . \tag{3.40}$$

Denn wegen (2.4) ist

$$f^*(t)*g^*(t) = \sum_{\mu,\nu=0}^{\infty} f_\nu g_\mu \delta(t-\nu T)*\delta(t-\mu T) =$$

$$= \sum_{\mu,\nu=0}^{\infty} f_\nu g_\mu \delta[t-(\mu+\nu)T] .$$

Mit $\mu+\nu = k$, also $\mu = k-\nu$ wird daraus

$$f^*(t)*g^*(t) = \sum_{k=0}^{\infty} \sum_{\nu=0}^{k} f_\nu g_{k-\nu} \delta(t-kT) . \tag{3.41}$$

Die Summation über ν darf man mit $\nu = k$ abbrechen, weil darüber hinaus $k-\nu$ negativ und damit $g_{k-\nu} = 0$ ist. Durch z-Transformation von (3.41) folgt

$$\mathcal{Z}\left\{f^*(t)*g^*(t)\right\} = \sum_{k=0}^{\infty} \sum_{\nu=0}^{k} f_\nu g_{k-\nu} z^{-k} . \qquad (3.42)$$

Rechts steht aber nichts anderes als das Produkt der beiden Reihen

$$F_z(z) = \sum_{\nu=0}^{\infty} f_\nu z^{-\nu} , \quad G_z(z) = \sum_{\mu=0}^{\infty} g_\mu z^{-\mu} ,$$

wie man sich durch Ausführung der Produktbildung und Einführung von $k = \mu+\nu$ überzeugen kann. Damit ist die Beziehung (3.39) bzw. (3.40) hergeleitet.

Statt mit den Impulsfolgen kann man sie auch mit den zugehörigen Zahlenfolgen (f_k) und (g_k) formulieren, wenn man die <u>Faltung zweier Zahlenfolgen</u> ganz entsprechend zur Faltung von Funktionen definiert:

$$(f_k)*(g_k) = \left(\sum_{\nu=0}^{k} f_\nu g_{k-\nu} \right) . \qquad (3.43)$$

Die z-Transformierte zu $(f_k)*(g_k)$ nach (3.43) ist, wie man aus (3.42) abliest, gerade gleich der z-Transformierten von $f^*(t)*g^*(t)$. Man erhält daher:

$$(f_k)*(g_k) = \left(\sum_{\nu=0}^{k} f_\nu g_{k-\nu} \right) \circ\!\!-\!\!\bullet \; F_z(z) G_z(z) . \qquad (3.44)$$

<u>Man kann die Faltungsregel der z-Transformation</u> aber noch <u>erweitern</u>, indem man zuläßt, daß <u>nur eine der beiden Funktionen eine Impulsfolge</u> ist. Ist dies etwa

$$g^*(t) = \sum_{\nu=0}^{\infty} g_\nu \delta(t-\nu T) \; ,$$

so ist

$$f(t)*g^*(t) = \sum_{\nu=0}^{\infty} g_\nu \Big[f(t)*\delta(t-\nu T)\Big] =$$

$$= \sum_{\nu=0}^{\infty} g_\nu f(t-\nu T) \; .$$

Die z-Transformierte hiervon ist

$$\mathfrak{Z}\Big\{f(t)*g^*(t)\Big\} = \sum_{k=0}^{\infty} \Big(\sum_{\nu=0}^{\infty} g_\nu f(kT-\nu T)\Big) z^{-k} \; .$$

Vertauschung der Summationsreihenfolge führt zu

$$\mathfrak{Z}\Big\{f(t)*g^*(t)\Big\} = \sum_{\nu=0}^{\infty} \sum_{k=0}^{\infty} g_\nu f(kT-\nu T) z^{-k} \; .$$

Mit $k-\nu = \mu$, also $k = \mu+\nu$ wird daraus

$$\mathfrak{Z}\Big\{f(t)*g^*(t)\Big\} = \sum_{\nu=0}^{\infty} \sum_{\mu=-\nu}^{\infty} g_\nu f(\mu T) z^{-(\mu+\nu)} \; .$$

Da $f(\mu T) = 0$ für negative μ, ist dies gleich

$$\mathfrak{Z}\Big\{f(t)*g^*(t)\Big\} = \sum_{\nu=0}^{\infty} \sum_{\mu=0}^{\infty} g_\nu f(\mu T) z^{-(\mu+\nu)} \; . \qquad (3.45)$$

Auf der rechten Seite von (3.45) steht wiederum das Produkt der beiden Reihen

$$F_z(z) = \sum_{\mu=0}^{\infty} f_\mu z^{-\mu} = \sum_{\mu=0}^{\infty} f(\mu T) z^{-\mu}, \quad G_z(z) = \sum_{\nu=0}^{\infty} g_\nu z^{-\nu} .$$

Deshalb kann man für (3.45) schreiben:

$$\mathcal{Z}\{f(t) * g^*(t)\} = \mathcal{Z}\{f(t)\} \cdot \mathcal{Z}\{g^*(t)\} \tag{3.46}$$

oder auch

$$f(t) * g^*(t) \circ\!\!-\!\!\bullet\ F_z(z) \cdot G_z(z) . \tag{3.47}$$

Dabei ist wiederum $f(t)$, $g^*(t) = 0$ für $t < 0$ vorausgesetzt.

Zusammenfassend kann man nun die Faltungsregel der z-Transformation so formulieren:

Ist im Faltungsprodukt zweier Funktionen mindestens eine der beiden eine δ-Impulsfolge, so ist die z-Transformierte des Faltungsproduktes gleich dem Produkt der z-Transformierten der beiden Funktionen.

Die Faltungsregel enthält einige der früheren Regeln als Spezialfälle. Beispielsweise folgt aus

$$f(t-mT) = f(t) * \delta(t-mT)$$

durch Anwendung der Faltungsregel

$$\mathcal{Z}\{f(t-mT)\} = F_z(z) \cdot z^{-m} .$$

Das ist die Verschiebungsregel "nach rechts" in der Form (3.16). Oder ein anderes Beispiel: Wegen

$$\sum_{k=0}^{\infty} f(t-kT) = f(t) * \sum_{k=0}^{\infty} \delta(t-kT)$$

liefert die Faltungsregel

$$\mathcal{Z}\left\{\sum_{k=0}^{\infty} f(t-kT)\right\} = F_z(z)\cdot\sum_{k=0}^{\infty} z^{-k} = F_z(z)\,\frac{1}{1-z^{-1}}\,,$$

also die Summationsregel (3.31).

3.2.6 Grenzwertsätze

Obgleich die beiden nun zu behandelnden Eigenschaften der z-Transformation keine Rechenregeln in dem oben erklärten Sinn darstellen, seien sie doch hier angeschlossen, weil sie einen Zusammenhang zwischen dem Grenzverhalten von Zeitfunktion und Bildfunktion herstellen. Sie entsprechen dem Anfangs- und Endwertsatz der Laplace-Transformation und sollen deshalb auch ebenso bezeichnet werden.

Der <u>Anfangswertsatz der z-Transformation</u> lautet:

$$\lim_{z\to\infty} F_z(z) = f_0\,. \tag{3.48}$$

Er folgt sofort aus

$$F_z(z) = f_0 + \frac{f_1}{z} + \frac{f_2}{z^2} + \ldots\,,$$

indem man gliedweise $z\to\infty$ gehen läßt, was zulässig ist, da diese Laurentreihe für jede von uns betrachtete Zeitfunktion bzw. Zahlenfolge außerhalb eines genügend großen Kreises um Null konvergiert.

Ein einfaches Beispiel bietet $f(t) = \sigma(t)$. Hier ist

$$F_z(z) = \frac{z}{z-1} = \frac{1}{1-z^{-1}}\,,$$

also

$$\lim_{z\to\infty} F_z(z) = 1 \ .$$

In der Tat ist

$$f_o = \sigma(+0) = 1 \ .$$

Den Endwertsatz der z-Transformation können wir so formulieren:

Ist $\lim\limits_{k\to+\infty} f_k$ endlich, so gilt

$$\lim_{k\to+\infty} f_k = \lim_{z\to 1+0} (z-1)F_z(z) \ .^{*)} \tag{3.49}$$

Um ihn verständlich zu machen, stellen wir f_k als Summe dar. Es gilt

$$\sum_{\nu=0}^{k} (f_\nu - f_{\nu-1}) = (f_o-f_{-1})+(f_1-f_o)+(f_2-f_1)+\ldots+(f_k-f_{k-1}) =$$

$$= f_k - f_{-1} \ .$$

*) Das Symbol $z \to 1+0$ soll andeuten, daß bei diesem Grenzübergang z aus dem Außengebiet des Einheitskreises gegen den Punkt 1 der z-Ebene strebt.

Im Anschluß an Kapitel 5 (Stabilität) kann man dem Endwertsatz auch die folgende speziellere, aber für die Anwendung manchmal angenehmere Form geben: Ist die Funktion $F_z(z)$ rational und liegen ihre Pole mit etwaiger Ausnahme eines einfachen Pols in $z = 1$ sämtlich im Innern des Einheitskreises der z-Ebene, so ist

$$\lim_{k\to\infty} f_k = \lim_{z\to 1+0} (z-1)F_z(z) .$$

Die Existenz des linksseitigen Grenzwertes braucht hier nicht gefordert zu werden, ist vielmehr unter den obigen Voraussetzungen gesichert.

Daher ist

$$\lim_{k \to +\infty} f_k = \sum_{\nu=0}^{\infty} (f_\nu - f_{\nu-1}) + f_{-1} \; . \qquad (3.50)$$

Andererseits ist

$$\sum_{\nu=0}^{\infty} (f_\nu - f_{\nu-1}) z^{-\nu} = F_z(z) - (f_{-1} + f_0 z^{-1} + f_1 z^{-2} + \ldots) =$$

$$= (1 - z^{-1}) F_z(z) - f_{-1} \; .$$

Läßt man also $z \to 1+0$ gehen und nimmt auf der linken Seite den Grenzübergang gliedweise vor*), so erhält man

$$\sum_{\nu=0}^{\infty} (f_\nu - f_{\nu-1}) = \lim_{z \to 1+0} \left[(1 - z^{-1}) F_z(z) \right] - f_{-1} \; ,$$

also wegen (3.50)

$$\lim_{k \to +\infty} f_k - f_{-1} = \lim_{z \to 1+0} \left[\frac{z-1}{z} F_z(z) \right] - f_{-1}$$

---

*) Diese Grenzvertauschung ist legitim. Wegen (3.50) ist die Reihe $\sum_{\nu=0}^{\infty} (f_\nu - f_{\nu-1}) z^{-\nu}$ in $z = 1$ konvergent, also auch für $|z| > 1$.

Nach dem Abelschen Grenzwertsatz (beispielsweise in K. KNOPP: Theorie und Anwendung der unendlichen Reihen. Springer, 5. Auflage, 1964. § 20) muß sich dann der Randwert stetig an die Summenfunktion im Innern des Konvergenzbereichs anschließen, es muß also

$$\sum_{\nu=0}^{\infty} (f_\nu - f_{\nu-1}) = \lim_{\substack{z \to 1 \\ |z| > 1}} \sum_{\nu=0}^{\infty} (f_\nu - f_{\nu-1}) z^{-\nu} \text{ sein.}$$

oder

$$\lim_{k \to +\infty} f_k = \lim_{z \to 1+0} \left[(z-1)F_z(z)\right] .$$

Der praktische Nutzen des Endwertsatzes liegt darin, daß man in den Anwendungen häufig zunächst die z-Transformierte kennt und dann aus ihr sofort auf den Grenzwert der Zahlenfolge schließen kann, ohne diese selbst erst berechnen zu müssen. Allerdings muß man wissen, daß dieser Grenzwert existiert und endlich ist. Sonst braucht die Gleichung (3.49) nicht zu gelten. Ein einfaches Gegenbeispiel bietet die Funktion $f(t) = e^t$. Nach (3.22) ist für sie

$$F_z(z) = \frac{z}{z-e^T} ,$$

so daß

$$\lim_{z \to 1+0} (z-1)F_z(z) = 0 .$$

Demgegenüber ist

$$\lim_{k \to +\infty} f_k = \lim_{k \to +\infty} e^{kT} = +\infty .$$

Auf einen Punkt muß noch besonders aufmerksam gemacht werden. Wenn $F_z(z)$ die z-Transformierte einer Funktion $f(t)$ darstellt, so kann $\lim_{k \to +\infty} f_k$ existieren und damit die Beziehung (3.49) gelten, ohne daß $\lim_{t \to +\infty} f(t)$ vorhanden sein muß. Ein ganz einfaches Beispiel liefert $f(t) = \sin t$ und $T = \pi$. Dann ist

$$f_k = \sin kT = 0 \text{ für alle } k.$$

Demgemäß ist

$$F_z(z) = 0 ,$$

also (3.49) trivial erfüllt. Aber der Grenzwert von sint für $t \to +\infty$ existiert nicht, da der Sinus unentwegt zwischen -1 und +1 pendelt. Die z-Transformierte einer Funktion sagt eben zunächst nur etwas über das Verhalten der Funktion in den Abtastzeitpunkten aus, nicht über ihr Verhalten zu beliebiger Zeit.

3.3 z-Transformation spezieller Funktionstypen

Bei vielen technischen Anwendungen geht man statt von Zeitfunktionen von deren Laplace-Transformierten aus. Beispielsweise sind lineare zeitinvariante Übertragungsglieder meist durch ihre komplexe Übertragungsfunktion gegeben. Es kann dann nach der z-Transformierten einer solchen komplexen Funktion F(s) gefragt werden. Darunter ist nichts anderes zu verstehen als die z-Transformierte ihrer Originalfunktion f(t) im Sinne der Laplace-Transformation. Es gilt also die Definition:

$$\mathfrak{Z}\{F(s)\} = \mathfrak{Z}\{f(t)\}, \text{ wobei } f(t) \circ\!\!\overset{\mathcal{L}}{-\!\!-}\!\!\bullet F(s) \quad . \quad (3.51)$$

In diesem Abschnitt sollen für einige in der Regelungstechnik häufig auftretende Funktionstypen die z-Transformierten ermittelt werden.

3.3.1 z-Transformation rationaler Funktionen von s

Tritt in der Regelungstechnik eine rationale Funktion F(s), also ein Quotient zweier Polynome von s, auf, z.B. als Übertragungsfunktion, so wird man im allgemeinen voraussetzen dürfen, daß der Zählergrad kleiner als der Nennergrad ist.

Zerlegt man F(s) in Partialbrüche und nimmt zunächst an, daß die Pole α_ν von F(s) einfach sind, so ist

$$F(s) = \sum_{\nu=1}^{n} \frac{r_\nu}{s-\alpha_\nu} . \tag{3.52}$$

Gemäß (3.51) ist

$$\mathfrak{Z}\left\{\frac{1}{s-\alpha_\nu}\right\} = \mathfrak{Z}\left\{e^{\alpha_\nu t}\right\} = \frac{z}{z-e^{\alpha_\nu T}}$$

und damit

$$\mathfrak{Z}\left\{F(s)\right\} = \sum_{\nu=1}^{n} r_\nu \mathfrak{Z}\left\{\frac{1}{s-\alpha_\nu}\right\} ,$$

$$\mathfrak{Z}\left\{F(s)\right\} = \sum_{\nu=1}^{n} r_\nu \frac{z}{z-e^{\alpha_\nu T}} . \tag{3.53}$$

Auf einen Nenner gebracht wird daraus

$$F_z(z) = \mathfrak{Z}\left\{F(s)\right\} = z \frac{M(z)}{\prod_{\nu=1}^{n} \left(z-e^{\alpha_\nu T}\right)} , \tag{3.54}$$

wobei also M(z) höchstens vom Grade n-1 sein kann.

Wie man sieht, können nur die Zahlen

$$\beta_\nu = e^{\alpha_\nu T} , \quad \nu = 1,...,n ,$$

Pole von $F_z(z)$ sein. Es wäre denkbar, daß ein β_ν durch eine gleiche Nullstelle des Zählers weggehoben wird. Dann müßte aber in der Partialbruchzerlegung (3.53) $r_\nu = 0$ sein. Das ist jedoch ausgeschlossen, da dieselbe Zahl in (3.52) auftritt und α_ν nach Voraussetzung ein Pol von F(s) ist, also $r_\nu \neq 0$ sein muß.

Hat F(s) einen q-fachen Pol α, so gehört zu diesem in der Partialbruchzerlegung der Ausdruck

$$\frac{r_1}{s-\alpha} + \frac{r_2}{(s-\alpha)^2} + \ldots + \frac{r_q}{(s-\alpha)^q}, \quad r_q \neq 0 .$$

Man hat somit die z-Transformierte zur komplexen Funktion

$$\frac{1}{(s-\alpha)^p}, \quad p = 1,2,\ldots,$$

zu ermitteln. Zu ihr gehört die Originalfunktion

$$\frac{t^{p-1}}{(p-1)!} e^{\alpha t} .$$

Wie man aus (3.8) und (3.9) ersieht, gilt eine Korrespondenz von der Form

$$t^n \circ\!\!-\!\!\bullet\; T^n z \frac{z^{n-1}+\ldots}{(z-1)^{n+1}}, \quad n = 1,2,\ldots, \tag{3.55}$$

wobei man das Zählerpolynom mit Hilfe der Differentiationsregel für die Bildfunktion auch für höhere n berechnen kann. Nach dem Dämpfungssatz ist dann weiter

$$t^n e^{\alpha t} \circ\!\!-\!\!\bullet\; T^n z e^{\alpha T} \frac{z^{n-1}+\ldots}{(z-e^{\alpha T})^{n+1}}, \quad n = 1,2,\ldots . \tag{3.56}$$

Damit wird wegen $n = p-1$

$$\mathcal{Z}\left\{\frac{1}{(s-\alpha)^p}\right\} = \frac{T^{p-1}}{(p-1)!}\, z e^{\alpha T}\, \frac{z^{p-2}+\ldots}{(z-e^{\alpha T})^p}\,, \quad p = 2,3,\ldots \,. \tag{3.57}$$

Ist also

$$F(s) = \frac{P(s)}{\prod_{\nu=1}^{n} (s-\alpha_\nu)}\,, \quad \text{Grad } P(s) < n,$$

so ist

$$F_z(z) = \frac{z\cdot M(z)}{\prod_{\nu=1}^{n} \left(z-e^{\alpha_\nu T}\right)}\,. \tag{3.58}$$

Man hat so das Resultat:
Die z-Transformation einer rationalen Funktion $F(s)$ liefert eine rationale Funktion $F_z(z)$. Dabei geht der q-fache Pol α von $F(s)$, $q = 1,2,\ldots$, in die q-fache Nullstelle $\beta = e^{\alpha T}$ des Nenners von $F_z(z)$ über. Falls β keine Nullstelle des Zählers darstellt, hat $F_z(z)$ den q-fachen Pol $\beta = e^{\alpha T}$. Weitere Pole von $F_z(z)$ treten nicht auf. Verschiedene α_i können aber in den gleichen Wert β übergehen.

Als Beispiel werde die rationale Funktion

$$F(s) = \frac{1}{(s-\alpha_1)(s-\alpha_2)(s-\alpha_3)}$$

betrachtet. Ihre Partialbruchzerlegung lautet

$$F(s) = \frac{r_1}{s-\alpha_1} + \frac{r_2}{s-\alpha_2} + \frac{r_3}{s-\alpha_3}$$

mit

$$r_1 = \frac{1}{(\alpha_1-\alpha_2)(\alpha_1-\alpha_3)}\,, \quad r_2 = \frac{1}{(\alpha_2-\alpha_1)(\alpha_2-\alpha_3)}\,,$$

$$r_3 = \frac{1}{(\alpha_3-\alpha_1)(\alpha_3-\alpha_2)} \; . \qquad (3.59)$$

Daher ist

$$F_z(z) = r_1 \frac{z}{z-\beta_1} + r_2 \frac{z}{z-\beta_2} + r_3 \frac{z}{z-\beta_3}$$

mit

$$\beta_\nu = e^{\alpha_\nu T} \; , \qquad \nu = 1,2,3 \; .$$

Hieraus wird

$$F_z(z) = z \frac{b_2 z^2 + b_1 z + b_o}{(z-\beta_1)(z-\beta_2)(z-\beta_3)}$$

mit

$$b_2 = r_1 + r_2 + r_3 \; ,$$

$$b_1 = -r_1(\beta_2+\beta_3) - r_2(\beta_1+\beta_3) - r_3(\beta_1+\beta_2) \; ,$$

$$b_o = r_1\beta_2\beta_3 + r_2\beta_1\beta_3 + r_3\beta_1\beta_2 \; .$$

Darin ist $b_2 = 0$, wie man durch Addition der Terme in (3.59) sieht. Hingegen verschwindet b_1 nicht. Beispielsweise ist für $\alpha_1 = 0$, $\alpha_2 = -1$, $\alpha_3 = -2$:

$$b_1 = + \frac{1}{2} - e^{-1} + \frac{1}{2} e^{-2} \; .$$

Allgemein hat man den Satz:

<u>Ist in $F(s) = \dfrac{P(s)}{\prod_{\nu=1}^{n} (s-\alpha_\nu)}$ Grad $P(s) \leqq n-2$, so ist</u>

$$F_z(z) = z \frac{M(z)}{\prod_{\nu=1}^{n} (z-e^{\alpha_\nu T})}, \tag{3.60}$$

wobei M(z) höchstens den Grad n-2 aufweist.

Für den Beweis wollen wir annehmen, daß die Pole von F(s) alle einfach sind, also

$$F(s) = \sum_{\nu=1}^{n} \frac{r_\nu}{s-\alpha_\nu} .$$

Dann ist

$$F(z) = \sum_{\nu=1}^{n} r_\nu \frac{z}{z-e^{\alpha_\nu T}} = z \frac{r_1 \prod_{\nu=2}^{n}(z-e^{\alpha_\nu T})+\ldots+r_n \prod_{\nu=1}^{n-1}(z-e^{\alpha_\nu T})}{\prod_{\nu=1}^{n} (z-e^{\alpha_\nu T})} .$$

Die höchste Potenz im Zähler hat somit den Koeffizienten $r_1 + r_2 +\ldots+ r_n$. Multipliziert man nun die Partialbruchzerlegung von F(s) mit s, so erhält man

$$sF(s) = \sum_{\nu=1}^{n} \frac{r_\nu}{1 - \frac{\alpha_\nu}{s}} .$$

Daraus folgt

$$\lim_{s \to \infty} sF(s) = \sum_{\nu=1}^{n} r_\nu .$$

Der linke Grenzwert ist aber unter der Voraussetzung von (3.60) Null. Ganz entsprechend läßt sich der Satz auch für mehrfache Pole beweisen.

Aus dem Beispiel ebenso wie aus den allgemeinen Untersuchungen ergibt sich eine für die rechnerische Behandlung von Abtastregelungen wichtige Konsequenz. Die Übertragungsfunktion G(s) einer rationalen Strecke ist normalerweise als Reihenschaltung einfacher Glieder gegeben, so daß Zähler und Nenner in einfache Faktoren zerlegt sind. Berechnet man die zugehörige z-Transformierte $G_z(z)$ in der beschriebenen Weise über die Partialbruchzerlegung von G(s), so hat man den Nenner von $G_z(z)$ ebenfalls sofort in faktorisierter Form, jedoch nicht den Zähler. Seine Nullstellen müssen eigens ermittelt werden, wenn man an ihnen interessiert ist, z.B. dann, wenn man das Wurzelortsverfahren oder Frequenzkennlinienverfahren in der z-Ebene anwenden will. Das macht solche Untersuchungen umständlicher als bei kontinuierlichen Systemen.

3.3.2 z-Transformation rationaler Funktionen von e^{Ts} und Lösung von Differenzengleichungen

Rationale Funktionen der Variablen e^{Ts} treten bei der Lösung von linearen Differenzengleichungen mit konstanten Koeffizienten auf. Diese sind ganz entsprechend wie eine lineare Differentialgleichung mit konstanten Koeffizienten aufgebaut, nur daß an die Stelle der Differentialquotienten die Funktionswerte an diskreten Stellen der t-Achse treten. Setzen wir diese Stellen als äquidistant voraus, so lautet die Differenzengleichung

$$a_n y(t-nT) + a_{n-1} y\big(t-(n-1)T\big) + \ldots + a_1 y(t-T) + a_0 y(t) =$$

$$= b_0 u(t) + b_1 u(t-T) + \ldots + b_m u(t-mT) \quad , \quad a_n, b_m \neq 0 \ . \qquad (3.61)$$

Dabei seien u(t), y(t) Zeitfunktionen, die wir als Null für $t < 0$ voraussetzen wollen. Läßt man diese Voraussetzung fallen, so bleibt das Lösungsverfahren das gleiche, nur daß dann die Vorgeschichte des Systems in die Lösung eingeht.

Man darf annehmen, daß a_o und b_o nicht beide Null sind. Wäre das nämlich der Fall, so könnte man durch die Substitution $\tau = t-T$ zu einer einfacheren Differenzengleichung gelangen, die erst mit $y\big(\tau-(n-1)T\big)$ und $u\big(\tau-(m-1)T\big)$ beginnt.

Da sich in (3.61) die Zeit kontinuierlich ändert, ist die allgemeine Laplace-Transformation anzuwenden. Die Verschiebungsregel "nach rechts" liefert

$$a_n e^{-nTs}Y(s) + \ldots + a_1 e^{-Ts}Y(s) + a_o Y(s) =$$

$$= b_o U(s) + b_1 e^{-Ts}U(s) + \ldots + b_m e^{-mTs}U(s) , \quad (3.62)$$

also

$$Y(s) = G(s)U(s) \quad (3.63)$$

mit

$$G(s) = \frac{b_o+b_1e^{-Ts}+\ldots+b_me^{-mTs}}{a_o+a_1e^{-Ts}+\ldots+a_ne^{-nTs}} = R(e^{-Ts}) \quad . \quad (3.64)$$

Wendet man auf (3.63) die Faltungsregel der Laplace-Transformation an, so erhält man als Lösung der Differenzengleichung

$$y(t) = g(t)*u(t) \quad . \quad (3.65)$$

Dabei ist $g(t)$ die Originalfunktion zu $G(s)$ im Sinne der Laplace-Transformation:

$$g(t) = \mathcal{L}^{-1}\{G(s)\} \quad .$$

Die Übertragungsfunktion eines Differenzengleichungsgliedes ist also eine rationale Funktion der Variablen

$$v = e^{-Ts}$$

und kann gemäß (3.64) in der Form

$$G(s) = \frac{b_0+b_1v+\ldots+b_mv^m}{a_0+a_1v+\ldots+a_nv^n} = R(v)$$

geschrieben werden. Ebenso kann man sie natürlich als rationale Funktion von e^{Ts} auffassen:

$$G(s) = R(e^{-Ts}) = R\left(\frac{1}{e^{Ts}}\right) = \tilde{R}(e^{Ts}) \quad .$$

Davon werden wir später Gebrauch machen.

Im Unterschied zu rationalen Funktionen von s darf hier sehr wohl $m > n$ sein. Solche Übertragungsfunktionen sind durchaus realisierbar. Ist z.B. $n = 0$ und $m > 0$, so folgt aus (3.61) (mit $a_0 = 1$):

$$y(t) = b_0u(t) + b_1u(t-T) +\ldots+ b_mu(t-mT) \quad .$$

D.h.: y(t) geht aus u(t) dadurch hervor, daß u mehrfach nach rechts verschoben wird und die verschobenen Funktionen überlagert werden. Das ist eine ohne weiteres realisierbare Operation.

Setzt man $a_0 \neq 0$ voraus, so hat die rationale Funktion von v in $v = 0$ keinen Pol, da ihr Nenner in $v = 0$ nicht verschwindet. Daher kann sie um $v = 0$ in eine Potenzreihe entwickelt werden:

$$G(s) = R(v) = \frac{b_0+b_1v+\ldots+b_mv^m}{a_0+a_1v+\ldots+a_nv^n} =$$

$$= g_0 + g_1v + g_2v^2 +\ldots \quad . \qquad (3.66)$$

Denkt man sich hierin wieder $v = e^{-Ts}$ eingesetzt, so liefert die Übersetzung in den Zeitbereich eine Impulsfolge:

$$g(t) = g_0\delta(t) + g_1\delta(t-T) + g_2\delta(t-2T) + \ldots = g^*(t) \,. \quad (3.67)$$

Wegen (3.65) folgt daraus die Lösung der Differenzengleichung

$$y(t) = \sum_{\mu=0}^{\infty} g_\mu u(t-\mu T) \,. \quad (3.68)$$

Weiterhin ergibt sich aus (3.67) die z-Transformation der Funktion $G(s) = R(e^{-Ts})$. Definitionsgemäß ist nämlich

$$\mathfrak{Z}\{G(s)\} = \mathfrak{Z}\{g(t)\} = \sum_{\mu=0}^{\infty} g_\mu z^{-\mu} \,.$$

Nach (3.66) ist dies aber nichts anderes als die rationale Funktion $R(v) = R(z^{-1})$. Somit hat man das Ergebnis

$$\mathfrak{Z}\{R(e^{-Ts})\} = R(z^{-1}) = R\left(\frac{1}{z}\right) = \breve{R}(z) \,. \quad (3.69)$$

In Worten ausgedrückt:
<u>Die z-Transformierte einer rationalen Funktion von e^{-Ts} erhält man einfach dadurch, daß man $e^{Ts} = z$ einsetzt.</u>

Dieses einfache Ergebnis war nur möglich, weil G(s) die Laplace-Transformierte einer Impulsfolge ist.
Bei einer rationalen Funktion von s kann man die z-Transformierte leider nicht auf diese bequeme Weise erhalten.
Da aus $e^{Ts} = z$ die Beziehung $s = \frac{1}{T} \ln z$ folgt, würde sich beispielsweise für $\frac{1}{s}$ durch eine solche Ersetzung die Funktion $\frac{T}{\ln z}$ ergeben, während doch die z-Transformierte zu $\frac{1}{s}$ durch

$$\mathfrak{Z}\left\{\frac{1}{s}\right\} = \mathfrak{Z}\{\sigma(t)\} = \frac{z}{z-1}$$

gegeben ist.

Wir hatten oben die Voraussetzung $a_o \neq 0$ gemacht, um die Potenzreihenentwicklung durchführen zu können. Diese Voraussetzung ist aus realen Gründen vernünftig. Wäre nämlich $a_o = 0$, so folgte aus (3.66)

$$G(s) = v^{-p}\,\frac{b_o+b_1v+\ldots}{a_p+a_{p+1}v+\ldots}\,,$$

wo a_p der erste Nennerkoeffizient $\neq 0$ ist. Der Quotient kann nun wieder in eine Potenzreihe um $v = 0$ entwickelt werden, und man erhält

$$G(s) = v^{-p}(c_o+c_1v+\ldots) = c_oe^{pTs}+\ldots, \quad c_o \neq 0\,.$$

Nach (3.63) wäre dann

$$Y(s) = (c_oe^{pTs}+\ldots)U(s)\,,$$

also nach der Linksverschiebungsregel der Laplace-Transformation

$$y(t) = c_ou(t+pT) + \ldots\,.$$

D.h. aber: y zum Zeitpunkt t würde durch den zukünftigen Wert von u zum Zeitpunkt t + pT beeinflußt. Das ist aber in einem physikalisch realisierbaren System wegen des Kausalitätsprinzips ausgeschlossen. Deshalb stellt die Differenzengleichung (3.62) nur dann ein physikalisch realisierbares Übertragungsglied dar, wenn $a_o \neq 0$ ist (der Fall $a_o = 0$, $b_o = 0$ war von vornherein ausgeschlossen worden).

Bisher war die Eingangsgröße u(t) der Differenzengleichung beliebig. Häufig handelt es sich aber um eine Treppenfunktion, z.B. dann, wenn die Eingangsgröße aus einem Abtast-Halte-Glied kommt, das vor dem Differenzengleichungsglied liegt. Dann muß auch die Ausgangsgröße y(t) des Differenzengleichungsgliedes zwischen den Abtastzeitpunkten kT konstant sein, also ebenfalls eine Treppenfunktion bilden. Wenn man es aber mit Treppenfunktionen zu tun hat, kann man sich auf die Zahlenfolgen beschränken, welche die Impulshöhen angeben und damit die Treppenfunktion vollständig bestimmen. Ersetzt man daher die Treppenfunktion y(t) im k-ten Abtastintervall durch y_k, ebenso u(t) durch u_k, so wird aus der Differenzengleichung (3.61) durch Ersetzen von t durch kT:

$$a_n y_{k-n} + a_{n-1} y_{k-n+1} + \ldots + a_1 y_{k-1} + a_o y_k =$$

$$= b_o u_k + b_1 u_{k-1} + \ldots + b_m u_{k-m} \,. \qquad (3.70)$$

Dies ist eine Differenzengleichung, die nicht mehr zwei Funktionen, sondern zwei Zahlenfolgen miteinander verknüpft. Infolgedessen kann sie durch Anwendung der z-Transformation gelöst werden. Mit der Verschiebungsregel "nach rechts" wird aus ihr:

$$\left(a_n z^{-n} + a_{n-1} z^{-n+1} + \ldots + a_1 z^{-1} + a_o\right) Y_z(z) =$$

$$= \left(b_o + b_1 z^{-1} + \ldots + b_m z^{-m}\right) U_z(z) \;,$$

also

$$Y_z(z) = \frac{b_o + b_1 z^{-1} + \ldots + b_m z^{-m}}{a_o + a_1 z^{-1} + \ldots + a_n z^{-n}} U_z(z) = G_z(z) U_z(z)$$

Nach der Faltungsregel der z-Transformation folgt hieraus

$$(y_k) = (g_k)*(u_k) = \left(\sum_{\nu=0}^{k} g_{k-\nu}u_\nu\right) =$$

$$= \left(\sum_{\mu=0}^{k} g_\mu u_{k-\mu}\right). \qquad (3.71)$$

Wie man sieht, kann eine Differenzengleichung für Zahlenfolgen in ganz einfacher Weise mit Hilfe der z-Transformation gelöst werden. Der Vergleich mit (3.68) zeigt, daß dieses Resultat für $t = kT$ in (3.68) enthalten ist. Dabei muß man nur beachten, daß $u(t-\mu T) = 0$ für $t < \mu T$, also $k < \mu$.

Bisher wurde die Zahlenfolge (g_k) noch nicht explizit angegeben. Das soll jetzt nachgeholt werden, zunächst für $m \leqq n$. Sie ist durch die Gleichung

$$G_z(z) = \frac{b_0+b_1z^{-1}+\ldots+b_mz^{-m}}{a_0+a_1z^{-1}+\ldots+a_nz^{-n}} =$$

$$= g_0 + g_1z^{-1} + g_2z^{-2} + \ldots \qquad (3.72)$$

bestimmt. Erweitert man den Bruch mit z^n, so kann man dafür auch schreiben

$$G_z(z) = \frac{b_0z^n+b_1z^{n-1}+\ldots+b_mz^{n-m}}{a_0z^n+a_1z^{n-1}+\ldots+a_n} =$$

$$= g_0 + g_1z^{-1} + g_2z^{-2} + \ldots\,. \qquad (3.73)$$

Diese rationale Funktion von z zerlegt man in Partialbrüche, wobei wir uns zur Vermeidung von Weitläufigkeiten auf den Fall beschränken wollen, daß die Pole $z = \beta_\nu$ von $G_z(z)$ einfach sind. Dann ist

$$G_z(z) = \sum_{\nu=1}^{n} \frac{r_\nu}{z-\beta_\nu} + r_o \quad \text{mit} \quad r_o = \frac{b_o}{a_o} .$$

Die Entwicklung der Partialbrüche in geometrische Reihen führt zu

$$G_z(z) = \sum_{\nu=1}^{n} r_\nu z^{-1} \left(\sum_{k=0}^{\infty} (\beta_\nu z^{-1})^k \right) + r_o \quad \text{oder}$$

$$G_z(z) = \sum_{k=0}^{\infty} \left(\sum_{\nu=1}^{n} r_\nu \beta_\nu^k \right) z^{-(k+1)} + r_o . \tag{3.74}$$

Der Vergleich von (3.74) und (3.73) bringt das gesuchte Ergebnis:

$$\left.\begin{aligned} g_o &= r_o , \\ g_k &= \sum_{\nu=1}^{n} r_\nu \beta_\nu^{k-1} , \qquad k = 1,2,\ldots . \end{aligned}\right\} \tag{3.75}$$

Ist $m > n$, so erweitert man den links stehenden Quotienten in (3.72) mit z^m und zieht den Nennerfaktor z^{m-n} vor:

$$G_z(z) = \frac{1}{z^{m-n}} \frac{b_o z^m + \ldots + b_m}{a_o z^n + \ldots + a_n} .$$

Dann ist wegen $m > n$

$$G_z(z) = \frac{1}{z^{m-n}} \left[\sum_{\nu=1}^{n} \frac{r_\nu}{z-\beta_\nu} + c_{m-n} + \ldots + c_o z^{m-n} \right],$$

wobei möglicherweise auch alle c_ν verschwinden können. Nun folgt genau wie eben:

$$\left.\begin{aligned} g_o &= c_o , \\ &\vdots \\ g_{m-n} &= c_{m-n} \\ g_k &= \sum_{\nu=1}^{n} r_\nu \beta_\nu^{k-(m-n+1)} , \quad k = m-n+1, \ldots \end{aligned}\right\} \quad (3.76)$$

Dabei sind also die β_ν die Nullstellen der Gleichung

$$a_o z^n + \ldots + a_n = 0 .$$

Als einfaches Beispiel werde die Differenzengleichung

$$u_k - u_{k-1} = K_R x_{dk} + K_R \left(\frac{T}{T_N} - 1\right) x_{d,k-1}$$

betrachtet, durch die nach (1.7) der PI-Stellungsalgorithmus in impliziter Form gegeben ist. Die z-Transformation liefert

$$U_z(z) - z^{-1} U_z(z) = K_R X_{dz}(z) + K_R \left(\frac{T}{T_N} - 1\right) z^{-1} X_{dz}(z)$$

oder

$$U_z(z) = K_R \frac{z-a}{z-1} X_{dz}(z) \quad (3.77a)$$

mit

$$a = 1 - \frac{T}{T_N} . \quad (3.77b)$$

Somit ist

$$G_z(z) = K_R \frac{z-a}{z-1} = K_R + \frac{K_R(1-a)}{z-1} ,$$

also

$$r_o = K_R , \quad r_1 = K_R(1-a) , \quad \beta_1 = 1 .$$

Damit ist nach (3.75) die Gewichtsfolge

$$(g_k) = \left(K_R,\ K_R(1-a),\ K_R(1-a),\dots\right) .$$

Daraus folgt wegen $(u_k) = (g_k)*(x_{dk}) = \left(\sum_{\nu=0}^{k} g_{k-\nu}x_{d\nu}\right)$:

$$u_k = g_k x_{do} + g_{k-1}x_{d1} +\dots+ g_1 x_{d,k-1} + g_o x_{dk} =$$

$$= K_R(1-a)\left[x_{do}+\dots+x_{d,k-1}\right] + K_R x_{dk} ,$$

also wegen (3.77b)

$$u_k = K_R\left[x_{dk} + \frac{T}{T_N}\sum_{\nu=0}^{k-1} x_{d\nu}\right] .$$

Das ist nach (1.5) in der Tat der explizite PI-Stellungs-algorithmus.

Man kann ihn auch unmittelbar aus der Gleichung (3.77a) erhalten. Zunächst folgt aus ihr

$$U_z(z) = K_R \frac{z}{z-1} X_{dz}(z) - K_R \frac{a}{z-1} X_{dz}(z) . \qquad (3.78)$$

Nach der Summationsregel gilt

$$\frac{z}{z-1} X_{dz}(z) \bullet\!\!-\!\!\circ \sum_{\nu=0}^{k} x_{d\nu} .$$

Daraus folgt weiter wegen der Verschiebungsregel "nach rechts":

$$\frac{1}{z-1} X_{dz}(z) = z^{-1} \frac{z}{z-1} X_{dz}(z) \bullet\!\!-\!\!\circ \sum_{\nu=0}^{k-1} x_{d\nu} .$$

Somit folgt aus (3.78):

$$u_k = K_R \sum_{\nu=0}^{k} x_{d\nu} - K_R a \sum_{\nu=0}^{k-1} x_{d\nu} ,$$

$$u_k = K_R(1-a) \sum_{\nu=0}^{k-1} x_{d\nu} + K_R x_{dk} .$$

Das ist wiederum der PI-Stellungsalgorithmus.

3.3.3 z-Transformation des Produktes einer rationalen Funktion von s mit einer rationalen Funktion von e^{Ts}

Bei der Untersuchung von Abtastsystemen kommt es häufig vor, daß man Ausdrücke von der Form $R_1(s)R_2(e^{-Ts})$ z-transformieren muß, wobei R_1 und R_2 rationale Funktionen ihrer Variablen sind. Im vorigen Abschnitt wurde gezeigt, daß die Originalfunktion zu $R_2(e^{-Ts})$ im Sinne der Laplace-Transformation eine Impulsfolge ist:

$$R_2(e^{-Ts}) \bullet\!\!-\!\!\circ\ r_2^*(t) .$$

Bezeichnet man die Originalfunktion zu $R_1(s)$ mit $r_1(t)$, so gilt also

$$R_1(s)R_2(e^{-Ts}) \bullet\!\!-\!\!\circ\ r_1(t) * r_2^*(t) .$$

Daher ist definitionsgemäß

$$\mathfrak{Z}\left\{R_1(s)R_2(e^{-Ts})\right\} = \mathfrak{Z}\left\{r_1(t) * r_2^*(t)\right\} .$$

Da ein Faktor dieses Faltungsproduktes eine Impulsfolge darstellt, wird nach der Faltungsregel der z-Transformation

$$\mathfrak{Z}\left\{R_1(s)R_2(e^{-Ts})\right\} = \mathfrak{Z}\left\{r_1(t)\right\} \cdot \mathfrak{Z}\left\{r_2^*(t)\right\}$$

oder, was ja nur eine andere Bezeichnungsweise ist:

$$\mathcal{Z}\left\{R_1(s)R_2(e^{-Ts})\right\} = \mathcal{Z}\left\{R_1(s)\right\}\cdot\mathcal{Z}\left\{R_2(e^{-Ts})\right\} .$$

Nach (3.69) ist die z-Transformierte des zweiten Faktors $R_2(z^{-1})$. Damit erhält man das Resultat:

$$\mathcal{Z}\left\{R_1(s)R_2(e^{-Ts})\right\} = \mathcal{Z}\left\{R_1(s)\right\}\cdot R_2(z^{-1}) \; . \tag{3.79}$$

Als einfaches Beispiel soll die Sprungantwort eines Haltegliedes z-transformiert werden. Ihre Laplace-Transformierte ist

$$H(s) = \frac{1-e^{-Ts}}{s}\,\frac{1}{s} = (1-e^{-Ts})\,\frac{1}{s^2} \; .$$

Damit ist

$$H_z(z) = \mathcal{Z}\left\{H(s)\right\} = \mathcal{Z}\left\{1-e^{-Ts}\right\}\cdot\mathcal{Z}\left\{\frac{1}{s^2}\right\} ,$$

also

$$H_z(z) = (1-z^{-1})\cdot\mathcal{Z}\left\{t\right\} = \frac{z-1}{z}\,\frac{Tz}{(z-1)^2}$$

und damit schließlich

$$H_z(z) = \frac{T}{z-1} \; .$$

3.4 Ein allgemeiner Zusammenhang zwischen F (s) und F_z (z)

Im vorhergehenden wurde für häufig auftretende Funktionen F(s) die z-Transformierte $F_z(z)$ bestimmt. Hierzu wurde zu F(s) die Originalfunktion f(t) im Sinne der Laplace-Transformation ermittelt und dann aus der Wertefolge f(kT) die

Funktion $F_z(z)$ gebildet. Da somit $F_z(z)$ durch F(s) eindeutig bestimmt ist, muß sich $F_z(z)$ in allgemeiner Form durch F(s) ausdrücken lassen. Das ist in der Tat möglich:

$$F_z(e^{Ts}) = F^*(s) = \frac{1}{2} f(+0) + \frac{1}{T} \sum_{\nu=-\infty}^{+\infty} F(s+\nu \frac{2\pi}{T} j) \ . \qquad (3.80)$$

Für die Herleitung sei auf [34] verwiesen.

Ein Beispiel mag den allgemeinen Zusammenhang erläutern. Für den Einheitssprung $f(t) = \sigma(t)$ ist $F(s) = \frac{1}{s}$. Damit wird gemäß (3.80)

$$F_z(e^{Ts}) = F^*(s) = \frac{1}{2} + \frac{1}{T} \sum_{\nu=-\infty}^{\infty} \frac{1}{s+\nu \frac{2\pi}{T} j} =$$

$$= \frac{1}{2} + \frac{1}{Ts} + \frac{1}{T}\left[\frac{1}{s+\frac{2\pi}{T}j} + \frac{1}{s-\frac{2\pi}{T}j}\right] +$$

$$+ \frac{1}{T}\left[\frac{1}{s+\frac{4\pi}{T}j} + \frac{1}{s-\frac{4\pi}{T}j}\right] + \ldots$$

$$= \frac{1}{2} + \frac{1}{Ts} + \frac{1}{T} \frac{2s}{s^2+\frac{4\pi^2}{T^2}} + \frac{1}{T} \frac{2s}{s^2+\frac{16\pi^2}{T^2}} + \ldots \ . \qquad (3.81)$$

Nun weiß man unabhängig von (3.80) auf Grund der früheren Betrachtung, daß die z-Transformierte des Einheitssprungs gleich

$$\frac{z}{z-1} = \frac{1}{1-z^{-1}}$$

ist, so daß

$$F_z(e^{Ts}) = F^*(s) = \frac{1}{1-e^{-Ts}} \qquad (3.82)$$

gilt. Man hat so fast ohne Rechnung die interessante Reihenentwicklung

$$\frac{1}{1-e^{-Ts}} = \frac{1}{2} + \frac{1}{Ts} + \frac{2s}{T} \sum_{\nu=1}^{\infty} \frac{1}{s^2 + \frac{4\nu^2\pi^2}{T^2}}$$

erhalten, die - nebenbei bemerkt - eine Partialbruchzerlegung der meromorphen Funktion $\frac{1}{1-e^{-Ts}}$ darstellt.

Man sieht aber auch sogleich, daß für die praktische Durchführung der z-Transformation mit (3.80) nichts anzufangen ist. Angenommen nämlich, man würde den geschlossenen Ausdruck (3.82) für $F_z(e^{Ts})$ nicht kennen. Dann hätte man nur die Reihe (3.81). Aus ihr ist aber nicht ohne weiteres zu ersehen, daß sie die einfache Summenfunktion (3.82) besitzt.

3.5 Rücktransformation (Umkehrung der z-Transformation)

3.5.1 Problemstellung

Bei der Untersuchung von Abtastsystemen steht man häufig vor der Aufgabe, aus einer z-Transformierten den zugehörigen zeitlichen Ablauf zu bestimmen. Man soll also aus einer gegebenen Funktion $F_z(z)$ der komplexen Variablen z die zugehörige Zahlenfolge (f_k) bestimmen, für die

$$F_z(z) = \sum_{k=0}^{\infty} f_k z^{-k}$$

ist. Dazu entwickelt man die Funktion $F_z(z)$ nach den Potenzen z^{-k}, also in eine Potenzreihe mit nichtpositiven Exponenten. Das ist stets möglich, wenn die Funktion $F_z(z)$

außerhalb eines Kreises um z = 0 holomorph ist. Da diese Reihenentwicklung eindeutig ist, ist die Zahlenfolge (f_k) durch $F_z(z)$ eindeutig festgelegt. Mit der Zahlenfolge (f_k) wird natürlich auch die Impulsfolge

$$f^*(t) = \sum_{k=0}^{\infty} f_k \delta(t-kT)$$

eindeutig durch $F_z(z)$ bestimmt.

Betrachten wir das Beispiel

$$F_z(z) = \frac{z}{z-\beta} = \frac{1}{1-\beta z^{-1}}, \quad \beta \neq 0 .$$

Die Reihenentwicklung ist hier ganz einfach, da der Summenausdruck der geometrischen Reihe vorliegt:

$$F_z(z) = \sum_{k=0}^{\infty} \beta^k z^{-k} .$$

Damit ist also

$$f_k = \beta^k, \quad k = 0,1,2,\dots .$$

Da man allgemein eine Potenz a^k in der Form

$$a^k = e^{k \cdot \ln a}, \quad a \neq 0,$$

ausdrücken kann, läßt sich für die erhaltene Folge auch

$$f_k = e^{k \cdot \ln \beta}, \quad k = 0,1,2,\dots, \tag{3.83}$$

schreiben.

Der Zusammenhang zwischen der Zahlenfolge (f_k) und der zugehörigen z-Transformierten $F_z(z)$ soll im folgenden auch durch die Gleichung

$$(f_k) = \mathfrak{Z}^{-1}\left\{F_z(z)\right\}$$

zum Ausdruck gebracht werden. Entsprechend kann man für die durch (f_k) bestimmte Impulsfunktion $f^*(t)$ schreiben:

$$f^*(t) = \mathfrak{Z}^{-1}\left\{F_z(z)\right\} .$$

Bei manchen Anwendungen ist aber nun weiterhin die Frage von Interesse, für welche Zeitfunktion f(t) die Abtastung gerade die aus $F_z(z)$ eindeutig erhaltene Folge (f_k) ergibt. Das heißt: Für welche Zeitfunktion f(t) die Gleichung

$$f(kT) = f_k , \quad k = 0,1,2,..., \tag{3.84}$$

mit den vorliegenden Werten f_k gilt. Denkt man sich über den Punkten kT der Zeitachse die Strecken f_k aufgetragen, so sucht man eine Kurve, welche die Endpunkte dieser Strekken miteinander verbindet. Im Bild 3/4 ist dies für die Zahlenfolge

$$f_k = (-1)^k , \quad k = 0,1,2,..., \tag{3.85}$$

dargestellt.

Man sieht sofort, daß es zur gleichen Zahlenfolge (f_k) unendlich viele verschiedene Zeitfunktionen f(t) gibt, für die Gleichung (3.85) erfüllt ist. Für die Zahlenfolge (3.85) gehören hierzu beispielsweise die Funktionen

$$f_m(t) = \cos\frac{(2m+1)\pi t}{T} , \quad m = 0,1,2,... .$$

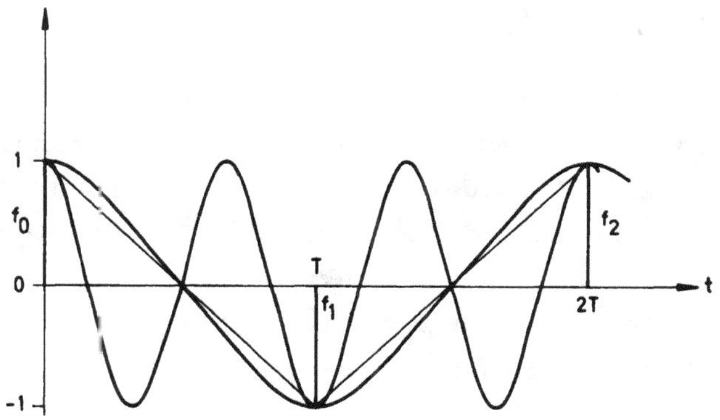

Bild 3/4 Verschiedene Interpolationsfunktionen zur gleichen Zahlenfolge (f_k)

Die ersten beiden Funktionen sind in das Bild 3/4 eingezeichnet. Ebenso kann man aber auch z.B. den Streckenzug nehmen, der die Punkte $(kT,\ f_k)$ miteinander verbindet.

Hat man bei der Untersuchung eines realen Abtastsystems mittels der z-Transformation eine Zahlenfolge (f_k) errechnet, so weiß man also nicht, welche Zeitfunktion $f(t)$ im realen System vorliegt, d.h. man kennt ihren Verlauf zwischen den Abtastzeitpunkten nicht - es sei denn, daß man zusätzliche Kenntnisse über $f(t)$ besitzt. Die einfachste Annahme besteht darin, daß aufgrund des Systemaufbaus nur Treppenfunktionen auftreten können. Dann gilt eben im gesamten Intervall $kT \leqq t < (k+1)T : f(t) = f_k$.

Die zusätzlichen Kenntnisse über $f(t)$ können komplizierter sein, so daß man aus der Wertefolge (f_k) nicht auf eine eindeutig bestimmte Funktion $f(t)$ schließen kann, wohl aber Aussagen über gewisse Eigenschaften von $f(t)$ machen kann, z.B. über das Verhalten von $f(t)$ für $t \to +\infty$. Obwohl sich die Funktion $f(t)$ dann nicht eindeutig feststellen läßt, kann eine derartige Aussage völlig ausreichen. So kann man etwa aus dem asymptotischen Verhalten von $f(t)$ auf die Stabilität schließen.

Manchmal liegt bei regelungstechnischen Anwendungen die Situation vor, daß man zu einer Zahlenfolge (f_k) eine Funktion $f(t)$ mit $f(kT) = f_k$ sucht, die in möglichst einfacher Weise gerätetechnisch erzeugt werden kann, an die aber sonst keine Anforderungen gestellt werden. Von diesem Gesichtspunkt ausgehend, kann man der Zahlenfolge (f_k) in eindeutiger Weise eine Zeitfunktion zuordnen, wenn die Zahlen f_k aufgrund einer Formelvorschrift von dem Index k abhängen. Sie lassen sich dann in der Form

$$f_k = \phi(k)$$

schreiben. Hierfür kann man weiter

$$f_k = \phi\left(\frac{kT}{T}\right)$$

setzen, womit die diskrete Zeitvariable kT eingeführt wird. Ersetzt man diese nun wieder durch die kontinuierliche Zeitvariable t, so hat man eine Zeitfunktion

$$\phi\left(\frac{t}{T}\right) = f(t)$$

erhalten, die gewiß für $t = kT$ die gegebenen Werte f_k liefert. Es ist möglich, daß $f(t)$ nicht reell ist, obwohl die f_k reell sind. Dann kann man sich auf den Realteil von $f(t)$ beschränken.

Betrachten wir hierzu das obige Beispiel

$$F_z(z) = \frac{z}{z-\beta}\ , \qquad \beta \neq 0\ .$$

Schreibt man die Zahlenfolge (3.83) in der Form

$$f_k = e^{\frac{kT}{T}\ln\beta}$$

und führt dann für kT die kontinuierliche Zeitvariable t

ein, so erhält man

$$f(t) = e^{\frac{t}{T}\ln\beta} . \tag{3.86}$$

Ist β eine reelle Zahl > 0, darf man lnβ ebenfalls als reell ansehen. Man erhält in diesem Fall für $\beta \neq 1$ das Bild 3/5. Für $\beta = 1$ ist f(t) der Einheitssprung.

Da f(t) die Laplace-Transformierte

$$F(s) = \frac{1}{s - \frac{\ln\beta}{T}} \tag{3.87}$$

besitzt, kann man also (f_k) dadurch erzeugen, daß man auf eine Schaltung mit der Übertragungsfunktion

$$G(s) = \frac{s}{s - \frac{\ln\beta}{T}} \tag{3.88}$$

den Einheitssprung gibt und die entstehende Sprungantwort abtastet. Deren Laplace-Transformierte ist nämlich

$$\frac{s}{s - \frac{\ln\beta}{T}}\,\frac{1}{s} = F(s) ,$$

so daß die Sprungantwort selbst gleich f(t) ist.

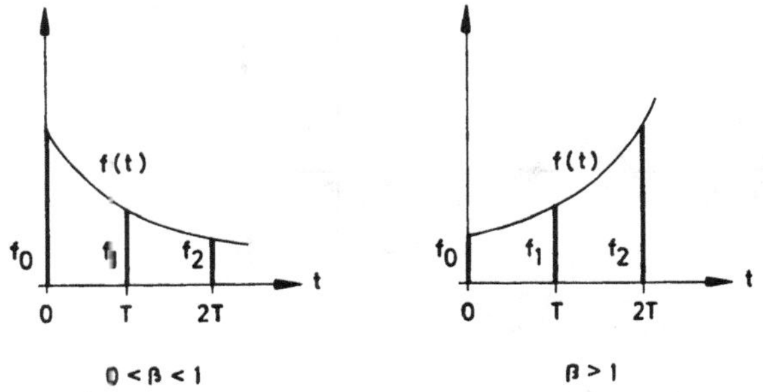

Bild 3/5 Die Zahlenfolge $f_k = \beta^k$, $\beta > 0$, und die Interpolationsfunktion $f(t) = \beta^{t/T} = e^{(t/T)\ln\beta}$

Ist β reell und < 0, so ist $\ln\beta = \ln|\beta| + j\pi$ und damit

$$f(t) = e^{\frac{t}{T}\ln|\beta|} \cdot e^{j\frac{\pi t}{T}},$$

$$f(t) = e^{\frac{t}{T}\ln|\beta|}\left(\cos\frac{\pi t}{T} + j\sin\frac{\pi t}{T}\right).$$

Da für $t = kT$

$$\sin\frac{\pi t}{T} = \sin k\pi = 0$$

wird, genügt es, den Realteil der obigen Funktion zu nehmen, so daß man schließlich

$$f(t) = e^{\frac{t}{T}\ln|\beta|}\cos\frac{\pi t}{T} \tag{3.89}$$

erhält (Bild 3/6). Im Spezialfall $|\beta| = 1$ ist $f(t) = \cos\frac{\pi t}{T}$. Für $t = kT$ ergibt sich in der Tat

$$f(kT) = e^{k\ln|\beta|}\cos k\pi = |\beta|^k(-1)^k = \beta^k .$$

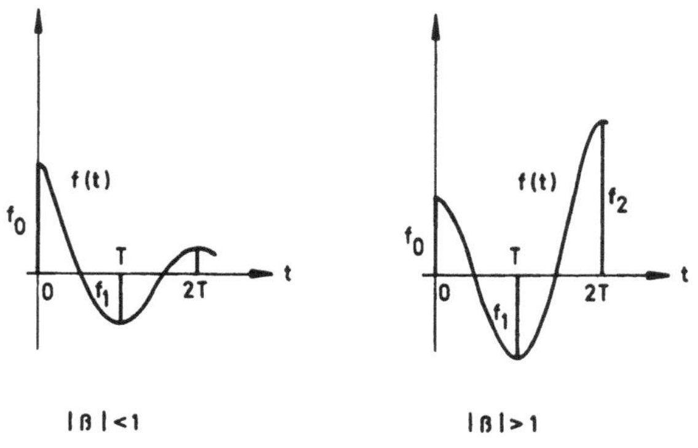

Bild 3/6 Die Zahlenfolge $f_k = \beta^k$, $\beta < 0$, und die Interpolationsfunktion $f(t) = e^{(t/T)\ln|\beta|}\cos\frac{\pi t}{T}$

Ganz entsprechend wie im vorigen Fall kann die Zahlenfolge (f_k) dadurch erhalten werden, daß die Sprungantwort des kontinuierlichen Übertragungsgliedes mit der Übertragungsfunktion

$$G(s) = \frac{s\left[s - \frac{\ln|\beta|}{T}\right]}{\left[s - \frac{\ln|\beta|}{T}\right]^2 + \frac{\pi^2}{T^2}} \tag{3.90}$$

abgetastet wird.

Nicht selten kommt es vor, daß die f_k für die ersten Abtastzeitpunkte nach einem anderen Gesetz gebildet sind als später. Beispielsweise kann

$$f_k = (0,0,0,\phi(3),\phi(4),\ldots)$$

sein. Dann erhält man durch geringfügige Erweiterung des eben beschriebenen Vorgehens

$$f(t) = \phi\left(\frac{t-2T}{T}\right)\sigma(t-2T) \quad .$$

Ein Nachrichtentechniker, der die Ausführungen dieses Abschnitts bis zu diesem Punkt gelesen hat, wird vermutlich erstaunt sein, daß das <u>Abtasttheorem von SHANNON</u> [48] nirgends erwähnt wurde. Bei ihm wird angenommen, daß die Zeitfunktion $f(t)$ eine Fouriertransformierte $F(j\omega)$ besitzt und daß diese bandbegrenzt ist, d.h. daß es eine positive Zahl ω_m gibt derart, daß $F(j\omega) \equiv 0$ für $|\omega| > \omega_m$. Man betrachte nun zwei solche Zeitfunktionen. Ihre Fourier-Transformierten mögen beide außerhalb des Intervalls $|\omega| > \omega_m$ Null sein. Sie werden beide zu den Abtastzeitpunkten kT, $k = 0,\pm1,\pm2,\ldots$ abgetastet, wobei $T \leqq \frac{\pi}{\omega_m}$ ist. Stimmen dann die abgetasteten Werte bei beiden Funktionen überein, so sind die Funktionen für alle t identisch. Das ist die Aussage des Abtasttheorems. Meist sagt man einfach, die Funktion f(t) werde durch die Abtastwerte f(kT), k = 0,±1,..., eindeutig bestimmt, sofern $T \leqq \frac{\pi}{\omega_m}$ ist.

Hat man also eine Wertefolge f_k, die zu den Zeitpunkten kT, k = 0,±1,±2,... gehört, und läßt man nur Zeitfunktionen f(t) zu, deren Fouriertransformierten für $|\omega| > \frac{\pi}{T}$ verschwinden, so gibt es gewiß nicht mehr als eine Zeitfunktion f(t), die zu den Zeitpunkten kT die Werte f_k annimmt. Denn für diese Funktionen gilt $\omega_m \leqq \frac{\pi}{T}$, also $T \leqq \frac{\pi}{\omega_m}$.

Nun ist aber die Annahme der Bandbegrenzung eine außerordentlich einschneidende Voraussetzung. Aufgrund der Fouriertransformation ist die Zeitfunktion f(t) nämlich durch

$$f(t) = \frac{1}{2\pi} \int_{-\omega_m}^{\omega_m} F(j\omega) e^{j\omega t} d\omega$$

gegeben, also durch ein Integral über ein endliches Intervall. Daraus folgt, daß f(t) auf der gesamten Zeitachse holomorph ist.

Diese Voraussetzung aber ist für die Funktionen der Regelungstechnik normalerweise nicht erfüllt. Hier hat man es mit Ein- und Umschaltvorgängen, allgemeiner gesprochen, mit mehr oder weniger plötzlichen Systemänderungen zu tun, und es ist gerade die Aufgabe der Regelungstechnik, die Reaktion des Systems hierbei zu untersuchen. Man denke z.B. an die Stabilitätsanalyse. Die auftretenden Zeitfunktionen, als deren einfachstes Beispiel der Einheitssprung gelten kann, weisen deshalb Sprünge, Knicke und dergleichen auf und sind infolgedessen nicht auf der ganzen Zeitachse holomorph.

Ihre Fouriertransformierten können somit nicht bandbegrenzt sein, so daß das Abtasttheorem nicht anwendbar ist.

3.5.2 Rücktransformation rationaler Funktionen von z

Im Bereich der kontinuierlichen Systeme spielen rationale Funktionen der komplexen Variablen s eine wichtige Rolle, weil sie als Übertragungsfunktionen der häufigsten Art von Übertragungsgliedern auftreten. Immerhin gibt es neben ihnen aber noch andere wichtige Typen linearer und zeitinvarianter Übertragungsglieder, wie Totzeitglieder und Differenzengleichungsglieder.

Geht man durch die z-Transformation in den Bereich der komplexen Variable z über, so gehen nicht nur die rationalen Funktionen von s in rationale Funktionen von z über. Auch die Übertragungsfunktionen der Differenzengleichungsglieder, die keine rationalen Funktionen von s sind, werden sehr wohl rationale Funktionen von z, wie früher gezeigt wurde. Das gleiche wird bald für die Totzeitglieder nachgewiesen werden.

Rationale Funktionen spielen daher im z-Bereich eine noch größere Rolle als im s-Bereich. In den Anwendungen hat man es ganz überwiegend mit ihnen zu tun. Wir wollen uns deshalb bei allen folgenden Betrachtungen auf rationale Funktionen von z beschränken.

Wie man bei der Rücktransformation einer rationalen Funktion grundsätzlich vorzugehen hat, liegt auf der Hand: Man zerlegt sie in Partialbrüche und transformiert diese einzeln zurück. Meist werden dabei nur Partialbrüche vom Typ $\frac{z}{z-\beta}$ oder allenfalls $z/(z-\beta)^2$ auftreten. Hier soll aber doch der allgemeine Partialbruch

$$\frac{z}{(z-\beta)^n}$$

betrachtet werden. Zunächst kann man den trivialen Fall $\beta = 0$ ausschließen. Dann folgt nämlich aus $F_z(z) = z^{-(n-1)}$, daß die Folge (f_k) aus lauter Nullen besteht, mit Ausnahme einer 1 an der (n-1)-ten Stelle, so daß also

$$f^*(t) = \delta\big(t-(n-1)T\big)$$

ist.

Für $\beta \neq 0$ ist

$$\frac{z}{(z-\beta)^n} = \beta^{-(n-1)} \frac{\beta^{-1}z}{(\beta^{-1}z-1)^n} .$$

Kennt man die Zahlenfolge (f_k) zu

$$F_z(z) = \frac{z}{(z-1)^n} , \qquad (3.91)$$

so folgt aufgrund des Dämpfungssatzes die Korrespondenz

$$\frac{z}{(z-\beta)^n} \bullet\!\!-\!\!\circ \beta^{-(n-1)} \cdot \beta^k f_k , \quad n = 1,2,\ldots . \qquad (3.92)$$

Es genügt daher, die Originalfolge zu (3.91) zu ermitteln.

Das gelingt durch sukzessive Anwendung der Faltungsregel. Für n = 1 beginnt man mit der bekannten Korrespondenz

$$\frac{z}{z-1} \bullet\!\!-\!\!\circ (1,1,1,\ldots) = (1) .$$

Daraus folgt weiter

$$\frac{1}{z-1} = z^{-1} \frac{z}{z-1} \bullet\!\!-\!\!\circ (0,1,1,\ldots) = (e_k) .$$

Die Faltung irgendeiner Folge (a_k) mit dieser Folge liefert als k-tes Folgenglied

$$\sum_{\nu=0}^{k} a_\nu \cdot e_{k-\nu} = 1\cdot a_0 + \ldots + 1\cdot a_{k-1} + 0\cdot a_k = \sum_{\nu=0}^{k-1} a_\nu .$$

Daher liefert die Anwendung der Faltungsregel:

$$\frac{z}{(z-1)^2} = \frac{z}{z-1}\,\frac{1}{z-1} \;\bullet\!\!-\!\!\circ\; (1)*(e_k) = (k) \quad ,$$

da ja die 1 von $\nu = 0$ bis $\nu = k-1$, also k-mal, als Summand auftritt.

Durch weitere Anwendung der Faltungsregel bekommt man

$$\frac{z}{(z-1)^3} = \frac{z}{(z-1)^2}\,\frac{1}{z-1} \;\bullet\!\!-\!\!\circ\; (k)*(e_k) = \left(\sum_{\nu=0}^{k-1} \nu\right) .$$

Für die Summe dieser arithmetischen Reihe hat man $\frac{1}{2}\,k(k-1) = \binom{k}{2}$. Daher gilt

$$\frac{z}{(z-1)^3} \;\bullet\!\!-\!\!\circ\; \binom{k}{2} \;.^{*)} \tag{3.93}$$

Um das Gesetz zu erkennen, nach dem diese Korrespondenzen vom Potenzexponenten n abhängen, gehen wir noch einen Schritt weiter. Wiederum wird die Faltungsregel angewandt:

$$\frac{z}{(z-1)^4} = \frac{z}{(z-1)^3}\,\frac{1}{z-1} \;\bullet\!\!-\!\!\circ\; \binom{k}{2} *(e_k) = \left(\sum_{\nu=0}^{k-1} \binom{\nu}{2}\right) .$$

Da der Binomialkoeffizient $\binom{m}{n}$ definitionsgemäß Null ist für $m < n$, ist die obige Summe gleich

$$\binom{2}{2} + \binom{3}{2} + \ldots + \binom{k-1}{2} \;.$$

---

*) Es sei daran erinnert, daß $\binom{m}{n} = \frac{m!}{n!\,(n-m)!}$ ist.

Es ist eine Eigenschaft der Binomialkoeffizienten, daß diese Summe gleich $\binom{k}{3}$ ist [47]. Somit gilt:

$$\frac{z}{(z-1)^4} \;\bullet\!\!-\!\!\circ\; \binom{k}{3} \; .$$

Aus (3.93) und der letzten Gleichung kann man den gesuchten allgemeinen Zusammenhang ablesen (und wenn man mißtrauisch ist, durch vollständige Induktion nach n beweisen):

$$\frac{z}{(z-1)^n} \;\bullet\!\!-\!\!\circ\; \binom{k}{n-1} \; , \qquad n = 1,2,\ldots \; . \tag{3.94}$$

Setzt man hierin $k = \frac{kT}{T}$ und führt dann für die diskrete Zeit kT die kontinuierliche Zeit t ein, so erhält man eine Zeitfunktion f(t), durch deren Abtastung die Wertefolge (3.94) entsteht und die deshalb die z-Transformierte (3.94) aufweist:

$$f(t) = \binom{t/T}{n-1} , \qquad n = 1,2,\ldots \tag{3.95}$$

oder ausführlich geschrieben:

$$f(t) = \begin{cases} 1 & , \; n = 1 \\ \dfrac{\frac{t}{T}\left(\frac{t}{T}-1\right)\ldots\left(\frac{t}{T}-(n-2)\right)}{(n-1)!} & , \; n = 2,3,\ldots \; . \end{cases}$$

Berücksichtigt man weiterhin den Übergang von (3.91) nach (3.92), so wird aus (3.94) die allgemeinere Korrespondenz

$$\frac{z}{(z-\beta)^n} \;\bullet\!\!-\!\!\circ\; \frac{e^{k\ln\beta}}{\beta^{n-1}} \binom{k}{n-1} , \quad n = 1,2,\ldots, \;\; \beta \neq 0 \; . \tag{3.96}$$

Eine zugehörige Originalfunktion ist daher

$$f(t) = \frac{e^{\frac{t}{T}\ln\beta}}{\beta^{n-1}} \binom{t/T}{n-1} . \tag{3.97}$$

Die Rücktransformation einer rationalen Funktion von z ist damit erledigt. Da wir uns auf rationale Funktionen von z beschränken wollen, könnten wir es hiermit bewenden lassen. Dennoch sollen im nächsten Abschnitt einige andere Möglichkeiten der Rücktransformation kurz erörtert werden. Einmal deshalb, um auch für nichtrationale Funktionen die Rücktransformation zu ermöglichen, zum anderen, weil die im vorhergehenden beschriebene Rücktransformation einer rationalen Funktion gewisse Rechnungen erfordert, vor allem die Ermittlung der Pole von $F_z(z)$, die man vielleicht vermeiden möchte.

3.5.3 Weitere Möglichkeiten der Rücktransformation

In Analogie zum komplexen Umkehrintegral der Laplace-Transformation gibt es auch hier eine Umkehrformel, die aber erheblich einfacher im Aufbau und in der Handhabung ist. Und zwar erhält man aus

$$F_z(z) = \sum_{k=0}^{\infty} f_k z^{-k} \tag{3.98}$$

den i-ten Koeffizienten durch den Ausdruck

$$f_i = \frac{1}{2\pi j} \int_K F_z(z) z^{i-1} dz \ , \quad i = 0,1,2,\ldots \ . \tag{3.99}$$

Das Kurvenintegral in der z-Ebene ist dabei über einen Kreis K um z = 0 zu erstrecken, dessen Radius so groß ist, daß er alle Singularitäten von $F_z(z)$ einschließt.

Die Herleitung dieser Formel ist nicht schwierig. Man integriert die Reihenentwicklung (3.98) gliedweise, nachdem man mit z^{i-1} multipliziert hat. Dann werden sämtliche Integrale auf der rechten Seite Null, bis auf dasjenige über $f_i z^{-i} \cdot z^{i-1} = f_i z^{-1}$, das die Änderung des $\ln z$ bei einem Umlauf um K, also den Wert $2\pi j$, liefert. Das gesamte Integral ist also gerade gleich $f_i \cdot 2\pi j$.

Als Rechenbeispiel werde

$$F_z(z) = e^{\frac{a}{z}} , \qquad a \neq 0 ,$$

betrachtet. Die Funktion

$$F_z(z) z^{i-1} = e^{\frac{a}{z}} z^{i-1}$$

hat nur eine Singularität in $z = 0$. Zur Berechnung des komplexen Kurvenintegrals (3.99) verwendet man wie üblich den Residuensatz [48], nach dem dieses Integral (einschließlich des Faktors $\frac{1}{2\pi j}$) gleich der Summe der Residuen der innerhalb K gelegenen Singularitäten von $F_z(z)z^{i-1}$ ist. Im vorliegenden Fall hat man also das Residuum von $e^{\frac{a}{z}} z^{i-1}$ in $z = 0$ zu bestimmen. Da

$$e^{\frac{a}{z}} z^{i-1} = \left(1 + \frac{a}{z} + \ldots + \frac{1}{i!} \frac{a^i}{z^i} + \ldots\right) z^{i-1} ,$$

ist das Residuum, also der Koeffizient der Potenz z^{-1}, gleich $a^i/i!$ Somit gilt

$$e^{\frac{a}{z}} \bullet\!\!-\!\!\circ \left(\frac{a^k}{k!}\right) . \qquad (3.100)$$

An dem Beispiel sieht man, daß die mühseligen Grenzübergänge, welche zur Auswertung des komplexen Umkehrintegrals der Laplace-Transformation erforderlich sind, hier entfallen.

Eine andere allgemeine Möglichkeit, die Koeffizienten f_k aus

$$F_z(z) = \sum_{k=0}^{\infty} f_k z^{-k}$$

zu erhalten, bietet sich dadurch, daß man $z^{-1} = v$ setzt und auf diese Weise eine gewöhnliche Potenzreihe in v erhält:

$$F_z(v^{-1}) = \sum_{k=0}^{\infty} f_k v^k \;.$$

Ihre Koeffizienten kann man dann mittels der Taylorschen Formel berechnen:

$$f_k = \frac{1}{k!}\left[\frac{d^k F_z(v^{-1})}{dv^k}\right]_{v=0} \;, \quad k = 0,1,\ldots \;. \qquad (3.101)$$

Auch hierfür ein Beispiel:

$$F_z(z) = \ln \frac{z}{z-1} \;.$$

In diesem Fall ist

$$F_z(v^{-1}) = \ln \frac{1}{1-z^{-1}} = \ln \frac{1}{1-v} \;,$$

also

$$\frac{dF_z}{dv} = \frac{1}{1-v}$$

und damit

$$\frac{d^k F_z}{dv^k} = \frac{(k-1)!}{(1-v)^k} , \qquad k = 1,2,\dots .$$

Infolgedessen ist

$$f_o = 0 , \quad f_k = \frac{1}{k} , \quad k = 1,2,\dots .$$

Man hat somit die Korrespondenz:

$$\ln \frac{z}{z-1} \bullet\!\!-\!\!\circ \left(0,1,\frac{1}{2},\frac{1}{3},\dots\right) . \qquad (3.102)$$

Eine ganz andere Möglichkeit zur Berechnung der Originalfolge (f_k) ergibt sich aus der Tatsache, daß $F_z(z)$ in vielen Fällen, beispielsweise immer bei rationalen Funktionen, als Quotient zweier Reihen von z^{-1} dargestellt werden kann:

$$F_z(z) = \frac{b_o+b_1z^{-1}+b_2z^{-2}+\dots}{a_o+a_1z^{-1}+a_2z^{-2}+\dots} = f_o + f_1z^{-1} + f_2z^{-2} + \dots .$$

Multipliziert man aus und nimmt Koeffizientenvergleich vor, so ergeben sich für die gesuchten Werte f_k die Gleichungen

$$\begin{aligned} a_of_o &= b_o , \\ a_of_1 + a_1f_o &= b_1 , \\ &\vdots \\ a_of_k + a_1f_{k-1} + \dots + a_kf_o &= b_k , \\ &\vdots \end{aligned}$$

Da, wie früher begründet, $a_o \neq 0$ angenommen werden darf, können die Gleichungen nacheinander nach $f_o, f_1, \dots$ aufgelöst werden.

Für die Herleitung allgemeiner Formeln für die f_k ist dieses Verfahren zwar kaum geeignet, wohl aber zur Bestimmung der f_k, wenn die Koeffizienten a_k und b_k numerisch gegeben sind. Man kann dann zwar nur ein Anfangsstück der Folge (f_k) ermitteln, aber beispielsweise für die Beurteilung von Einschwingvorgängen reicht dies aus.

Aufgaben zum Kapitel 3: A1 bis A5.

Tabelle 3/1 Rechenregeln der z-Transformation

Hierin bezeichnet $F_z(z)$ die z-Transformierte zu $f(t)$ bzw. zur Impulsfolge $f^*(t)$ bzw. zur Zahlenfolge f_k. Dabei ist

$$f^*(t) = \sum_{\nu=0}^{\infty} f_\nu \delta(t-\nu T).$$

Benennung der Operation	Operation mit den Zeitfunktionen	Operation mit den Zahlenfolgen	Operation mit den z-Transformierten
Verschiebung nach rechts	$f(t-mT)$	f_{k-m}	$z^{-m}[F_z(z)+\sum_{\nu=1}^{m} f_{-\nu}z^{\nu}]$
Verschiebung nach links	$f(t+mT)$	f_{k+m}	$z^{m}[F_z(z)-\sum_{\nu=0}^{m-1} f_{\nu}z^{-\nu}]$
Differenzbildung	$f(t)-f(t-T)$ $f(t+T)-f(t)$	f_k-f_{k-1} $f_{k+1}-f_k$	$\frac{z-1}{z} F_z(z)-f_{-1}$ $(z-1)F_z(z)-f_0 z$
Summation $f=0,\ t<0$	$\sum_{\nu=0}^{\infty} f(t-\nu T)$	$\sum_{\nu=0}^{k} f_\nu$	$\frac{z}{z-1} F_z(z)$
Summation $f=0,\ t<0$		$\sum_{\nu=0}^{k-1} f_\nu$	$\frac{1}{z-1} F_z(z)$
Dämpfung	$f(t)e^{\alpha t}$ α beliebig komplex	$f_k\beta^k$ $\beta = e^{\alpha T}$	$F_z(ze^{-\alpha T}) = F_z(z\beta^{-1})$
Differentiation der Bildfunktion	$\frac{t}{T} f(t)$	kf_k	$-zF_z'(z)$
Faltung $f,g^*=0,\ t<0$	$f^*(t)*g^*(t)$ $f(t)*g^*(t)$	$\sum_{\nu=0}^{k} f_\nu g_{k-\nu}$	$F_z(z)\cdot G_z(z)$

Tabelle 3/2 Korrespondenzen der z-Transformation

Dabei ist stets $f(t) = 0$ für $t < 0$.

	F(s)	f(t)	$F_z(z)$
1	$\frac{1}{s}$	1	$\frac{z}{z-1}$
2	$\frac{1}{s^2}$	t	$\frac{Tz}{(z-1)^2}$
3	$\frac{2!}{s^3}$	t^2	$T^2 z \frac{z+1}{(z-1)^3}$
4	$\frac{3!}{s^4}$	t^3	$T^3 z \frac{z^2+4z+1}{(z-1)^4}$
5	$\frac{n!}{s^{n+1}}$	t^n, $n=1,2,...$	$T^n z \frac{z^{n-1}+...}{(z-1)^{n+1}}$
6	$\frac{1}{s-\alpha}$ α beliebig komplex	$e^{\alpha t}$	$\frac{z}{z-e^{\alpha T}}$
7	$\frac{\omega}{s^2+\omega^2}$	$\sin\omega t$	$z \frac{\sin\omega T}{z^2-2z\cos\omega T+1}$
8	$\frac{s}{s^2+\omega^2}$	$\cos\omega t$	$z \frac{z-\cos\omega T}{z^2-2z\cos\omega T+1}$
9	$\frac{s \cdot \sin\phi+\omega\cos\phi}{s^2+\omega^2}$	$\sin(\omega t+\phi)$	$z \frac{z\sin\phi+\sin(\omega T-\phi)}{z^2-2z\cos\omega T+1}$

Fortsetzung von Tabelle 3/2

	F(s)	f(t)	$F_z(z)$
10	$\frac{\omega}{(s-\alpha)^2+\omega^2}$	$e^{\alpha t}\sin\omega t$	$z\,\frac{e^{\alpha T}\sin\omega T}{z^2-2ze^{\alpha T}\cos\omega T+e^{2\alpha T}}$
11	$\frac{s-\alpha}{(s-\alpha)^2+\omega^2}$	$e^{\alpha t}\cos\omega t$	$z\,\frac{z-e^{\alpha T}\cos\omega T}{z^2-2ze^{\alpha T}\cos\omega T+e^{2\alpha T}}$
12	$\frac{(s-\alpha)\sin\phi+\omega\cos\phi}{(s-\alpha)^2+\omega^2}$	$e^{\alpha t}\sin(\omega t+\phi)$	$z\,\frac{z\sin\phi+e^{\alpha T}\sin(\omega T-\phi)}{z^2-2ze^{\alpha T}\cos\omega T+e^{2\alpha T}}$
13	$\frac{1}{(s-\alpha)^2}$	$te^{\alpha t}$	$\frac{Tze^{\alpha T}}{(z-e^{\alpha T})^2}$
14	$\frac{1}{(s-\alpha)^3}$	$\frac{1}{2!}\,t^2e^{\alpha t}$	$\frac{1}{2}\,T^2e^{\alpha T}z\,\frac{z+e^{\alpha T}}{(z-e^{\alpha T})^3}$
15	$\frac{1}{(s-\alpha)^4}$	$\frac{1}{3!}\,t^3e^{\alpha t}$	$\frac{1}{6}\,T^3e^{\alpha T}z\,\frac{z^2+4ze^{\alpha T}+e^{2\alpha T}}{(z-e^{\alpha T})^4}$
16	$\frac{n!}{(s-\alpha)^{n+1}}$	$t^ne^{\alpha t}$ $n=1,2,\ldots$	$\frac{\partial^n}{\partial\alpha^n}\left(\frac{z}{z-e^{\alpha T}}\right)=T^nze^{\alpha T}\,\frac{z^{n-1}+\ldots}{(z-e^{\alpha T})^{n+1}}$
17	$\frac{2\omega s}{(s^2+\omega^2)^2}$	$t\sin\omega t$	$Tz\,\frac{(z^2-1)\sin\omega T}{(z^2-2z\cos\omega T+1)^2}$
18	$\frac{s^2-\omega^2}{(s^2+\omega^2)^2}$	$t\cos\omega t$	$Tz\,\frac{(z^2+1)\cos\omega T-2z}{(z^2-2z\cos\omega T+1)^2}$

Fortsetzung von Tabelle 3/2

F(s)	f(t)	$F_z(z)$
19 $\frac{2\omega s\cos\phi+(s^2-\omega^2)\sin\phi}{(s^2+\omega^2)^2}$	$t\sin(\omega t+\phi)$	$Tz\,\frac{z^2\sin(\omega T+\phi)-2z\sin\phi-\sin(\omega T-\phi)}{(z^2-2z\cos\omega T+1)^2}$
20 $\frac{1}{s-\frac{1}{T}\ln a}$, $a \neq 0$	$e^{\frac{t}{T}\ln a} = a^{\frac{t}{T}}$	$\frac{z}{z-a}$
21	$\binom{t/T}{n-1}$ $n=1,2,\ldots$	$\frac{z}{(z-1)^n}$
22	$\frac{e^{\frac{t}{T}\ln\beta}}{\beta^{n-1}}\binom{t/T}{n-1}$	$\frac{z}{(z-\beta)^n}$, $\beta \neq 0$, $n = 1,2,\ldots$
23 e^{-mTs}, $m=0,1,\ldots$	$\delta(t-mT)$	z^{-m}
24 $\frac{b_o+b_1e^{-Ts}+\ldots+b_me^{-mTs}}{a_o+a_1e^{-Ts}+\ldots+a_ne^{-nTs}}$		$\frac{b_o+b_1z^{-1}+\ldots+b_mz^{-m}}{a_o+a_1z^{-1}+\ldots+a_nz^{-n}}$, $a_o \neq 0$
25	$(-1)^{\frac{t}{T}}$	$\frac{z}{z+1}$
26	$\frac{t}{T}\,\beta^{\frac{t}{T}-1}$	$\frac{z}{(z-\beta)^2}$

4. Beschreibung von Abtastsystemen mittels der z-Transformation

4.1 Struktur von Abtastregelungen

Kommt ein Abtastvorgang durch die Art der Meßwerterfassung zustande, so kann man ihn durch eine Struktur nach Bild 4/1 beschreiben. Durch das Abtast-Halte-Glied (AH-Glied) wird der kontinuierlich anfallende Istwert x zu den Zeitpunkten kT abgetastet und dann über die nachfolgende Abtastperiode gehalten. Auf diese Weise wird die Treppenfunktion $\bar{x}(t)$ erzeugt. Dann wird man auch die Führungsgröße als eine Treppenfunktion $\bar{w}(t)$ vorgeben.

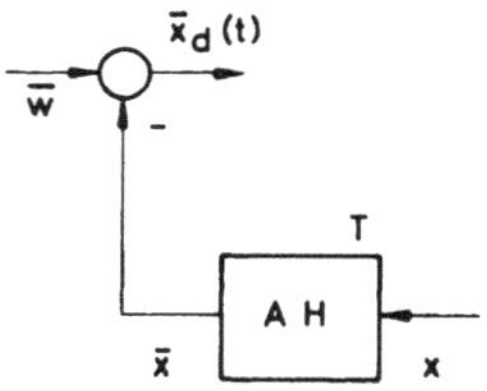

Bild 4/1 Struktur eines Abtastvorganges aufgrund der Meßwerterfassung

Auch diese kann man sich, zumindest für die mathematische Beschreibung, durch Abtastung einer Funktion w(t) entstanden denken. Man gelangt so zu der Struktur im Bild 4/2a. Da das Abtast-Halte-Glied linear ist, kann man es über die nachfolgende Summierungsstelle verlegen, was zu Bild 4/2b führt.

Dieses Bild darf man als typisch ansehen für einen Abtastvorgang, der durch die Art der Meßwerterfassung entsteht, wobei der anschließende Soll-Istwert-Vergleich mit dargestellt ist. Schließt sich hieran ein konventioneller Reg-

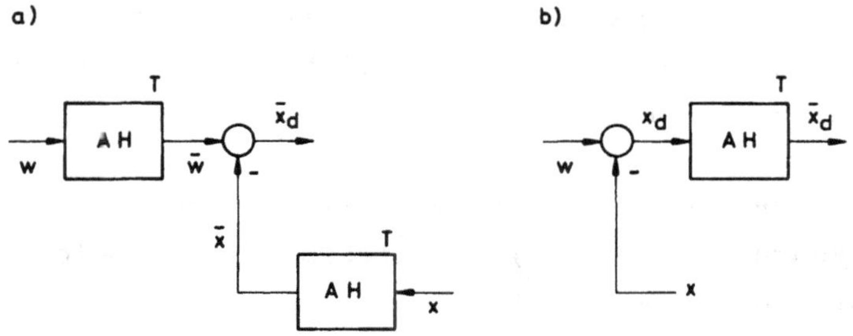

Bild 4/2 Äquivalente Struktur zum Bild 4/1

ler mit der Übertragungsfunktion $G_R(s)$, eine Stelleinrichtung mit $G_{St}(s)$ und eine Strecke mit $G_S(s)$ an, so erhält man die Abtastregelung im Bild 4/3. Hier ist außerdem das Abtast-Halte-Glied nochmals in δ-Abtaster und Halteglied zerlegt. In der mathematischen Beschreibung setzt sich daher der Vorwärtszweig aus dem δ-Abtaster und einem Block mit der Übertragungsfunktion

$$F_o(s) = \frac{1-e^{-Ts}}{s} G_R(s) G_{St}(s) G_S(s)$$

zusammen.

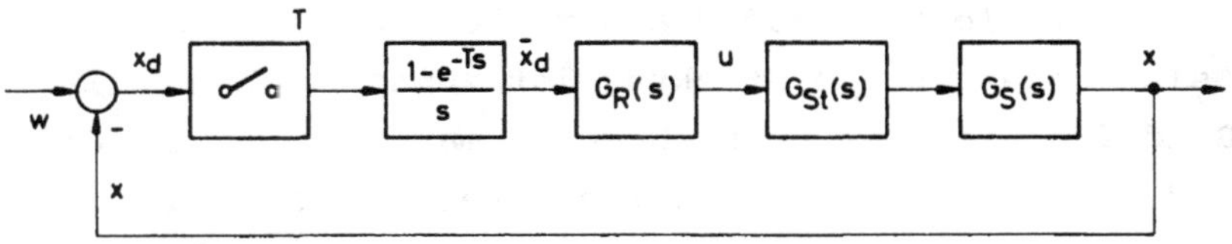

Bild 4/3 Abtastregelung mit konventionellem Regler

Betrachten wir nunmehr die Abtastregelung, welche durch die Einwirkung eines Prozeßrechners entsteht. Hierzu können wir von Bild 1/4 ausgehen. Die Operationen Abtastung und Speicherung werden zum Abtast-Halte-Glied zusammengefaßt, das demgemäß ebenfalls aus dem einlaufenden Istwert x(t) der Regelgröße die Treppenfunktion $\bar{x}(t)$ erzeugt. Daß die Meßeinrichtung im Bild 1/4 durch ein Proportionalglied mit der Konstante K_M charakterisiert wurde, ist unwesentlich. Diesen Faktor kann man sich etwa zur Strecke hinzugeschlagen denken.

Durch den Rechneralgorithmus wird nun zunächst $\bar{x}(t)$ mit der Führungsgröße $\bar{w}(t)$ verglichen, die gespeichert vorliegt. In der mathematischen Beschreibung des Systems kann man sie sich aber ebenfalls über ein AH-Glied aus einer Funktion w(t) erzeugt denken.

Auf die Treppenfunktion $\bar{x}_d(t)$ wird im Bild 1/4 der PI-Algorithmus angewandt. Allgemein möge es sich um eine lineare Differenzengleichung mit konstanten Koeffizienten handeln, wie sie im Abschnitt 3.3.2 untersucht wurde und von welcher der PI-Algorithmus einen speziellen Fall darstellt. Die Übertragungsfunktion einer solchen Differenzengleichung ist nach (3.64)

$$G_d(e^{Ts}) = \frac{b_o+b_1e^{-Ts}+\ldots+b_me^{-mTs}}{a_o+a_1e^{-Ts}+\ldots+a_ne^{-nTs}} \,.$$

Ihre Ausgangsgröße ist die Treppenfunktion $\bar{u}(t)$, die über die Stelleinrichtung auf die Strecke einwirkt. Die gesamte, sich so ergebende Struktur ist zunächst überschlägig im Bild 4/4 wiedergegeben. Nachdem man dort das AH-Glied über die nachfolgende Summierungsstelle verlegt hat, gelangt man zur Struktur im Bild 4/5.

Sie kann als allgemeiner Typ einer Abtastregelung angesehen werden, in der insbesondere auch die Struktur vom Bild 4/3 mitenthalten ist. Dabei stellt $G_d(e^{Ts})$ in Form des Differenzengleichungsgliedes den diskreten oder diskontinuierlichen Teil des Vorwärtszweiges dar. Dieser Teil wird in Form eines Rechneralgorithmus realisiert sein. Tritt ein solches Differenzengleichungsglied nicht auf, so ist einfach $G_d = 1$ zu setzen.

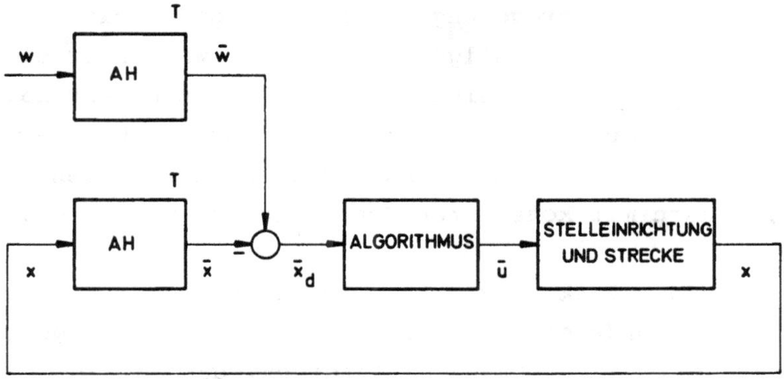

Bild 4/4 Grobstruktur eines digitalen Regelkreises

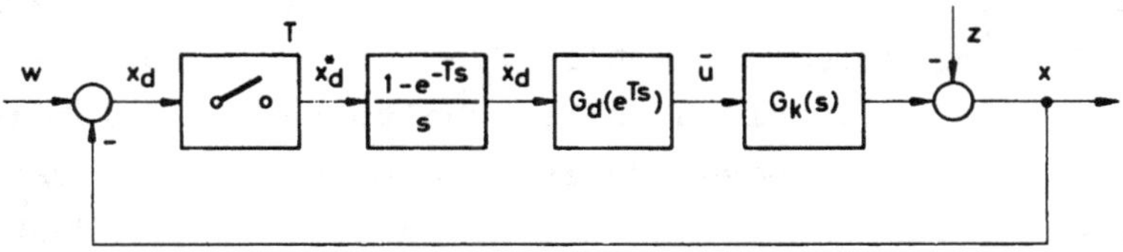

Bild 4/5 Allgemeiner Typ einer Abtastregelung, insbesondere auch einer digitalen Regelung.

$$G_d(e^{Ts}) = P_d(e^{Ts})/Q_d(e^{Ts}) \ ,$$

$$G_k(s) = R_k(s)e^{-T_t s} = R_k(s)e^{-rTs} \ .$$

Zum kontinuierlichen Teil mit der Übertragungsfunktion $G_k(s)$ zählen Strecke und Stelleinrichtung (eventuell, wie beim Schrittmotor, nur ein Beitrag der letzteren). Wird ein konventioneller Regler eingesetzt, ist also $G_d = 1$, so ist auch dieser noch zu $G_k(s)$ hinzuzunehmen.

Schließlich ist im Bild 4/5 noch die Möglichkeit berücksichtigt, daß eine Störgröße z(t) angreifen kann. Falls sie im realen System innerhalb der Strecke auftritt, hat man sie sich an den Streckenausgang verlegt zu denken.

Von der Abtastregelung im Bild 4/5 gehen die folgenden Betrachtungen aus. Allgemeiner wollen wir unter einem linearen Abtastsystem eine Verknüpfung von Abtast-Halte-Gliedern mit Summierungsstellen, rationalen Übertragungsgliedern, Totzeitgliedern und linearen Differenzengleichungsgliedern mit konstanten Koeffizienten verstehen.

Auf einen Punkt muß noch hingewiesen werden. Im vorhergehenden wurde ein AH-Glied mit einer Summierungsstelle vertauscht. Darin kommt zum Ausdruck, daß das AH-Glied ein lineares Übertragungsglied ist. Es ist aber im allgemeinen nicht möglich, es mit einem rationalen Übertragungsglied zu vertauschen, da es zwar linear, jedoch zeitvariant ist [51]. Das Beispiel im Bild 4/6 zeigt das. Die Eingangsgröße ist bei beiden Reihenschaltungen der Einheitssprung $\sigma(t)$. Die Ausgangsgröße ist jedoch einmal die Rampenfunktion t, das andere Mal die zugehörige Treppenfunktion.

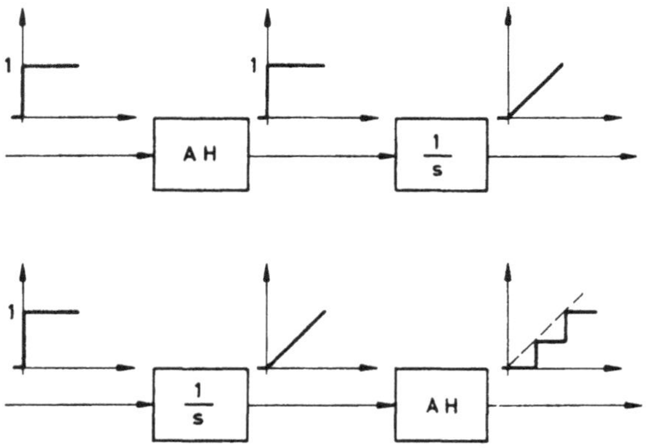

Bild 4/6 Nichtvertauschbarkeit des Abtast-Halte-Gliedes mit rationalen Übertragungsgliedern

Eine Ausnahme bildet jedoch das Proportionalglied. Mit ihm ist das AH-Glied vertauschbar. Das beruht wiederum auf der Linearität der Abtastoperation.

Nunmehr soll die Abtastregelung mit Hilfe der z-Transformation beschrieben werden. Dazu wird zunächst der allgemeine Begriff der z-Übertragungsfunktion eingeführt.

4.2 Die z-Übertragungsfunktion

Lineare zeitinvariante Übertragungsglieder, zu denen vor allem die rationalen Übertragungsglieder, die Totzeitsysteme und die linearen Differenzengleichungsglieder mit konstanten Koeffizienten gehören, können durch ihre Gewichtsfunktion (Impulsantwort) g(t) charakterisiert werden. Liegt vor einem solchen Übertragungsglied ein δ-Abtaster, wie dies im Bild 4/7 dargestellt ist, so ist die Ausgangsgröße dieser Reihenschaltung

$$y(t) = g(t) * u^*(t) \; . \tag{4.1}$$

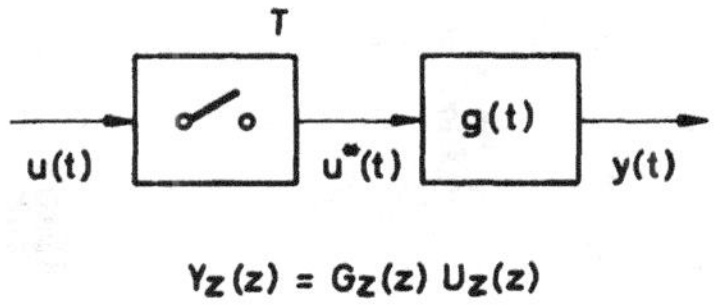

Bild 4/7 Lineares zeitinvariantes Übertragungsglied mit vorgeschaltetem δ-Abtaster

Dabei ist

$$u^*(t) = \sum_{k=0}^{\infty} u_k \delta(t-kT)$$

die durch den δ-Abtaster aus u(t) erzeugte Impulsfolge. Nach der Faltungsregel der z-Transformation wird aus (4.1) durch Anwendung der z-Transformation

$$Y_z(z) = G_z(z) U_z(z) \; . \tag{4.2}$$

Hierin ist

$$G_z(z) = \mathcal{Z}\left\{g(t)\right\} \tag{4.3}$$

die z-Transformierte der Gewichtsfunktion. Da die Gleichung (4.2) völlig entsprechend wie die Übertragungsgleichung

$$Y(s) = G(s)U(s)$$

aufgebaut ist, wobei $G_z(z)$ der Übertragungsfunktion G(s) entspricht, bezeichnet man $G_z(z)$ als <u>z-Übertragungsfunktion</u>. Weil g(t) die Originalfunktion zu G(s) im Sinne der Laplace-Transformation ist, kann man auch schreiben:

$$G_z(z) = \mathcal{Z}\left\{G(s)\right\} . \tag{4.4}$$

Bei dieser Betrachtung könnte im ersten Augenblick vielleicht stören, daß ein δ-Abtaster im realen System nicht auftritt. Aber man kann sich ja stets vorstellen, daß er als Teil eines Abtast-Halte-Gliedes vorkommt und das Halteglied zum nachfolgenden Übertragungsglied geschlagen wird, also seine Übertragungsfunktion

$$G_h(s) = \frac{1-e^{-Ts}}{s}$$

in dessen Übertragungsfunktion als Faktor enthalten ist.

Es sei ausdrücklich hervorgehoben, daß die fundamentale Übertragungsgleichung (4.2) im allgemeinen nur gilt, wenn vor dem Übertragungsglied ein δ-Abtaster liegt. Ist das nicht der Fall, so ist $y(t) = g(t)*u(t)$, die Eingangsgröße des Übertragungsgliedes ist also keine Impulsfolge. Dann ist die Faltungsregel der z-Transformation hinfällig und mit ihr die Gleichung (4.2).

Allerdings gibt es einen wichtigen Ausnahmefall. Es kann nämlich sein, daß zwar u(t) keine Impulsfolge ist, wohl aber die Gewichtsfunktion

$$g(t) = g^*(t) = \sum_{k=0}^{\infty} g_k \delta(t-kT) \ .$$

Nach (3.67) ist das bei den Differenzengleichungsgliedern der Fall. Dann hat man im Zeitbereich die Beziehung

$$y(t) = g^*(t) * u(t) \ ,$$

woraus mittels der Faltungsregel der z-Transformation

$$Y_z(z) = G_z(z) U_z(z)$$

folgt. Das ist wiederum die Gleichung (4.2), die hier allerdings auf ganz andere Weise zustande kommt. Ein δ-Abtaster tritt nicht auf. Bild 4/8 stellt diesen Zusammenhang dar.

Geht man von den Zeitfunktionen zu den Zahlenfolgen über, so kann man die Übertragungsgleichung $Y_z(z) = G_z(z)U_z(z)$ auch so interpretieren: Liegt die Situation von Bild 4/7 oder 4/8 vor, so erhält man die Werte y_k der Ausgangsgröße zu den Abtastzeitpunkten, indem man die Folge u_k der Eingangswerte mit der zur Gewichtsfunktion gehörenden Wertefolge g_k faltet.

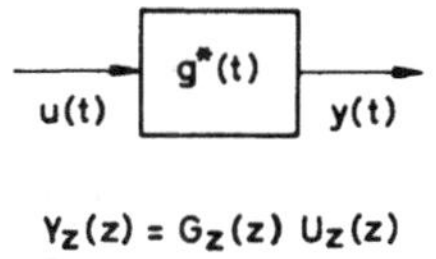

Bild 4/8 Übertragungsbeziehung für ein Differenzengleichungsglied

Das Rechnen mit der z-Übertragungsfunktion ergibt sich nun ohne weiteres aus der Faltungsregel der z-Transformation. Betrachten wir zunächst die Reihenschaltung vom Bild 4/9.

Hier gilt

$$y(t) = g_1(t)*g_2(t)*u^*(t) \quad ,$$

also

$$Y_z(z) = \mathfrak{z}\{g_1(t)*g_2(t)\} \cdot U_z(z)$$

oder

$$Y_z(z) = \mathfrak{z}\{G_1(s)G_2(s)\} U_z(z) \quad .$$

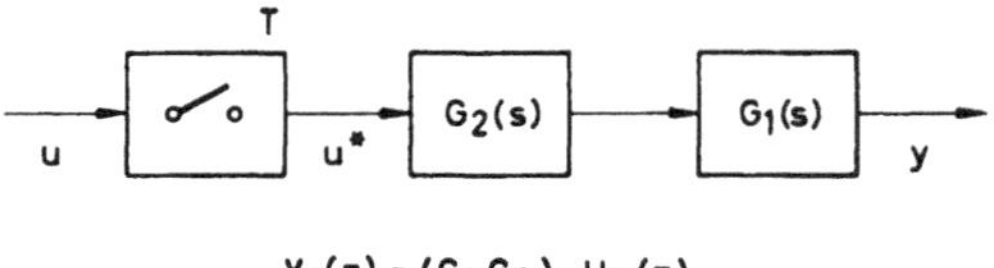

Bild 4/9 Reihenschaltung mit δ-Abtaster

In sehr zweckmäßiger Weise pflegt man hierfür kürzer

$$Y_z(z) = (G_1G_2)_z U_z(z) \tag{4.5}$$

zu schreiben, wobei also

$$(G_1G_2)_z = \mathfrak{z}\{G_1(s)G_2(s)\} = \mathfrak{z}\{g_1(t)*g_2(t)\} \tag{4.6}$$

ist.

Es liegt auf der Hand, daß im allgemeinen $(G_1G_2)_z$ nicht gleich $G_{1z} \cdot G_{2z}$ ist, da eben die Faltungsregel der z-Transformation nicht für das Faltungsprodukt zweier beliebiger Zeitfunktionen gilt. Wohl aber ist das der Fall, wenn eines der Übertragungsglieder eine Impulsfolge als Gewichtsfunktion hat, wie das für ein Differenzengleichungsglied zutrifft. Dann ist also

$$(G_1G_2)_z = G_{1z} \cdot G_{2z} \ .$$

Bild 4/10 deutet dies an, wobei die Übertragungsfunktion des Differenzengleichungsgliedes als rationale Funktion von e^{Ts} mit $R(e^{Ts})$ bezeichnet ist.

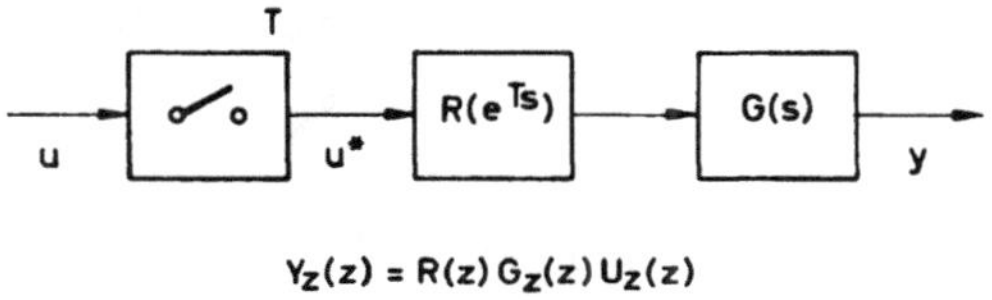

Bild 4/10 Reihenschaltung mit δ-Abtaster und Differenzengleichungsglied

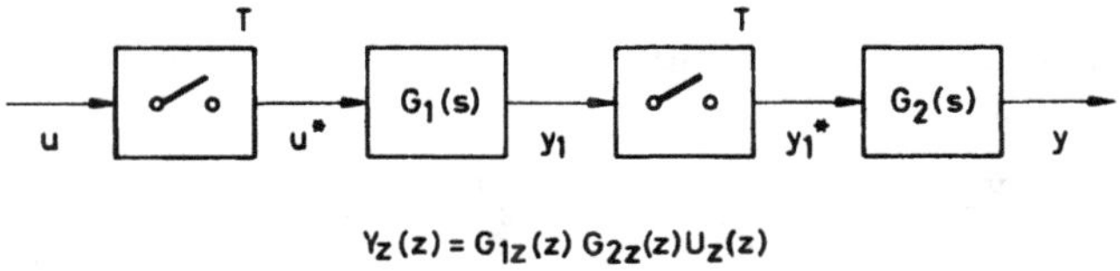

Bild 4/11 Reihenschaltung mit mehreren gleichzeitig schaltenden δ-Abtastern

Zwei hintereinander geschaltete Abtaster, die zu den gleichen Zeitpunkten abtasten, werden in der Realität wohl nur selten vorkommen. In diesem Fall kann man jedoch die z-Übertragungsfunktionen miteinander multiplizieren. Aus Bild 4/11 liest man zunächst ab:

$$y(t) = g_2(t) * y_1^*(t) \ ,$$

$$y_1(t) = g_1(t) * u^*(t) \ .$$

Daraus folgt durch z-Transformation

$$Y_z(z) = G_{2z}(z)Y_{1z}(z) ,$$

$$Y_{1z}(z) = G_{1z}(z)U_z(z) ,$$

also

$$Y_z(z) = G_{1z}(z)G_{2z}(z)U_z(z) . \qquad (4.7)$$

Der Vollständigkeit halber sei schließlich noch die Parallelschaltung mit δ-Abtaster betrachtet (Bild 4/12). Hier ist

$$y(t) = [g_1(t)+g_2(t)]*u^*(t) ,$$

also

$$Y_z(z) = \mathfrak{Z}\left\{g_1(t)+g_2(t)\right\}\cdot U_z(z) .$$

Wegen der Linearität der z-Transformation folgt daraus

$$Y_z(z) = [G_{1z}(z)+G_{2z}(z)]U_z(z) . \qquad (4.8)$$

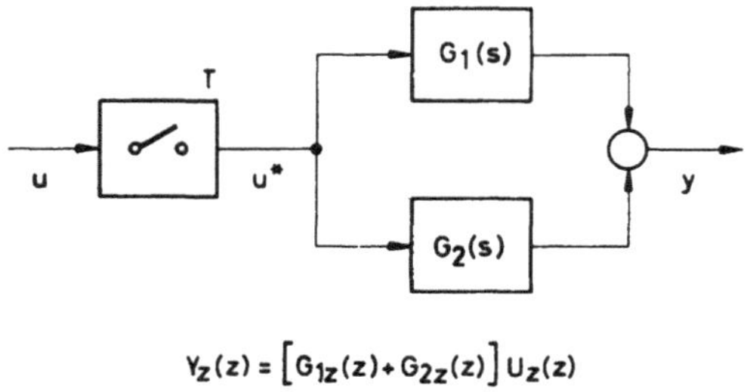

Bild 4/12 Parallelschaltung mit δ-Abtaster

4.3 Beschreibung einer Abtastregelung mittels der z-Transformation

Als erstes sei auf einen Punkt von grundsätzlicher Bedeutung hingewiesen, der auch für alle folgenden Betrachtungen gilt. Wenn man ein System mit der z-Transformation beschreibt, so erfaßt man lediglich sein Verhalten zu den Abtastzeitpunkten. Über sein Verhalten zwischen den Abtastzeitpunkten kann man ohne zusätzliche Information nichts sagen (bezüglich des Shannonschen Abtasttheorems sei auf die Bemerkung am Schluß von Abschnitt 3.5.1 verwiesen).

Die Kenntnis des Zeitverhaltens zu den Abtastzeitpunkten genügt, wenn man aufgrund der Erfahrung sicher ist, daß zwischen den Abtastzeitpunkten keine entscheidenden dynamischen Veränderungen vor sich gehen, sofern die Abtastperiode nicht allzu groß gewählt wurde.

Ist man dessen nicht so gewiß, so muß man versuchen, aus dem Zeitverhalten in den Abtastzeitpunkten auf das Verhalten in der Zwischenzeit zu schließen. Das erfordert, wie gesagt, gewisse zusätzliche Informationen über das dynamische System, die aber auch häufig vorliegen werden. Wie man dabei vorgehen kann, wird bei der Diskussion des Stabilitätsverhaltens von Abtastregelungen (Abschnitt 5.3) und beim Entwurf auf endliche Einstellzeit (Kapitel 6) ersichtlich werden. Dabei wird sich herausstellen, daß man oft mit relativ einfachen und anschaulichen Betrachtungen im Zeitbereich auskommt.

Vorläufig soll aber mit der z-Transformation gearbeitet werden, so daß sich die Untersuchung der Abtastregelung nur auf die Abtastzeitpunkte kT bezieht.

Gehen wir von der Struktur im Bild 4/5 aus, so ist die Übertragungsfunktion des Vorwärtszweiges

$$F_0(s) = \frac{1-e^{-Ts}}{s} G_d(e^{Ts}) G_k(s) \; . \tag{4.9}$$

Dabei ist

$$G_d(e^{Ts}) = \frac{P_d(e^{Ts})}{Q_d(e^{Ts})} \tag{4.10}$$

eine rationale Funktion von e^{Ts}, deren Zählergrad nicht größer als der Nennergrad sein soll. Die Übertragungsfunktion

$$G_k(s) = R_k(s) e^{-T_t s} = \frac{P_k(s)}{Q_k(s)} e^{-T_t s} \tag{4.11}$$

setzt sich aus einem rationalen Bestandteil mit

$$\text{Grad } P_k < \text{Grad } Q_k \tag{4.12}$$

und einem Totzeitglied zusammen, wobei natürlich auch $T_t = 0$ sein darf. Man kann daher die Abtastregelung von Bild 4/5 konzentrierter durch die Struktur im Bild 4/13 wiedergeben.

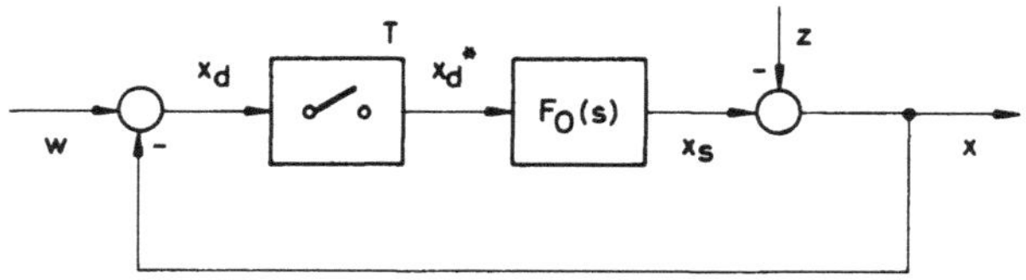

Bild 4/13 Grobstruktur einer Abtastregelung

Auf ihre einzelnen Teile wird nun die z-Transformation angewandt. Aus

$$x(t) = x_S(t) - z(t) \quad ^{*)}$$

*) Leider werden hier zwei verschiedene Dinge, nämlich die Störgröße z(t) und die komplexe Variable z, mit dem gleichen Symbol belegt. Ich glaube aber nicht, daß hierdurch im folgenden Schwierigkeiten entstehen können.

folgt zunächst

$$X_z(z) = X_{Sz}(z) - Z_z(z) \; . \qquad (4.13)$$

Weiter ist nach Bild 4/7

$$X_{Sz}(z) = F_{oz}(z)X_{dz}(z) \; , \qquad (4.14)$$

wobei

$$F_{oz}(z) = \mathfrak{Z}\{F_o(s)\}$$

die z-Übertragungsfunktion des offenen Kreises ist. Schließlich ergibt sich aus

$$x_d(t) = w(t) - x(t)$$

die Beziehung

$$X_{dz}(z) = W_z(z) - X_z(z) \; , \qquad (4.15)$$

womit der Kreis geschlossen ist. Setzt man nun (4.14) in (4.13) und in die so entstehende Gleichung die Beziehung (4.15) ein, so erhält man

$$X_z = F_{oz}(W_z - X_z) - Z_z \; . \qquad (4.16)$$

Hierin ist die unabhängige Variable zur Vereinfachung der Schreibweise weggelassen. Aus (4.16) folgt

$$(1+F_{oz})X_z = F_{oz}W_z - Z_z$$

oder

$$X_z(z) = \frac{F_{oz}(z)}{1+F_{oz}(z)} W_z(z) - \frac{1}{1+F_{oz}(z)} Z_z(z) \; . \qquad (4.17)$$

Diese Beziehung beschreibt das dynamische Verhalten der Abtastregelung in den Abtastzeitpunkten. Sie entspricht völlig der komplexen Gleichung des kontinuierlichen Regelkreises:

$$X(s) = \frac{F_o(s)}{1+F_o(s)} W(s) - \frac{1}{1+F_o(s)} Z(s) .$$

Ganz entsprechend wie dort kann man

$$F_{wz}(z) = \frac{F_{oz}(z)}{1+F_{oz}(z)}$$

als <u>z-Führungs-Übertragungsfunktion</u>,

$$F_{st,z}(z) = \frac{1}{1+F_{oz}(z)}$$

als <u>z-Stör-Übertragungsfunktion</u> der Abtastregelung bezeichnen.

Wegen (4.9) ist die z-Übertragungsfunktion des offenen Kreises

$$F_{oz}(z) = \mathfrak{Z}\left\{(1-e^{-Ts})G_d(e^{Ts}) \cdot \frac{G_k(s)}{s}\right\} .$$

Nach (3.79) folgt daraus

$$F_{oz}(z) = (1-z^{-1})G_d(z) \cdot \mathfrak{Z}\left\{\frac{G_k(s)}{s}\right\} .$$

Nach (4.11) kann $G_k(s)$ eine Totzeit T_t enthalten. Nun wird man die Abtastperiode T meist so wählen können, daß die Totzeit ein ganzzahliges Vielfaches von ihr ist:

$$T_t = rT , \qquad r = 0,1,2,\dots .$$

Damit wird

$$e^{-T_t s} = (e^{-Ts})^r \; .$$

Man erhält so schließlich

$$F_{oz}(z) = \frac{z-1}{z} \frac{P_d(z)}{Q_d(z)} \frac{1}{z^r} \mathcal{Z}\left\{\frac{R_k(s)}{s}\right\} \tag{4.18}$$

mit

$$\text{Grad } P_d \leqq \text{Grad } Q_d, \; R_k(s) = \frac{P_k(s)}{Q_k(s)}, \; \text{Grad } P_k < \text{Grad } Q_k, \; r = \frac{T_t}{T} \; .$$

Der letzte Faktor in (4.18) ist durch Partialbruchzerlegung zu berechnen. Wie aus (3.60) folgt, ist der Zählergrad von $F_{oz}(z)$ kleiner als der Nennergrad.

Als Beispiel werde die digitale Regelung im Bild 4/14 untersucht. Die Strecke ist durch Totzeit und Zeitkonstan-

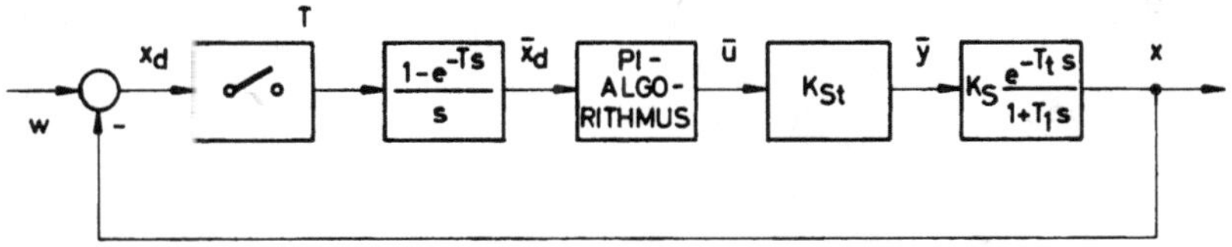

Bild 4/14 Eine digitale Regelung.

PI-Algorithmus: $u_k = K_R \left[x_{dk} + \frac{T}{T_N} \sum_{\nu=0}^{k-1} x_{d\nu} \right]$ bzw.

$$U_z(z) = K_R \frac{z-a}{z-1} X_{dz}(z) \; , \quad a = 1 - \frac{T}{T_N} \; ;$$

$$F_{oz}(z) = K_o \frac{z-a}{z^r (z-1)\left(z-e^{-T/T_1}\right)} \quad \text{mit}$$

$$K_o = K_R K_{St} K_S \left(1-e^{-T/T_1}\right) , \quad r = \frac{T_t}{T} \; .$$

te charakterisiert, was oft eine brauchbare Approximation ist. Es wird ein PI-Algorithmus eingesetzt:

$$u_k = K_R \left[x_{dk} + \frac{T}{T_N} \sum_{\nu=0}^{k-1} x_{d\nu} \right]. \qquad (4.19)$$

Diese Differenzengleichung für Zahlenfolgen könnten wir nun für Treppenfunktionen umschreiben, wie es der Struktur im Bild 4/14 unmittelbar entsprechen würde. Aber das ist überflüssig, da im folgenden nur die z-Transformierte des Algorithmus interessiert, die man sofort aus dem gegebenen Algorithmus für Zahlenfolgen aufstellen kann. Dasselbe gilt natürlich auch für andere Algorithmen. Die z-Transformierte zum Algorithmus (4.19) wurde bereits früher berechnet. Nach (3.35) lautet sie

$$G_d(z) = K_R \frac{z-a}{z-1}, \quad a = 1 - \frac{T}{T_N} < 1 . \qquad (4.20)$$

Weiterhin ist K_{St} der Verstärkungsfaktor der Stelleinrichtung.

Wählt man

$$T = T_t ,$$

so wird aus (4.18)

$$F_{oz} = \frac{z-1}{z} \cdot K_R \frac{z-a}{z-1} \cdot K_{St} \cdot \frac{K_S}{T_1} z^{-1} \mathcal{Z}\left\{\frac{1}{s(s+\frac{1}{T_1})}\right\}$$

$$F_{oz}(z) = \frac{K_R K_{St} K_S}{T_1} \frac{z-a}{z^2} \mathcal{Z}\left\{\frac{1}{s(s+\frac{1}{T_1})}\right\} .$$

Wegen

$$\frac{1}{s(s+\frac{1}{T_1})} = T_1\left[\frac{1}{s} - \frac{1}{s+\frac{1}{T_1}}\right]$$

ist

$$\mathfrak{Z}\left\{\frac{1}{s(s+\frac{1}{T_1})}\right\} = T_1\left[\frac{z}{z-1} - \frac{z}{z-e^{-T/T_1}}\right] = T_1 z\,\frac{1-e^{-T/T_1}}{(z-1)(z-e^{-T/T_1})} \;.$$

Damit wird

$$F_{oz}(z) = K_o\,\frac{z-a}{z(z-1)(z-e^{-T/T_1})}\;, \tag{4.21}$$

wobei

$$K_o = K_R K_{St} K_S (1-e^{-T/T_1}) > 0 \;.$$

Jetzt werde etwa

$$a = e^{-T/T_1}$$

gewählt, also ein Streckenpol durch eine Reglernullstelle weggekürzt, wie dies bei kontinuierlichen Regelungen vielfach üblich ist. Das bedeutet eine Festlegung des Reglerparameters T_N:

$$T_N = \frac{T}{1-e^{-T/T_1}} \;.$$

Mit dieser Festlegung wird

$$F_{oz}(z) = K_o\,\frac{1}{z(z-1)} \;. \tag{4.22}$$

Damit erhält man für das Führungsverhalten der digitalen Regelung in den Abtastzeitpunkten die Beziehung

$$X_z(z) = \frac{F_{oz}(z)}{1+F_{oz}(z)} W_z(z) = \frac{K_o}{z^2-z+K_o} W_z(z) .$$

Denkt man sich für w den Einheitssprung aufgeschaltet, so erhält man als z-Transformierte der Sprungantwort h(t) der geschlossenen Abtastregelung:

$$H_z(z) = \frac{K_o}{z^2-z+K_o} \frac{z}{z-1} . \tag{4.23}$$

Um den Zeitvorgang zu erhalten, muß man zunächst die quadratische Gleichung

$$z^2 - z + K_o = 0$$

lösen, was zu den Wurzeln

$$\beta_{1,2} = \frac{1}{2} \pm \sqrt{\frac{1}{4} - K_o}$$

führt. Für den Grenzfall $K_o = 0$ liegen die Wurzeln bei 0 und 1. Für wachsendes K_o, welchen Wert man ja durch den zweiten Reglerparameter K_R in der Hand hat, sind beide Wurzeln zunächst reell und streben gegen $\frac{1}{2}$. Für $K_o = \frac{1}{4}$ wird dieser Wert erreicht, und es liegt eine reelle Doppelwurzel vor. Für weiter wachsendes K_o erhält man ein Paar konjugiert komplexer Wurzeln,

$$\beta_{1,2} = \frac{1}{2} \pm j\sqrt{K_o - \frac{1}{4}} ,$$

die im Abstand $\frac{1}{2}$ parallel zur imaginären Achse der z-Ebene ins Unendliche wandern. Für $K_o = 1$ liegen sie gerade auf dem Einheitskreis. Die so erhaltene Wurzelortskurve der Abtastregelung ist im Bild 4/15 gezeichnet.

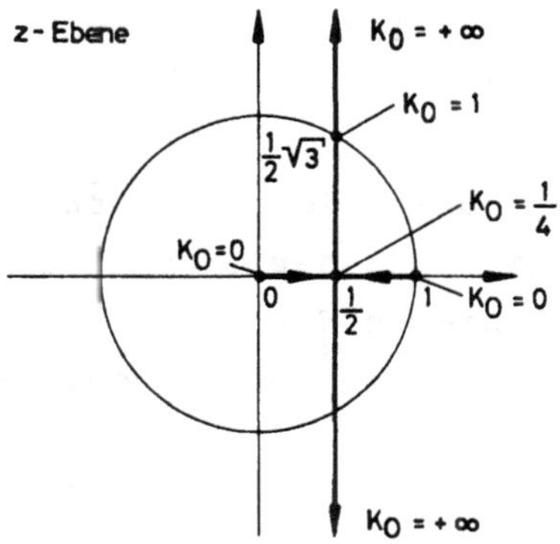

Bild 4/15 Wurzelortskurve der Abtastregelung im Bild 4/14 für $a = e^{-T/T_1}$ (Reglernullstelle = Streckenpol) und $r = 1\,(T = T_t)$

Wählt man K_o ein wenig kleiner als $\frac{1}{4}$, so sind beide Wurzeln β_1 und β_2 reell, positiv und < 1. Dann wird

$$H_z(z) = r_o \frac{z}{z-1} + r_1 \frac{z}{z-\beta_1} + r_2 \frac{z}{z-\beta_2} \,.$$

Die Rücktransformation erfolgt über die Korrespondenz

$$e^{\alpha t} \circ\!\!-\!\!\bullet \frac{z}{z-e^{\alpha T}} \,.$$

Setzt man $e^{\alpha T} = \beta$, so wird $\alpha = \frac{1}{T} \ln\beta$. Daher gilt

$$e^{\frac{t}{T}\ln\beta} \circ\!\!-\!\!\bullet \frac{z}{z-\beta} \,.$$

Mithin stellt

$$h(t) = r_o \cdot 1 + r_1 e^{\frac{t}{T}\ln\beta_1} + r_2 e^{\frac{t}{T}\ln\beta_2} \tag{4.24}$$

eine Zeitfunktion dar, die in den Abtastzeitpunkten die Werte der tatsächlichen Sprungantwort des Regelkreises liefert, also die Werte

$$r_o + r_1 e^{k\ln\beta_1} + r_2 e^{k\ln\beta_2} = r_o + r_1\beta_1^k + r_2\beta_2^k \ .$$

Wegen $0 < \beta_{1,2} < 1$ streben die beiden letzten Terme gegen Null für $k \to +\infty$. Daher existiert der Grenzwert h(kT) für $k \to +\infty$ und ist gleich r_o. Diesen Wert kann man mittels des Endwertsatzes der z-Transformation bestimmen. Nach (3.49) ist

$$r_o = \lim_{k \to +\infty} h(kT) = \lim_{z \to 1+0} (z-1)H_z(z) = 1 \ .$$

Daß auch zwischen den Zeitpunkten kT die Sprungantwort der Abtastregelung durch die Funktion h(t) nach (4.24) wiedergegeben wird, ist nicht gesichert. Es wäre sogar denkbar, daß sich zwischen den Abtastzeitpunkten eine aufklingende Schwingung herausbildet, so daß h(t) mit wachsendem t keinem Grenzwert zustrebt. Das erscheint vom praktischen Standpunkt aus zwar als sehr unwahrscheinlich, kann aber auf den ersten Blick nicht ausgeschlossen werden.

Man ersieht hieraus die Notwendigkeit von Stabilitätsuntersuchungen, durch die eine allgemeine Antwort auf solche Fragen möglich wird. Davon wird das nächste Kapitel handeln.

Hier soll noch für das betrachtete Beispiel eine Vorstellung von dem Zeitverhalten der Abtastregelung durch einige Rechnerschriebe gegeben werden (Bild 4/16). Dabei ist a wie oben gewählt. $F_{oz}(z)$ ist dann durch (4.22) gegeben, so daß als einziger freier Parameter K_o bleibt. Im Bild 4/16 ist die Regelgröße x(t) dargestellt, wobei als Führungsgröße der Einheitssprung aufgeschaltet ist. Die auf die Strecke wirkende Stellfunktion y(t) ist eine Treppenfunktion. Da die Strecke, abgesehen von der Totzeit, Verzögerungsverhalten aufweist, erzeugen die in der Treppenfunk-

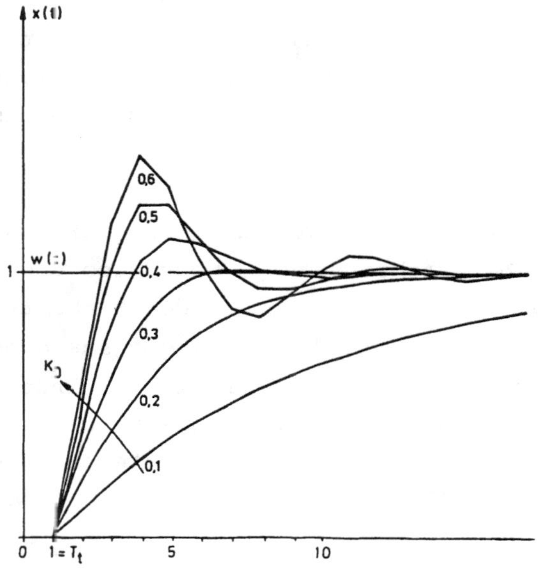

Bild 4/16 Sprungantworten der Abtastregelung aus Bild 4/15

tion enthaltenen Sprungfunktionen am Ausgang der Strecke die für ein Verzögerungsglied 1. Ordnung charakteristischen ansteigenden e-Funktionen. Ist nämlich

$$y(t) = \sum_{k=0}^{\infty} \Delta y_k \sigma(t-kT) ,$$

so ist

$$x(t) = \sum_{k=0}^{\infty} \Delta y_k h(t-kT-T_t) ,$$

wenn h(t) die Sprungantwort des Verzögerungsgliedes ist. Da sie mit einer von Null verschiedenen Steigung beginnt und die verschobenen Sprungantworten nacheinander in den Abtastzeitpunkten einsetzen, weist x(t) dort Knickpunkte auf. Vor allem für größere K_o ist dies deutlich im Bild 4/16 zu erkennen. Eine digitale Regelung weist also Übergangsvorgänge ganz anderer Art auf als eine konventionelle Regelung, charakterisiert durch ihr - mathematisch gesprochen - nichtanalytisches Verhalten.

Bemerkenswert ist noch die Abhängigkeit der Regelgröße vom Parameter K_o. Mit wachsendem K_o, wenn also die Nullstellen der Gleichung $1 + F_{oz}(z) = 0$ gegen den Einheitskreis vorrücken (Bild 4/15), nimmt die Schwingungsneigung zu, und damit tendiert der geschlossene Kreis zur Instabilität. Jedenfalls würde man dies in Analogie zu den kontinuierlichen Systemen sagen. Bei den Abtastsystemen wurde bisher der Stabilitätsbegriff noch nicht eingeführt. Es ist Zeit, dazu überzugehen.

<u>Aufgaben zum Kapitel 4:</u> A6, A7; A11, A12, A13.
Die drei letzten Aufgaben befassen sich mit dem Entwurf von Regelalgorithmen.

5. Stabilität

5.1 Definition der Stabilität

Wie stets bei regelungstechnischen Untersuchungen ist die Frage nach dem Stabilitätsverhalten des betrachteten Systems von zentraler Bedeutung. Wenn wir uns ihr jetzt zuwenden, wollen wir den Begriff des Abtastsystems etwas enger und zugleich genauer fassen.

Als erstes setzen wir voraus, daß es sich um ein Übertragungsglied mit einer Eingangsgröße u und einer Ausgangsgröße y handelt. Beide Größen werden nur zu den Abtastzeitpunkten kT, k = 0,1,2,..., betrachtet. Ihr Verhalten in der Zwischenzeit bleibt unberücksichtigt. Erst später (Abschnitt 5.2) soll unter bestimmten Voraussetzungen etwas darüber gesagt werden. Zu den Wertefolgen $u_k = u(kT)$ und $y_k = y(kT)$ kann man die z-Transformierten

$$U_z(z) = \sum_{k=0}^{\infty} u_k z^{-k} , \quad Y_z(z) = \sum_{k=0}^{\infty} y_k z^{-k}$$

bilden. Der Zusammenhang zwischen ihnen soll durch die Beziehung

$$Y_z(z) = G_z(z) U_z(z) \tag{5.1}$$

gegeben sein, wobei $G_z(z)$ eine für das Übertragungsglied charakteristische, für beliebige Eingangsgrößen u gleiche komplexe Funktion ist.

Sie sei in der Form

$$G_z(z) = \sum_{\nu=0}^{\infty} g_\nu z^{-\nu} \tag{5.2}$$

darstellbar, wobei diese Reihe außerhalb eines gewissen Kreises um den Nullpunkt der z-Ebene konvergiert.

Diese Voraussetzungen werden beispielsweise durch die Reihenschaltung im Bild 4/7 sowie durch den Regelkreis im Bild 4/5 erfüllt, wenn man letzteren hinsichtlich des Führungs- oder Störverhaltens betrachtet.

Aus (5.1) folgt, daß die Zahlenfolgen (u_k) und (y_k) über die Beziehung

$$(y_k) = (g_k) * (u_k) \tag{5.3}$$

oder ausführlich geschrieben

$$y_k = \sum_{\nu=0}^{k} g_{k-\nu} u_\nu \ , \qquad k = 0,1,2,\ldots, \tag{5.4}$$

miteinander verknüpft sind. Dabei ist (g_k) die für das Abtastsystem charakteristische Koeffizientenfolge von $G_z(z)$:

$$(g_k) \circ\!\!-\!\!\bullet\ G_z(z) \ . \tag{5.5}$$

In Analogie zur Gewichtsfunktion bezeichnet man sie auch als <u>Gewichtsfolge</u>.

Die Gewichtsfunktion erhält man als Impulsantwort eines kontinuierlichen Systems. Ganz entsprechend ist die Gewichtsfolge die Antwort auf die Eingangsfolge

$$(u_k) = (1,0,0,\ldots) \ .$$

Aus (5.4) folgt nämlich für diese Eingangsfolge

$$y_k = g_k u_0 + g_{k-1} u_1 + \ldots + g_0 u_k = g_k \ .$$

Will man nunmehr die Stabilität eines Abtastsystems definieren, so gibt es verschiedene Möglichkeiten, entsprechend den verschiedenartigen Stabilitätsbegriffen, mit denen die mannigfaltigen Verhaltensweisen dynamischer Systeme beschrieben werden. Man könnte etwa den Stabilitätsbegriff von Ljapunow zugrunde legen, die Stabilität des Systems also durch sein Verhalten gegenüber Anfangsstörungen charakterisieren, wie dies vor allem in der Theorie der nichtlinearen Systeme üblich ist. Oder man könnte, wie es in der Praxis häufig gemacht wird, die Stabilität des Systems durch seine Reaktion auf eine Testfunktion, den Einheitssprung nämlich, erfassen. Wir wollen hier von einer dritten, ebenfalls weitverbreiteten Definition Gebrauch machen und das System als stabil bezeichnen, wenn es auf jede beschränkte Eingangsgröße mit einer beschränkten Ausgangsgröße reagiert. Da wir die Systeme in erster Linie als Übertragungsglieder auffassen, uns also vorwiegend für die Beziehung zwischen Ein- und Ausgangsgröße und weniger für die Innenstruktur interessieren, ist diese Entscheidung naheliegend. Wen die Vielzahl der Stabilitätsdefinitionen erschreckt, der sei daran erinnert, daß sie notwendig ist, um den verschiedenen Problemstellungen bei dynamischen Systemen gerecht zu werden, und daß im übrigen bei den gängigsten Systemen, den rationalen Übertragungsgliedern, die verschiedenen Definitionen im wesentlichen zum gleichen Resultat führen.

Wir legen also unseren Ausführungen die folgende Definition zugrunde:

Das durch die Beziehung

$$Y_z(z) = G_z(z)U_z(z)$$

bzw.

$$(y_k) = (g_k)*(u_k) \tag{5.6}$$

gegebene Abtastsystem soll stabil heißen, wenn zu jeder beschränkten Eingangsfolge (u_k) auch die Ausgangsfolge (y_k) beschränkt ist. D.h. also: Aus $|u_k| < M_1$ für alle k soll $|y_k| < M_2$ für alle k folgen, wobei M_1 und M_2 feste positive Zahlen sind.

Diese Art der Stabilität wird in der amerikanischen Literatur oft als BIBO-Stabilität bezeichnet (bounded input - bounded output). Im Deutschen kann man sie (vor allem im Unterschied zur Ljapunow-Stabilität) treffend als Übertragungsstabilität bezeichnen. Alle folgenden Stabilitätsaussagen beziehen sich also auf die Übertragungsstabilität.

Die entscheidende Frage ist natürlich: Wie kann man in möglichst einfacher Weise erkennen, ob ein Abtastsystem stabil ist? Sie soll in mehreren Schritten beantwortet werden.

5.2 Grundlegende Stabilitätskriterien

Da der Zusammenhang zwischen den beiden Zahlenfolgen (u_k) und (y_k) durch die Gewichtsfolge (g_k) hergestellt wird, liegt es auf der Hand, daß ein Stabilitätskriterium durch die Eigenschaften der Gewichtsfolge bestimmt sein muß.

Aus (5.4) folgt mit $|u_k| < M_1$ zunächst

$$|y_k| \leqq \sum_{\nu=0}^{k} |g_{k-\nu}| \cdot |u_\nu| < M_1 \sum_{\nu=0}^{k} |g_{k-\nu}|$$

oder mit $k-\nu = \mu$:

$$|y_k| < M_1 \sum_{\mu=0}^{k} |g_\mu| \; .$$

Daraus folgt nun aber sofort: Ist die Summe $\sum_{\mu=0}^{\infty} |g_\mu|$ beschränkt, etwa

$$\sum_{\mu=0}^{\infty} |g_\mu| < M \; , \tag{5.7}$$

so sind erst recht die Teilsummen $\sum_{\mu=0}^{k} |g_\mu|$ beschränkt, und zwar für jedes k. Daher gilt $|y_k| < M_1 M$ für alle k.

Hieraus folgt insbesondere, daß die Ausgangsgröße (y_k) für alle k beliebig klein wird, sofern die Eingangsgröße (u_k) genügend klein ist. Das kann für die Untersuchung des Störverhaltens wichtig sein. Hieraus ersieht man auch, daß die zugrunde gelegte Definition der Übertragungsstabilität für unsere Zwecke geeignet ist. Denn für die praktische Behandlung eines Systems muß man sicher sein, daß eine kleine Eingangsstörung keine allzu große Wirkung am Ausgang hervorruft und diese Auswirkung heruntergedrückt werden kann, indem man die Eingangsgröße reduziert.

Wenn die Gewichtsfolge die Ungleichung (5.7) erfüllt, ist das Abtastsystem also stabil. Man wird hoffen, daß auch die Umkehrung gilt, daß die Ungleichung für die Stabilität also auch notwendig ist. Das läßt sich in der Tat zeigen, aber nicht mehr so einfach wie die Hinlänglichkeit. Obgleich diese Hälfte des Stabilitätskriteriums für die Anwendungen nicht so wichtig ist wie die andere, soll sie wegen der grundlegenden Bedeutung doch hergeleitet werden.*)

Es wird also jetzt vorausgesetzt, daß jede beschränkte Eingangsfolge eine beschränkte Ausgangsfolge verursacht, und es soll daraus gefolgert werden, daß (5.7) gilt oder, was nur eine andere Schreibweise ist:

$$\sum_{k=0}^{\infty} |g_k| < +\infty \; . \tag{5.8}$$

Der Beweis erfolgt indirekt. Man geht von der Annahme

$$\sum_{k=0}^{\infty} |g_k| = +\infty \tag{5.9}$$

aus und führt sie zum Widerspruch, indem man eine beschränkte Folge (u_k) konstruiert, deren Ausgangsfolge (y_k) nicht beschränkt ist.

Zunächst ist klar, daß die Gewichtsfolge (g_k) selbst beschränkt ist, denn sie ist die Antwort auf die beschränkte Folge $(1,0,0,\ldots)$. Es gilt also:

$$|g_k| < m \; , \qquad k = 0,1,2,\ldots,$$

*) Wir folgen hierbei dem Beweis von Witold HUREWICZ in [2].

mit einem festen positiven m. Ist (u_k) dann eine Folge, die nur aus den Werten 0,1 und -1 besteht, so ist

$$|y_k| = \left| \sum_{\nu=0}^{k} g_{k-\nu} u_\nu \right| \leqq \sum_{\nu=0}^{k} |g_{k-\nu}| < (k+1)m \,. \quad (5.10)$$

Jetzt wähle man die natürlichen Zahlen $N_1 < N_2 < \ldots N_{i-1} < N_i < \ldots$ so, daß sukzessive die folgenden Ungleichungen gelten:

$$\sum_{\nu=0}^{N_1} |g_\nu| > 1 + m \,,$$

$$\sum_{\nu=0}^{N_2-N_1-1} |g_\nu| > (N_1+1)m + 2 \,,$$

$$\vdots$$

$$\sum_{\nu=0}^{N_i-N_{i-1}-1} |g_\nu| > (N_{i-1}+1)m + i \,.$$

Eine solche Wahl der N_i ist wegen (5.9) möglich.

Mit Hilfe der Signum-Funktion

$$\operatorname{sgn} v = \begin{cases} -1 & v < 0 \\ 0\,, & v = 0 \\ 1\,, & v > 0 \end{cases}$$

wird jetzt eine bestimmte Zahlenfolge (u_k) konstruiert:

$$u_k = \begin{cases} \operatorname{sgn} g_{N_1-k}, & 0 \leqq k \leqq N_1, \\ \operatorname{sgn} g_{N_2-k}, & N_1 < k \leqq N_2, \\ \vdots & \\ \operatorname{sgn} g_{N_i-k}, & N_{i-1} < k \leqq N_i \\ \vdots & \end{cases} \tag{5.11}$$

Zu ihr gehört eine Ausgangsfolge (y_k). Von dieser betrachtet man nur die Werte $y_{N_1}, y_{N_2}, \ldots, y_{N_{i-1}}, y_{N_i}, \ldots$.

Dann gilt

$$y_{N_1} = \sum_{\nu=0}^{N_1} g_{N_1-\nu} u_\nu = \sum_{\nu=0}^{N_1} g_{N_1-\nu} \operatorname{sgn} g_{N_1-\nu} =$$

$$= \sum_{\nu=0}^{N_1} |g_{N_1-\nu}| = \sum_{\mu=0}^{N_1} |g_\mu| > 1 + m ,$$

denn ganz allgemein ist

$$v \operatorname{sgn} v = |v| .$$

Weiterhin ist

$$y_{N_2} = \sum_{\nu=0}^{N_2} g_{N_2-\nu} u_\nu = \sum_{\nu=0}^{N_1} g_{N_2-\nu} u_\nu + \sum_{\nu=N_1+1}^{N_2} g_{N_2-\nu} u_\nu .$$

Die erste dieser beiden Summen ist gemäß (5.10) dem Betrage nach $< (N_1+1)m$, ihr negativer Beitrag zur Gesamtsumme kann also allenfalls $-(N_1+1)m$ sein. Die zweite Summe ist gleich

$$\sum_{\nu=N_1+1}^{N_2} g_{N_2-\nu} \operatorname{sgn} g_{N_2-\nu} = \sum_{\nu=N_1+1}^{N_2} |g_{N_2-\nu}| =$$

$$= \sum_{\mu=0}^{N_2-N_1-1} |g_\mu| > (N_1+1)m + 2 .$$

Damit aber ist auf jeden Fall

$$y_{N_2} > 2 .$$

Allgemein ist

$$y_{N_i} = \sum_{\nu=0}^{N_i} g_{N_i-\nu} u_\nu = \sum_{\nu=0}^{N_{i-1}} g_{N_i-\nu} u_\nu +$$

$$+ \sum_{\nu=N_{i-1}+1}^{N_i} g_{N_i-\nu} u_\nu .$$

Die erste der beiden rechts stehenden Summen ist wegen (5.10) dem Betrage nach $< (N_{i-1}+1)m$, während die zweite gleich

$$\sum_{\nu=N_{i-1}+1}^{N_i} |g_{N_i-\nu}| = \sum_{\mu=0}^{N_i-N_{i-1}-1} |g_\mu| > (N_{i-1}+1)m + i$$

ist. Somit ist gewiß

$$y_{N_i} > i .$$

Da dies für jedes natürliche i gilt, wächst die Folge $(y_{N_1}, y_{N_2}, \ldots, y_{N_i}, \ldots)$ unbegrenzt. Die zu der Folge (5.11) gehörende Ausgangsfolge (y_k) ist infolgedessen nicht beschränkt. Das ist ein Widerspruch zur Voraussetzung, daß jede beschränkte Eingangsfolge eine beschränkte Ausgangsfolge erzeugen soll. Also muß die Annahme (5.9) falsch sein.

Man hat so die folgende notwendige und hinreichende Stabilitätsbedingung:

Das durch $Y_z(z) = G_z(z)U_z(z)$ bzw. $(y_k) = (g_k)*(u_k)$ gegebene Abtastsystem ist genau dann stabil, wenn

$$\sum_{k=0}^{\infty} |g_k| < +\infty \qquad (5.12)$$

ist.

Damit hat man ein Stabilitätskriterium im Zeitbereich, das der bekannten Bedingung

$$\int_0^{\infty} |g(t)|\,dt < +\infty$$

bei linearen kontinuierlichen Systemen völlig entspricht.

So schön es auch ist, für die praktische Stabilitätsprüfung ist es noch zu umständlich, da man erst die Gewichtsfolge ausrechnen und die absolute Konvergenz der aus ihr gebildeten unendlichen Reihe nachprüfen muß. Wiederum in Analogie zum kontinuierlichen Fall erhält man auch hier ein leichter zu handhabendes Stabilitäskriterium, indem man in den komplexen Bereich übergeht und statt der Gewichtsfolge (g_k) ihre z-Transformierte, also die z-Übertragungsfunktion $G_z(z)$, nimmt. Dann erhält man als notwendiges und hinreichendes Stabilitätskriterium im Komplexen den Satz:

Das durch $Y_z(z) = G_z(z)U_z(z)$ bzw. $(y_k) = (g_k)*(u_k)$ gegebene Abtastsystem ist genau dann stabil, wenn die komplexe Funktion $G_z(z) = \sum_{k=0}^{\infty} g_k z^{-k}$ auf dem Einheitskreis der z-Ebene und in seinem Außengebiet holomorph ist. (5.13)

Aufbauend auf dem Stabilitätskriterium (5.12) im Zeitbereich ist dieser Beweis nicht schwierig. Ist zunächst das Abtastsystem stabil, so ist wegen (5.12) $\sum_{k=0}^{\infty} |g_k| < +\infty$. Da

$$|g_k z^{-k}| = \frac{|g_k|}{|z|^k} \leqq |g_k| \quad \text{für} \quad |z| \geqq 1$$

gilt, ist dann die Reihe $\sum_{k=0}^{\infty} g_k z^{-k}$ auf und außerhalb des Einheitskreises der z-Ebene absolut konvergent. Ihre Summe $G_z(z)$ muß infolgedessen dort eine holomorphe Funktion sein.

Setzt man umgekehrt die Holomorphie von $G_z(z)$ auf dem Umfang und im Außengebiet des Einheitskreises voraus, so ist die Reihe

$$\sum_{k=0}^{\infty} g_k z^{-k}$$

dort absolut konvergent. Speziell für z = 1 gilt daher

$$\sum_{k=0}^{\infty} |g_k z^{-k}| = \sum_{k=0}^{\infty} |g_k| < +\infty .$$

Nach (5.12) ist das Abtastsystem dann stabil.

Bisher wurde über den Typ der Funktion $G_z(z)$ nichts vorausgesetzt. Nimmt man an, wie dies für die Anwendungen im allgemeinen gerechtfertigt ist, daß es sich um eine rationale Funktion handelt, so ist sie in der z-Ebene überall erklärt und bis auf endlich viele Polstellen holomorph. In diesem Fall kann man (5.13) in der folgenden Form aussprechen:

Ist $G_z(z) = \sum_{k=0}^{\infty} g_k z^{-k}$ eine rationale Funktion, so ist das durch $Y_z(z) = G_z(z)U_z(z)$ bestimmte Abtastsystem genau dann stabil, wenn die Pole von $G_z(z)$ sämtlich innerhalb des Einheitskreises der z-Ebene liegen. (5.14)

Da wir von den drei in diesem Abschnitt hergeleiteten grundlegenden Stabilitätskriterien ausschließlich das letzte benutzen, wollen wir es kurzerhand als das grundlegende Stabilitätskriterium bezeichnen. Von nun an setzen wir also voraus, daß die auftretenden z-Übertragungsfunktionen rational sind.

Dann ist

$$G_z(z) = \frac{Z(z)}{N(z)} ,$$

wobei Z und N zwei Polynome von z mit Grad Z $\leqq$ Grad N sind. Die Pole von $G_z(z)$, also die Unendlichkeitsstellen dieser Funktion, entstehen durch Nullstellen des Nenners N(z). Jedoch kann es sein, daß eine Nullstelle des Nenners durch eine gleiche Zählernullstelle kompensiert wird und dadurch nicht zur Entstehung eines Pols von $G_z(z)$ führt. Ein einfaches Beispiel liefert die Funktion

$$G_z(z) = \frac{z^2-1}{z^2+3z+2} = \frac{(z+1)(z-1)}{(z+1)(z+2)} .$$

Hier tritt die Nennernullstelle $z = -1$ nicht als Pol in Erscheinung.

Oft kann man diesen Fall von vornherein ausschließen, z.B. dann, wenn das Zählerpolynom lediglich aus einer positiven Konstante besteht. In anderen Fällen kann man ohne Mühe die Faktorzerlegung des Zähler- und Nennerpolynoms ermitteln und gemeinsame Faktoren herauskürzen, so daß die verbleibenden Polynome keine gemeinsame Nullstelle mehr haben. Häufig wird sich die letztere Eigenschaft dem Zähler- und Nennerpolynom aber nicht ohne weiteres ansehen lassen.*)

Auf jeden Fall sind aber die Pole von $G_z(z)$ in den Nullstellen von $N(z)$ enthalten. Kann man also nachweisen, daß die Nullstellen von $N(z)$ innerhalb des Einheitskreises der z-Ebene liegen, so gilt das gewiß auch für die Pole von $G_z(z)$, so daß das Abtastsystem mit Sicherheit stabil ist. Nur die Umkehrung kann man dann nicht behaupten: Wenn eine Nullstelle von $N(z)$ auf dem Einheitskreis oder in seinem Außengebiet liegt, braucht das Abtastsystem nicht unbedingt instabil zu sein, da diese Nullstelle kein Pol von $G_z(z)$ zu sein braucht.

Man gelangt so zu der folgenden <u>zweiten Formulierung des grundlegenden Stabilitätskriteriums:</u>

*) Ob gemeinsame Nullstellen zweier Polynome existieren, läßt sich allerdings stets feststellen, ohne die Nullstellen berechnen zu müssen. Hierzu hat man den Euklidischen Algorithmus zur Bestimmung des größten gemeinsamen Teilers auf die Polynome anzuwenden. Das ist jedoch relativ umständlich.

Ist $G_z(z) = \frac{Z(z)}{N(z)}$, wobei Z und N Polynome von z mit Grad Z $\leqq$ Grad N sind, die z-Übertragungsfunktion eines Abtastsystems und haben Z und N keine gemeinsame Nullstelle, so ist das Abtastsystem genau dann stabil, wenn die Nullstellen von N(z) sämtlich innerhalb des Einheitskreises der z-Ebene liegen. Sofern man nicht weiß, ob Z und N gemeinsame Nullstellen haben, ist dieses Kriterium immerhin noch hinreichend: Liegen alle Nullstellen von N(z) innerhalb des Einheitskreises der z-Ebene, so ist das Abtastsystem gewiß stabil. (5.15)

Will man speziell das Stabilitätsverhalten einer Abtastregelung untersuchen, so hat man die z-Führungs-Übertragungsfunktion

$$F_{wz}(z) = \frac{F_{oz}(z)}{1+F_{oz}(z)}$$

und die z-Stör-Übertragungsfunktion

$$F_{st,z}(z) = \frac{1}{1+F_{oz}(z)}$$

zu betrachten. Bei beiden sind die Pole durch die Nullstellen der Nenner und somit durch die Gleichung

$$F_{oz}(z) + 1 = 0 \qquad (5.16)$$

gegeben. Dies ist die charakteristische Gleichung der Abtastregelung. Ihre Nullstellen (Wurzeln) sind die Pole des geschlossenen Kreises (sofern F_{oz} und $1 + F_{oz}$ keine gemeinsame Nullstelle haben). Genau wie bei kontinuierlichen Regelungen ist also das Stabilitätsverhalten für Führung und Störung das gleiche.

Im Ausdruck (4.18) für $F_{oz}(z)$ kommt die z-Transformierte von $R_k(s)/s$ vor. Denkt man sich die Partialbruchzerlegung dieser rationalen Funktion aufgestellt, so sieht man, daß sie sich in der Form

$$\frac{A}{s} + \tilde{R}_k(s)$$

mit einer ebenfalls rationalen Funktion $\tilde{R}_k(s)$ darstellen läßt. Berücksichtigt man die Formel (3.58), so ist

$$\mathfrak{Z}\left\{\frac{R_k(s)}{s}\right\} = A\,\frac{z}{z-1} + z\,\frac{M(z)}{Q(z)} =$$

$$= \frac{AzQ(z)+z(z-1)M(z)}{(z-1)Q(z)} = \frac{z}{z-1}\,\frac{P(z)}{Q(z)}\,, \qquad (5.17)$$

wobei P und Q Polynome von z sind. Nach (4.18) ist daher

$$F_{oz}(z) = \frac{P_d(z)P(z)}{z^r Q_d(z)Q(z)} = \frac{P_o(z)}{Q_o(z)}\,, \qquad (5.18)$$

wiederum mit zwei Polynomen P_o und Q_o von z.

Damit ist die z-Führungs-Übertragungsfunktion durch

$$F_{wz}(z) = \frac{P_o(z)}{P_o(z)+Q_o(z)}$$

gegeben. Ihre Pole sind die Nullstellen der Gleichung

$$P_o(z) + Q_o(z) = 0\,. \qquad (5.19)$$

Allerdings ist dies nur sicher, wenn keine Nullstelle von $P_o(z) + Q_o(z)$ durch eine Nullstelle von $P_o(z)$ kompensiert wird. Hierzu müßte zusätzlich zu (5.19) für das gleiche z

$$P_o(z) = 0$$

gelten. Beide Gleichungen zusammen haben

$$Q_o(z) = 0$$

zur Folge, d.h. aber: $P_o(z)$ und $Q_o(z)$ müssen eine gemeinsame Nullstelle haben. Schließt man diesen Fall aus, so ist also jede Nullstelle von (5.19) Pol von $F_{wz}(z)$ oder, was auf dasselbe herauskommt, Nullstelle der charakteristischen Gleichung (5.16). Im anderen Fall aber kann es Nullstellen von $P_o(z) + Q_o(z)$ geben, die keine Pole von $F_{wz}(z)$ und damit keine Nullstellen von $F_{oz}(z) + 1$ sind. Man hat somit festzuhalten:

Wenn in $F_{oz}(z) = P_o(z)/Q_o(z)$ Zähler- und Nennerpolynom keine gemeinsame Nullstelle haben, hat die charakteristische Gleichung

$$F_{oz}(z) + 1 = 0$$

die gleichen Nullstellen wie die Gleichung

$$P_o(z) + Q_o(z) = 0 \;.$$

Andernfalls kann die letztere Gleichung zusätzliche Nullstellen aufweisen. (5.20)

Betrachten wir abschließend zwei einfache Beispiele zur Anwendung des grundlegenden Stabilitätskriteriums. Bei der

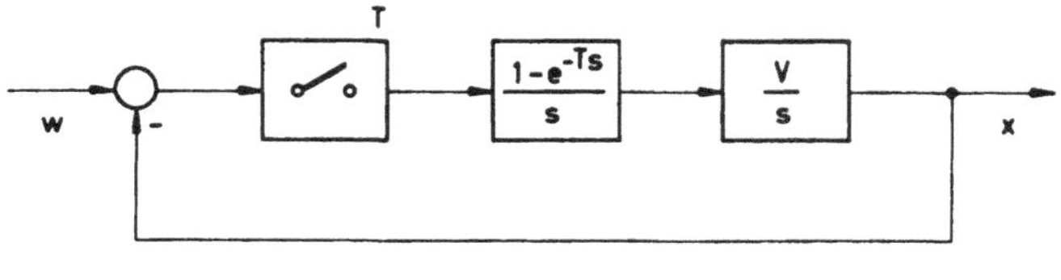

Bild 5/1 Einfache Abtastregelung

Abtastregelung von Bild 5/1 ist

$$F_{oz}(z) = \mathcal{Z}\left\{\frac{1-e^{-Ts}}{s} \cdot \frac{V}{s}\right\} = V(1-z^{-1})\,\mathcal{Z}\left\{\frac{1}{s^2}\right\},$$

$$F_{oz}(z) = V\,\frac{z-1}{z} \cdot \frac{Tz}{(z-1)^2} = \frac{VT}{z-1}\,.$$

Damit lautet die charakteristische Gleichung

$$\frac{VT}{z-1} + 1 = 0\,,$$

$$z - 1 + VT = 0\,,$$

woraus die Lösung

$$\beta = 1 - VT$$

folgt. Da V und T gewiß positiv sind, ist der geschlossene Kreis genau dann stabil, wenn

$$VT < 2$$

gilt. Denn genau dann liegt die Nullstelle der charakteristischen Gleichung innerhalb des Einheitskreises.

Als weiteres Beispiel werde der Regelkreis von Bild 4/14 betrachtet. Nach (4.22) ist für ihn

$$F_{oz}(z) = \frac{K_o}{z(z-1)}$$

mit

$$K_o = K_R K_{St} K_S\left(1-e^{-\frac{T}{T_1}}\right) > 0\,,$$

sofern die Konstante $a = 1 - \frac{T}{T_N}$ des PI-Algorithmus (4.20) gleich e^{-T/T_1} gesetzt wird.

Die charakteristische Gleichung lautet daher

$$\frac{K_o}{z(z-1)} + 1 = 0$$

oder

$$z^2 - z + K_o = 0 \ .$$

Ihre Nullstellen sind

$$\beta_{1,2} = \frac{1}{2} \pm \sqrt{\frac{1}{4} - K_o} \ .$$

Falls $K_o < \frac{1}{4}$ sind beide Nullstellen positiv und < 1, da $\sqrt{\frac{1}{4} - K_o}$ zwischen $\frac{1}{2}$ und 0 liegt. Für $K_o = \frac{1}{4}$ ist $\beta_{1,2} = \frac{1}{2}$.
Für $K_o > \frac{1}{4}$ ist

$$\beta_{1,2} = \frac{1}{2} \pm j\sqrt{K_o - \frac{1}{4}} \ ,$$

also $|\beta_{1,2}|^2 = \frac{1}{4} + K_o - \frac{1}{4} = K_o$. Die beiden Nullstellen liegen also so lange innerhalb des Einheitskreises, wie $K_o < 1$ ist. Für $0 < K_o < 1$ ist die Abtastregelung somit stabil, für $K_o \geqq 1$ instabil.

Wie aus den Beispielen ersichtlich, ist dieses Verfahren der Stabilitätsprüfung ganz einfach, wenn die charakteristische Gleichung höchstens 2. Grades ist. Andernfalls muß man zur numerischen Lösung übergehen. Damit erhält man jedoch keine allgemeinen Aussagen über die Abhängigkeit des Stabilitätsverhaltens von den Parametern und der Struktur des Systems. Auf der anderen Seite ist man bei der Stabilitätsuntersuchung an der genauen Lage der Nullstellen der charakteristischen Gleichung häufig gar nicht interessiert. Vielmehr genügt es zu wissen, daß sie innerhalb des Einheitskreises liegen. Man kann hoffen, diese Information auch ohne die Berechnung der Nullstellen und sogar in allgemeiner Form aus der Übertragungsfunktion $G_z(z)$ bzw. $F_{oz}(z)$ zu erhalten. Ehe wir dazu übergehen (Abschnitte 5.4 und 5.5), wird es angebracht sein, etwas über das Verhalten des Systems zwischen den Abtastzeitpunkten zu sagen, das bei den bisherigen Stabilitätsbetrachtungen ignoriert wurde. Hierbei wollen wir uns auf *Regelkreise* beschränken, die uns ja in erster Linie interessieren.

5.3 Stabilitätsverhalten zwischen den Abtastzeitpunkten

Wir betrachten die Abtastregelung im Bild 4/5. Es genügt, das Führungsverhalten zu untersuchen. Ist es stabil, so gilt das gleiche für das Störverhalten. Wir dürfen daher für das Weitere im Bild 4/5 die Störgröße $z = 0$ setzen.

Es soll nun gezeigt werden, daß die "Stabilität in den Abtastzeitpunkten" die "Stabilität zwischen den Abtastzeitpunkten" zur Folge hat, daß also bei beschränktem $w(t)$ auch $x(t)$ beschränkt ist. Dabei wollen wir annehmen, daß die Pole des kontinuierlichen Teilsystems $G_k(s)$ links der j-Achse liegen, wobei nur ein einfacher Pol $s = 0$ eine Ausnahme machen darf. Das ist in der überwiegenden Mehrzahl der Anwendungen der Fall.

Nach (5.17) ist zunächst

$$\mathcal{Z}\left\{\frac{R_k(s)}{s}\right\} = \frac{z}{z-1}\,\frac{P(z)}{Q(z)}$$

und weiter nach (5.18)

$$F_{oz}(z) = \frac{P_o(z)}{Q_o(z)} = \frac{P_d(z)P(z)}{z^r Q_d(z)Q(z)} \;. \tag{5.21}$$

Damit ist

$$X_z(z) = \frac{F_{oz}(z)}{1+F_{oz}(z)} W_z(z) = \frac{P_o(z)}{P_o(z)+Q_o(z)} W_z(z)$$

oder

$$X_z(z) = \frac{P_d(z)P(z)}{P_o(z)+Q_o(z)} W_z(z) \;. \tag{5.22}$$

Weiterhin folgt aus Bild 4/5

$$X_z(z) = \mathfrak{Z}\left\{G_k(s)\bar{U}(s)\right\} ,$$

$$X_z(z) = \mathfrak{Z}\left\{R_k(s)e^{-rTs} \cdot \frac{1-e^{-Ts}}{s} U^*(s)\right\} ,$$

$$X_z(z) = (1-z^{-1})z^{-r}\mathfrak{Z}\left\{\frac{R_k(s)}{s}\right\} U_z(z) ,$$

also wegen (5.17)

$$X_z(z) = \frac{P(z)}{z^r Q(z)} U_z(z) \;.$$

Setzt man hierin (5.22) für $X_z(z)$ ein, so wird daraus

$$\frac{P_d(z)}{P_o(z)+Q_o(z)} W_z(z) = \frac{1}{z^r Q(z)} U_z(z)$$

oder

$$U_z(z) = \frac{z^r P_d(z)Q(z)}{P_o(z)+Q_o(z)} W_z(z) \;. \tag{5.23}$$

Setzen wir nun voraus, daß die Nullstellen der Gleichung

$$P_o(z) + Q_o(z) = 0 \tag{5.24}$$

innerhalb des Einheitskreises der z-Ebene liegen, so folgt nach dem grundlegenden Stabilitätskriterium aus (5.23), daß jede beschränkte Folge (w_k) eine beschränkte Folge (u_k) erzeugt. Das heißt aber: Ist w(t) beschränkt, so ist auch die Treppenfunktion $\bar{u}(t)$ beschränkt.

Falls das kontinuierliche Teilsystem $G_k(s)$ stabil ist, folgt daraus bereits die Beschränktheit von x(t).

Hat das kontinuierliche Teilsystem einen einfachen Pol in s = 0, besitzt es also I-Verhalten, so kann man es als Parallelschaltung eines I-Gliedes und eines stabilen Anteils $G_{k2}(s)$ darstellen (Bild 5/2). Wegen der Stabilität von $G_{k2}(s)$ muß $x_2(t)$ bei beschränktem w(t) und damit beschränktem $\bar{u}(t)$ beschränkt sein. Das gilt dann auch von der Folge (x_{2k}). Wenn die Nullstellen von (5.24) innerhalb des Einheitskreises liegen, ist weiterhin die Folge (x_k) als Ausgangsfolge des geschlossenen Kreises beschränkt, sofern dies für (w_k) gilt. Damit muß auch die Differenz $x_{1k} = x_k - x_{2k}$ beschränkt sein. Nun setzt sich $x_1(t)$ als Integral einer Treppenfunktion aus Rampenstücken zusammen, deren Spitzen in den Abtastzeitpunkten kT liegen. Ist daher (x_{1k}) beschränkt, so muß es die gesamte Zeitfunktion

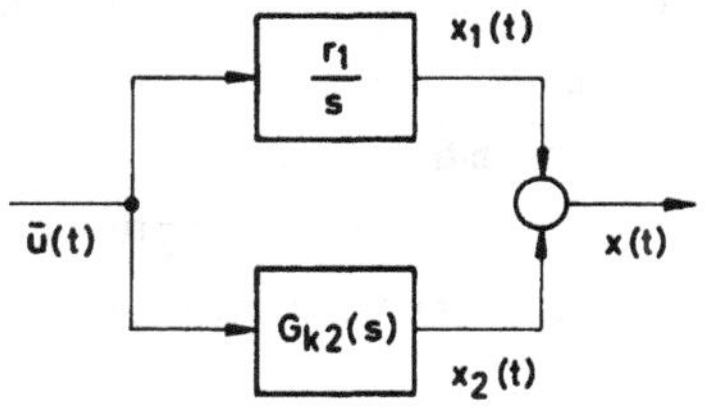

Bild 5/2 Zerlegung des kontinuierlichen Teilsystems bei I-Verhalten

$x_1(t)$ sein. Dann ist aber auch die Summenfunktion $x(t) = x_1(t) + x_2(t)$ für alle t beschränkt. Damit ist auch für den Fall des I-Verhaltens des kontinuierlichen Systems nachgewiesen, daß die Beschränktheit von w(t) die Beschränktheit von x(t) nach sich zieht.

Insgesamt hat man das Ergebnis:

In der Abtastregelung von Bild 4/5 sei das kontinuierliche Teilsystem $G_k(s)$ stabil oder zeige I-Verhalten. Ist dann $F_{oz}(z) = F_o(z)/Q_o(z)$ die rationale z-Übertragungsfunktion des offenen Kreises und liegen die Nullstellen der Gleichung

$$F_o(z) + Q_o(z) = 0 \qquad (5.25)$$

innerhalb des Einheitskreises der z-Ebene, so ist die geschlossene Abtastregelung auch "zwischen den Abtastzeitpunkten" stabil, d.h. aus $|w(t)| < M$ folgt $|x(t)| < N$ für <u>alle</u> t (mit positiven Zahlen M, N).

Wenn $F_o(z)$ und $Q_o(z)$ keine gemeinsame Nullstelle haben, was der Normalfall ist, so ist die Bedingung, daß alle Nullstellen der Gleichung $P_o(z) + Q_o(z) = 0$ innerhalb des Einheitskreises liegen, gleichbedeutend damit, daß aus der Beschränkung von (w_k) die Beschränkung von (x_k) folgt. Man kann daher sagen, daß der Satz (5.25) ein hinreichendes Kriterium darstellt, mit dem man aus der Stabilität des geschlossenen Kreises in den Abtastzeitpunkten auf seine Stabilität zwischen den Abtastzeitpunkten schließen kann.

Da durch dieses Kriterium die wichtigsten Anwendungsfälle

abgedeckt sind, können wir uns im folgenden ohne Skrupel wieder auf die Betrachtung des Stabilitätsverhaltens in den Abtastzeitpunkten zurückziehen.

5.4 Algebraische Stabilitätskriterien

5.4.1 Charakter der algebraischen Stabilitätskriterien

Wir betrachten ein Abtastsystem, das durch die rationale z-Übertragungsfunktion

$$G_z(z) = \frac{Z(z)}{N(z)} \qquad (5.26)$$

beschrieben wird, wobei also Z und N Polynome von z mit Grad Z $\leq$ Grad N sind. Insbesondere ist

$$N(z) = a_n z^n + a_{n-1} z^{n-1} + \ldots + a_1 z + a_o \qquad (5.27)$$

mit reellen Koeffizienten a_ν. Man darf annehmen, daß $a_n > 0$ ist, da ein eventuelles negatives Vorzeichen in das Zählerpolynom Z(z) verlegt werden kann.

Beispielsweise gilt für das Führungsverhalten der Abtastregelung

$$F_{wz}(z) = \frac{F_{oz}(z)}{1+F_{oz}(z)} \quad \text{mit} \quad F_{oz}(z) = \frac{P_o(z)}{Q_o(z)}, \qquad (5.28)$$

also

$$F_{wz}(z) = \frac{P_o(z)}{P_o(z)+Q_o(z)} . \qquad (5.29)$$

Nach dem grundlegenden Stabilitätskriterium (5.14) ist das Abtastsystem (5.26) genau dann stabil, wenn die Pole von $G_z(z)$ im Innern des Einheitskreises der z-Ebene liegen.

Sofern Z(z) und N(z) keine gemeinsamen Nullstellen haben, fallen die Pole von $G_z(z)$ mit den Nullstellen von N(z) zusammen. Im anderen Fall können Nullstellen von N(z) durch Nullstellen von Z(z) kompensiert werden, so daß sie keine Pole von $G_z(z)$ erzeugen. Auf jeden Fall aber sind die Pole von $G_z(z)$ in den Nullstellen von N(z) enthalten.

Speziell für die Abtastregelung bedeutet das: Liegen die Nullstellen des Polynoms $N(z) = P_0(z) + Q_0(z)$ innerhalb des Einheitskreises der z-Ebene, so ist die geschlossene Abtastregelung gewiß stabil. Sofern $P_0(z)$ und $Q_0(z)$ keine gemeinsame Nullstelle haben, gilt auch die Umkehrung: Ist die geschlossene Abtastregelung stabil, so müssen die Nullstellen des Polynoms $N(z) = P_0(z) + Q_0(z)$ alle innerhalb des Einheitskreises gelegen sein.

Wie man sieht, wird durch das grundlegende Stabilitätskriterium die Stabilitätsanalyse darauf zurückgeführt, die Lage der Nullstellen eines Polynoms zu bestimmen. Dabei ist man gar nicht an der genauen Lage der Nullstellen interessiert, sondern lediglich an der Information, ob sie sämtlich innerhalb des Einheitskreises der z-Ebene liegen oder nicht. Es ist plausibel, daß man diese Information auch ohne Berechnung der Nullstellen in einfacherer Weise gewinnen kann.

Da die Nullstellen eines Polynoms letzten Endes durch dessen Koeffizienten bestimmt werden, muß es möglich sein, durch geeignete Rechenoperationen mit den Koeffizienten etwas über die Lage der Nullstellen in der komplexen Ebene auszusagen. Aussagen dieser Art bezeichnet man als algebraische Stabilitätskriterien.

Unmittelbar haben diese Sätze mit der Stabilität dynamischer Systeme gar nichts zu tun. Vielmehr befassen sie sich mit der Lage der Nullstellen eines Polynoms in der komplexen Ebene. Erst durch das grundlegende Stabilitätskriterium wird die Verbindung hergestellt.

5.4.2 Notwendige Bedingungen

Wir gehen davon aus, daß sämtliche Nullstellen des Polynoms N(z) innerhalb des Einheitskreises der z-Ebene liegen, und wollen sehen, was daraus für die Koeffizienten des Polynoms folgt.

Betrachtet man N(z) nur auf der reellen Achse, setzt also $z = x$, wo x eine reelle Variable bezeichnet, so ist

$$N(x) = a_n x^n + a_{n-1} x^{n-1} + \ldots + a_o \; .$$

Da für große x die höchste Potenz überwiegt, ist wegen $a_n > 0$ N(x) für große x positiv. Da nach Voraussetzung auf der reellen Achse für $x \geqq 1$ keine Nullstellen von N(x) liegen, also kein Vorzeichenwechsel stattfindet, muß auch $N(1) > 0$ sein.

Entsprechend ist für negative x von großem Betrag

$$N(x) \begin{cases} > 0 \; , & \text{sofern n gerade,} \\ < 0 \; , & \text{wenn n ungerade.} \end{cases}$$

Da keine Nullstelle von N(z) für $|z| \geqq 1$ vorhanden ist, gibt es auch keine für $x \leqq -1$. N(-1) muß daher das gleiche Vorzeichen haben wie N(x) für $x \to -\infty$. Somit ist

$$N(-1) \begin{cases} > 0 & \text{für gerades n} \\ < 0 & \text{für ungerades n.} \end{cases}$$

Bezeichnet man weiterhin die Nullstellen von N(z) mit β_1, $\beta_2, \ldots, \beta_n$, so gilt nach den Vietaschen Wurzelsätzen

$$\beta_1 \beta_2 \ldots \beta_n = (-1)^n \frac{a_o}{a_n} \; ,$$

also

$$\frac{|a_o|}{a_n} = |\beta_1| \cdot |\beta_2| \cdots |\beta_n| \;.$$

Da nach Voraussetzung alle $|\beta_\nu| < 1$ sind, ist

$$\frac{|a_o|}{a_n} < 1$$

oder

$$a_n > |a_o| \;.$$

Zusammenfassend hat man die folgenden notwendigen Bedingungen:

$$\left.\begin{array}{l} \text{Liegen sämtliche Nullstellen des Polynoms} \\ N(z) = a_n z^n + \ldots + a_1 z + a_o \,, \quad a_n > 0 \,, \\ \text{innerhalb des Einheitskreises der z-Ebene,} \\ \text{so gilt:} \\ N(1) = a_n + \ldots + a_1 + a_o > 0 \,; \\ N(-1) = (-1)^n a_n + \ldots + a_2 - a_1 + a_o \begin{cases} > 0, & n \text{ gerade}, \\ < 0, & n \text{ ungerade}; \end{cases} \\ a_n > |a_o| \;. \end{array}\right\} \quad (5.30)$$

Da $(-1)^n > 0$ für gerades n und < 0 für ungerades n, kann man die zweite dieser Bedingungen auch so formulieren:

$$(-1)^n N(-1) > 0 \;. \qquad (5.31)$$

Will man ein z-Polynom auf die Lage seiner Nullstellen untersuchen, so wird man zuerst die Bedingungen (5.30) nachprüfen. Ist eine nicht erfüllt, so weiß man bereits, daß nicht alle Nullstellen im Innern des Einheitskreises liegen und braucht kompliziertere Verfahren erst gar nicht anzuwenden. Es wäre nun schön, wenn diese Bedingungen auch hinreichend wären, wenn also umgekehrt aus ihnen folgte, daß alle Nullstellen von N(z) im Innern des Einheitskreises liegen. Das ist aber bedauerlicherweise nur beim Polynom 2. Grades richtig, wie im folgenden Abschnitt gezeigt wird. Bei Polynomen höheren Grades können alle drei Bedingungen (5.3C) erfüllt sein und doch Nullstellen auf dem Einheitskreis cder in seinem Außengebiet liegen. Das gilt beispielsweise für das Polynom

$$N(z) = z^3 + 0{,}1z^2 + z + 0{,}1 \ .$$

Wie man sofort sieht, ist $N(1) > 0$ und $a_n > |a_o|$. Ebenso ist

$$N(-1) = -1 + 0{,}1 - 1 + 0{,}1 = -1{,}8 < 0 \ .$$

Da aber

$$N(z) = (z^2+1)(z+0{,}1) = (z+j)(z-j)(z+0{,}1) \ ,$$

liegen die beiden Nullstellen $\pm j$ auf dem Einheitskreis.

Notwendige <u>und</u> hinreichende Bedingungen werden komplizierter aussehen als die einfachen Ungleichungen (5.30). Solche Bedingungen sollen in den nächsten Abschnitten angegeben werden.

Zuvor sei aber noch ausdrücklich darauf hingewiesen, daß die von den kontinuierlichen Systemen geläufige notwendige Stabilitätsbedingung, daß alle Koeffizienten positiv sein müssen, hier nicht gültig ist. Ein Gegenbeispiel liefert das z-Polynom

$$N(z) = (z + \tfrac{1}{2})(z - \tfrac{1}{2}) = z^2 - \tfrac{1}{4} \ ,$$

dessen beide Nullstellen innerhalb des Einheitskreises liegen, bei dem aber ein Koeffizient Null und einer negativ ist.

5.4.3 Anwendung einer bilinearen Transformation

Es liegt nahe, die Stabilitätsuntersuchung eines Abtastsystems auf die bekannten Verhältnisse bei kontinuierlichen Systemen zurückzuführen, indem man eine geeignete Abbildung der z-Ebene in die s-Ebene vornimmt, bei welcher der Einheitskreis der z-Ebene auf die imaginäre Achse der s-Ebene abgebildet wird und das Innere des Einheitskreises in die linke s-Halbebene übergeht.

Aus der Funktionentheorie ist bekannt, daß eine derartige Abbildung durch eine bilineare Transformation geliefert wird. Eine solche ist von der allgemeinen Form

$$s = \frac{az+b}{z+c}$$

mit gewissen Parametern a, b und c. Sie hat die Eigenschaft, Kreise und Geraden wiederum in Kreise und Geraden zu überführen. Die Parameter a, b und c sollen so gewählt werden, daß der Einheitskreis der z-Ebene in die j-Achse der s-Ebene übergeht und sein Inneres in die linke s-Halbebene. Da ein Kreis durch drei Punkte bestimmt ist, greift man dazu drei Punkte des Einheitskreises heraus und legt ihre drei Bildpunkte auf der j-Achse fest. Wie das Bild 5/3 veranschaulicht, in dem zwecks einfacherer Darstellung die z- und die s-Ebene identifiziert wurden, kann man die Zuordnung

$$z_1 = -j \rightarrow s_1 = -j\,,$$

$$z_2 = 1 \rightarrow s_2 = 0\,,$$

$$z_3 = j \rightarrow s_3 = j$$

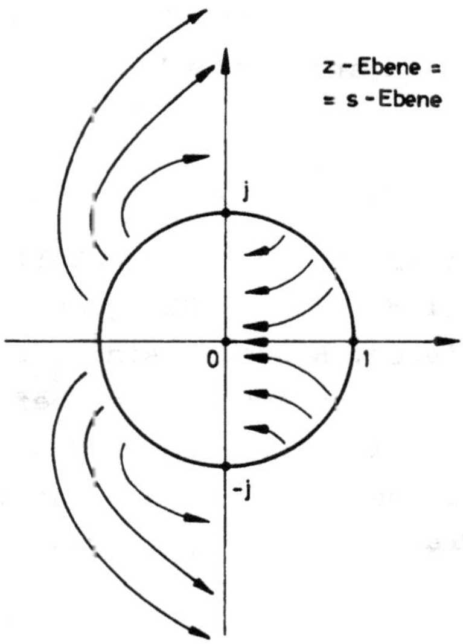

Bild 5/3 Abbildung des Einheitskreises der z-Ebene auf die imaginäre Achse der s-Ebene

wählen. Dann erhält man a, b, c aus den drei Gleichungen

$$s_\nu = \frac{az_\nu + b}{z_\nu + c} , \qquad \nu = 1,2,3 .$$

Nach Multiplikation mit den Nennern sind dies drei lineare Gleichungen für die Unbekannten a, b und c, aus denen $a = 1$, $b = -1$ und $c = 1$ folgt. Somit ist die gesuchte Transformation

$$s = \frac{z-1}{z+1} . \tag{5.32}$$

Der Punkt $z = -1$ wird durch sie auf den Punkt $s = \infty$ abgebildet. Die inverse Transformation ergibt sich zu

$$z = \frac{1+s}{1-s} . \tag{5.33}$$

Setzt man (5.33) in das Polynom N(z) ein, so erhält man zunächst

$$N\left(\frac{1+s}{1-s}\right) = a_n\left(\frac{1+s}{1-s}\right)^n + \ldots + a_1\left(\frac{1+s}{1-s}\right) + a_o = 0 .$$

Multipliziert man diese Gleichung mit $(1-s)^n$, multipliziert die so entstehenden Produkte aus und ordnet nach Potenzen von s, so wird daraus

$$\tilde{N}(s) = A_n s^n + A_{n-1} s^{n-1} + \ldots + A_1 s + A_0 = 0 \,. \quad (5.34)$$

Die innerhalb des Einheitskreises gelegenen Nullstellen von N(z) sind in Nullstellen von $\tilde{N}(s)$ übergegangen, die in der linken s-Halbebene liegen. Hingegen sind aus den auf dem Einheitskreis oder in seinem Außengebiet befindlichen Nullstellen von N(z) solche Nullstellen von $\tilde{N}(s)$ geworden, die auf der j-Achse der s-Ebene oder rechts von ihr liegen. So wurde die bilineare Transformation ja gewählt. Man hat somit das Resultat:

Die Nullstellen von $\tilde{N}(s)$ liegen genau dann in der linken s-Halbebene, wenn die Nullstellen von N(z) im Innern des Einheitskreises der z-Ebene liegen. (5.35)

Da $\tilde{N}(s)$ ein Polynom in s ist, kann man die Lage seiner Nullstellen zur j-Achse mit einem der konventionellen Kriterien, etwa dem Hurwitz- oder Routh-Kriterium, erkennen.

Handelt es sich um ein z-Polynom und damit um ein s-Polynom 2. Grades, so genügt es zu untersuchen, ob die Koeffizienten von N(s) positiv sind oder nicht. Das sei als Beispiel genauer ausgeführt. Mit

$$N(z) = a_2 z^2 + a_1 z + a_0 \,, \quad a_2 > 0 \,,$$

erhält man

$$\tilde{N}(s) = a_2(1+s)^2 + a_1(1+s)(1-s) + a_0(1-s)^2$$

oder

$$\tilde{N}(s) = (a_2 - a_1 + a_0)s^2 + 2(a_2 - a_0)s + (a_2 + a_1 + a_0) \,.$$

Das Polynom $\tilde{N}(s)$ hat alle Nullstellen links der j-Achse, wenn seine Koeffizienten

$$A_2 = a_2 - a_1 + a_o ,$$

$$A_1 = 2(a_2 - a_o) ,$$

$$A_o = a_2 + a_1 + a_o$$

positiv sind. Wie man sieht, ist $A_2 = N(-1)$ und $A_o = N(1)$. Weiterhin folgt aus $a_2 > |a_o|$ erst recht $a_2 > a_o$ und damit $A_1 > 0$. Beim Polynom 2. Grades folgt somit aus den notwendigen Bedingungen $N(1) > 0$, $N(-1) > 0$ und $a_2 > |a_o|$, daß die $A_\nu > 0$ sind und daß damit die Nullstellen des Polynoms $\tilde{N}(s)$ links der j-Achse, also die Nullstellen von $N(z)$ innerhalb des Einheitskreises liegen. Man hat so das Ergebnis:

Die Nullstellen des Polynoms

$$N(z) = a_2 z^2 + a_1 z + a_o , \quad a_2 > 0 ,$$

liegen genau dann innerhalb des Einheitskreises der z-Ebene, wenn $N(1) > 0$, $N(-1) > 0$ und $a_2 > |a_o|$ gilt. (5.36)

Für Polynome höheren Grades ist die Anwendung der bilinearen Transformation recht umständlich. Man ist daher an weiteren notwendigen und hinreichenden Bedingungen für die Lage der Nullstellen im Innern des Einheitskreises interessiert. Bei kontinuierlichen Systemen hat man vor allem das Hurwitz- und das Routh-Kriterium. Für beide gibt es Analogien bei den Abtastsystemen. Sie sollen in den beiden nächsten Abschnitten erörtert werden.

5.4.4 Das Kriterium von Schur-Cohn-Jury

Von I. SCHUR*) und A. COHN**) wurde ein Kriterium dafür angegeben, wann die Nullstellen eines Polynoms im Innern des Einheitskreises liegen. Es ist analog zum Hurwitz-Kriterium, insofern gewisse aus den Polynomkoeffizienten gebildete Determinanten positiv oder negativ sein müssen. Hierbei sind bis zu 2n-reihige Determinanten zu bilden, wenn das Polynom vom n-ten Grade ist. Dieses Kriterium, das ohne Bezugnahme auf Abtastsysteme aus mathematischen Erwägungen entstand, wurde von E.J. JURY vereinfacht, und zwar derart, daß man nicht mehr als n-reihige Determinanten zu bilden hat.***)

*) I. SCHUR: Über Potenzreihen, die im Innern des Einheitskreises beschränkt sind. Journal für die Reine und Angewandte Mathematik 147 (1917), Seite 205-232, und 148 (1918), Seite 122-145.

**) A. COHN: Über die Anzahl der Wurzeln einer algebraischen Gleichung in einem Kreise. Math. Zeitschrift 14 (1922), Seite 110-148.

***) E.J. JURY: A Simplified Stability Criterion for Linear Discrete Systems. Proceedings IRE 50 (1962), Seite 1493-1500.

Es sei ohne Herleitung angegeben:

Man bildet für $k = 1,2,\ldots,n$ die Matrizen

$$\underline{A}_k = \begin{bmatrix} a_o & a_1 & \cdots & a_{k-1} \\ 0 & a_o & \cdots & a_{k-2} \\ \vdots & & \ddots & \vdots \\ 0 & \cdots & 0 & a_o \end{bmatrix}$$

und

$$\underline{B}_k = \begin{bmatrix} a_{n-(k-1)} & \cdots & a_{n-1} & a_n \\ a_{n-(k-2)} & \cdots & a_n & 0 \\ \vdots & ⋰ & & \vdots \\ a_n & 0 & \cdots & 0 \end{bmatrix} .$$

Daraus bildet man die Determinanten

$$C_k = \det(\underline{A}_k+\underline{B}_k) , \quad D_k = \det(\underline{A}_k-\underline{B}_k) .$$

Notwendig und hinreichend dafür, daß alle Nullstellen von $N(z)$ im Innern des Einheitskreises liegen, ist die Gültigkeit der folgenden Ungleichungen:

$N(1) > 0$,	$(-1)^n N(-1) > 0$,
für gerades n	für ungerades n
$C_2 < 0$, $D_2 < 0$	$C_1 > 0$, $D_1 < 0$
$C_4 > 0$, $D_4 > 0$	$C_3 < 0$, $D_3 > 0$
$C_6 < 0$, $D_6 < 0$	$C_5 > 0$, $D_5 < 0$
$\vdots$	$\vdots$

(5.37)

Als Beispiel werde auch hier das Polynom 2. Grades betrachtet, wobei die beiden ersten Ungleichungen als bekannt weggelassen seien. Da es sich um ein Polynom geraden Grades handelt, genügt es, die Matrizen mit gerader Reihenzahl zu bilden:

$$\underline{A}_2 = \begin{bmatrix} a_0 & a_1 \\ 0 & a_0 \end{bmatrix}, \quad \underline{B}_2 = \begin{bmatrix} a_1 & a_2 \\ a_2 & 0 \end{bmatrix},$$

also

$$C_2 = \begin{vmatrix} a_0+a_1 & a_1+a_2 \\ a_2 & a_0 \end{vmatrix}, \quad D_2 = \begin{vmatrix} a_0-a_1 & a_1-a_2 \\ -a_2 & a_0 \end{vmatrix}.$$

Wegen $C_2 < 0$ und $D_2 < 0$ müssen somit die Ungleichungen

$$(a_0+a_1)a_0 - a_2(a_1+a_2) < 0 \quad \text{oder} \quad a_0^2 + a_0a_1 - a_1a_2 - a_2^2 < 0$$

und

$$(a_0-a_1)a_0 + a_2(a_1-a_2) < 0 \quad \text{oder} \quad a_0^2 - a_0a_1 + a_1a_2 - a_2^2 < 0$$

gelten. Durch Addition erhält man

$$2\left(a_0^2-a_2^2\right) < 0 \quad \text{oder} \quad a_2^2 > a_0^2 .$$

Daraus folgt $|a_2| > |a_0|$ oder wegen $a_2 > 0$:

$$a_2 > |a_0|.$$

Man sieht bereits an diesem einfachen Beispiel, daß man die Stabilitätsbedingungen als Ungleichungen zwischen den Koeffizienten des Polynoms erhält, aber in einer Form, die sich noch sehr vereinfachen läßt, eben durch geschickte

Umformung der Ungleichungen. Hierauf wurde in der Literatur viel Mühe verwandt, wobei als Ausgangspunkt nicht nur das Kriterium von Schur-Cohn-Jury in Frage kommt, sondern auch andere Verfahren herangezogen werden können, z.B. das im folgenden behandelte Reduktionsverfahren.

5.4.5 Das Reduktionsverfahren

Die beiden im vorhergehenden behandelten Verfahren sind bei Polynomen höheren Grades recht mühsam, selbst dann, wenn die Koeffizienten des Polynoms numerisch gegeben sind. Nunmehr soll ein Verfahren beschrieben werden, das wenigstens im letzteren Fall eine schnelle Erledigung der Frage gestattet, ob alle Nullstellen des Polynoms im Einheitskreis liegen oder nicht. Man kann es deshalb als Analogon des Routh-Kriteriums ansehen. Da bei ihm der Grad des Polynoms N(z) schrittweise reduziert wird, sei es als "Reduktionsverfahren" bezeichnet. Es wurde von mehreren Autoren angegeben,*) ist aber im Keim bereits in der oben erwähnten Arbeit von A. COHN enthalten. Da es das praktikabelste der numerischen Stabilitätskriterien ist, sei es ausführlich begründet.

Vorausgeschickt werde ein interessanter Satz aus der Funktionentheorie, der Satz von Rouché, (siehe z.B. [49], Seite 209), den wir allerdings nur für den Fall der Polynome benötigen:

---

*) R. UNBEHAUEN: Ein Verfahren zur Hurwitz-Faktorisierung eines Polynoms. Archiv der Elektrischen Übertragung 13 (1959), Seite 58-62.

M. THOMA: Ein einfaches Verfahren zur Stabilitätsprüfung von linearen Abtastsystemen. Regelungstechnik 10 (1962), Seite 302-306.

R. UNBEHAUEN: Bemerkungen zur Stabilitätsprüfung von linearen Abtastregelsystemen. Regelungstechnik 11 (1963), Seite 303-306.

g(z) und h(z) seien zwei Polynome. Auf dem Einheitskreis der z-Ebene sei $|g(z)| > |h(z)|$. Dann haben g(z) und g(z) + h(z) im Innern des Einheitskreises gleich viele Nullstellen. (5.38)

Zum Beweis betrachte man die Funktion

$$\varphi(z) = g(z) + \lambda h(z) \quad , \qquad 0 \leqq \lambda \leqq 1 \; .$$

Ihre Nullstellen hängen stetig vom Parameter λ ab. Für $\lambda = 0$ beginnen sie in den Nullstellen von g(z), während sie für $\lambda = 1$ in den Nullstellen von g(z) + h(z) enden. Für keinen λ-Wert kann eine Nullstelle auf dem Einheitskreis liegen, da dort sonst

$$g(z) = -\lambda h(z) \quad , \qquad \text{also } |g(z)| \leqq |h(z)|$$

wäre, was nach Voraussetzung ausgeschlossen ist. Betrachtet man nun irgendeine Nullstelle von g, die im Innern des Einheitskreises liegt, und läßt λ von 0 an wachsen, so verändert sie ihre Lage bis sie für $\lambda = 1$ in eine Nullstelle von g(z) + h(z) übergeht. Hierbei kann sie aber den Einheitskreis nicht erreichen. Zu jeder im Innern des Einheitskreises gelegenen Nullstelle von g gehört also eine ebensolche Nullstelle von g + h. Da man, von $\lambda = 1$ ausgehend, auch das Umgekehrte folgern kann, trifft die Aussage von (5.38) zu.

Nunmehr betrachtet man neben dem Polynom

$$N(z) = a_n z^n + a_{n-1} z^{n-1} + \ldots + a_1 z + a_o$$

das "transponierte" Polynom

$$N^*(z) = a_o z^n + a_1 z^{n-1} + \ldots + a_{n-1} z + a_n = z^n N\left(\frac{1}{z}\right).$$

Zunächst läßt sich zeigen, daß auf dem Einheitskreis

$$|N^*(z)| = |N(z)|$$

ist. Denn dort gilt $z \cdot \bar{z} = 1$, wenn $\bar{z}$ die zu z konjugiert komplexe Zahl bezeichnet. Daher ist dort

$$N^*(z) = z^n N\left(\frac{1}{z}\right) = z^n N(\bar{z}) = z^n \overline{N(z)} ,$$

also

$$|N^*(z)| = |\overline{N(z)}| = |N(z)| .$$

Bildet man aus N(z) und $N^*(z)$ das Polynom

$$\phi(z) = a_n N(z) - a_o N^*(z) = a_n \left[N(z) - \frac{a_o}{a_n} N^*(z)\right] ,$$

so ist unter der Voraussetzung $a_n > |a_o|$, also $\left|\frac{a_o}{a_n}\right| < 1$, auf dem Einheitskreis

$$\left|-\frac{a_o}{a_n} N^*(z)\right| = \left|\frac{a_o}{a_n}\right| |N(z)| < |N(z)| .$$

Nach dem Satz von Rouché hat demgemäß $\phi(z)$ innerhalb des Einheitskreises genausoviele Nullstellen wie N(z).

Nun ist andererseits

$$\phi(z) = a_n \left[(a_n z^n + a_{n-1} z^{n-1} + \ldots + a_1 z + a_o) - \right.$$

$$\left. - \frac{a_o}{a_n} (a_o z^n + a_1 z^{n-1} + \ldots + a_{n-1} z + a_n)\right] =$$

$$= a_n \left[\left(a_n - \frac{a_o}{a_n} a_o\right) z^n + \left(a_{n-1} - \frac{a_o}{a_n} a_1\right) z^{n-1} + \ldots + \left(a_1 - \frac{a_o}{a_n} a_{n-1}\right) z\right]$$

also

$$\phi(z) = a_n z N_1(z) \quad \text{mit}$$

$$N_1(z) = \sum_{\nu=0}^{n-1} \left(a_{\nu+1} - \frac{a_o}{a_n} a_{n-\nu-1}\right) z^\nu = \sum_{\nu=0}^{n-1} a_\nu^{(1)} z^\nu \; . \tag{5.39}$$

Hieraus ersieht man, daß $\phi(z)$ innerhalb des Einheitskreises gewiß die Nullstelle $z = 0$ hat. Hat $N(z)$ und damit $\phi(z)$ i Nullstellen innerhalb des Einheitskreises, so hat $N_1(z)$ also genau i-1 Nullstellen innerhalb des Einheitskreises, und umgekehrt. Man hat so das Zwischenergebnis:

Ist $a_n > |a_o|$, so hat das Polynom $N(z)$ genau dann alle Nullstellen innerhalb des Einheitskreises, wenn dies für $N_1(z)$ gilt. (5.40)

Falls die Bedingung $a_n > |a_o|$ nicht erfüllt ist, weiß man von vornherein, daß nicht alle Nullstellen von $N(z)$ innerhalb des Einheitskreises liegen.

Für $N_1(z)$ sind nun wieder zwei Fälle möglich. Entweder ist $a_{n-1}^{(1)} > |a_o^{(1)}|$ $\left(\text{es ist gewiß } a_{n-1}^{(1)} = a_n - \frac{a_o}{a_n} a_o = \frac{a_n^2 - a_o^2}{a_n} > 0\right)$

oder es ist $a_{n-1}^{(1)} \leq |a_o^{(1)}|$. Im letzteren Fall liegt mindestens eine Nullstelle von $N_1(z)$ nicht im Einheitskreis. Nach Satz (5.40) gilt das gleiche dann für $N(z)$. Im ersteren Fall aber kann man dasselbe Verfahren, nach dem $N_1(z)$ aus $N(z)$ gebildet wurde, wieder auf $N_1(z)$ anwenden und erhält so ein Polynom $N_2(z)$ vom Grad n-2:

$$a_{n-1}^{(1)} N_1(z) - a_o^{(1)} N_1^*(z) = a_{n-1}^{(1)} z N_2(z) \; , \quad a_{n-1}^{(1)} > 0 \; .$$

Setzt man dieses Verfahren fort, so erhält man entweder nach k Schritten ein Polynom $N_k(z)$ mit

$$a_{n-k}^{(k)} \leqq |a_o^{(k)}| ,$$

so daß nicht alle Nullstellen von $N_k(z)$ und damit auch von N(z) innerhalb des Einheitskreises liegen, oder aber nach n-1 Schritten ergibt sich ein Polynom 1. Grades:

$$N_{n-1}(z) = a_1^{(n-1)} z + a_o^{(n-1)} , \quad a_1^{(n-1)} > 0 ,$$

mit $a_1^{(n-1)} > |a_o^{(n-1)}|$. Dann liegt dessen einzige Nullstelle innerhalb des Einheitskreises, was dann auch für sämtliche Nullstellen von N(z) gilt. Man hat so das Endergebnis:

Die Nullstellen des Polynoms
$N(z) = a_n z^n +\ldots+ a_1 z + a_o$, $a_n > 0$,
liegen genau dann alle innerhalb des Einheitskreises, wenn

$$a_{n-\nu}^{(\nu)} > |a_o^{(\nu)}| , \quad \nu = 0,1,2,\ldots,n-1,$$

gilt. Dabei ist

$$a_{n-\nu}^{(\nu)} = a_{n-\nu+1}^{(\nu-1)} - \frac{a_o^{(\nu-1)}}{a_{n-\nu+1}^{(\nu-1)}} a_o^{(\nu-1)} ,$$

$$a_o^{(\nu)} = a_1^{(\nu-1)} - \frac{a_o^{(\nu-1)}}{a_{n-\nu+1}^{(\nu-1)}} a_{n-\nu}^{(\nu-1)} ,$$

$$\nu = 1,\ldots,n-1 ,$$

mit $a_k^{(0)} = a_k$, $k = 0,1,\ldots,n$. (5.41)

Die Anwendung des Kriteriums erfolgt zweckmäßigerweise in Tabellenform:

	z^n	z^{n-1}	z^{n-2}	...	z^o
$N(z)$	a_n	a_{n-1}	a_{n-2}	...	a_o
$\cdot\left(-\frac{a_o}{a_n}\right)$	$-\frac{a_o}{a_n}\cdot a_o$	$-\frac{a_o}{a_n}\cdot a_1$	$-\frac{a_o}{a_n}\cdot a_2$	...	$-\frac{a_o}{a_n}\cdot a_n$
$N_1(z)$		$a_n - \frac{a_o}{a_n} a_o$	$a_{n-1} - \frac{a_o}{a_n} a_1$	...	$a_1 - \frac{a_o}{a_n} a_{n-1}$

In der zweiten Zeile stehen die Koeffizienten des Polynoms $N(z)$. Aus ihnen bildet man den Quotienten $-a_o/a_n$ und multipliziert mit ihm der Reihe nach die Koeffizienten a_o, $a_1,\ldots,a_n$, die man dann unter die Koeffizienten a_n, $a_{n-1},\ldots,a_o$ schreibt. Darauf addiert man und schreibt die so erhaltenen Terme, um eine Spalte nach rechts verschoben, in die vierte Zeile. Dabei wird der letzte Term Null. Man prüft bei der 4. Zeile nach, ob der höchste Koeffizient größer ist als der Betrag des niedrigsten Koeffizienten. Ist dies nicht der Fall, so liegen nicht alle Nullstellen von $N(z)$ im Innern des Einheitskreises. Andernfalls setzt man das Schema in der gleichen Weise fort und nimmt dann wieder diese Prüfung vor. Usw. Fällt die Prüfung stets positiv aus, ist also der höchste Koeffizient stets größer als der Betrag des niedrigsten Koeffizienten, so erhält man nach (n-1)-maliger Anwendung des Schemas eine Zeile, die nur noch zwei Terme enthält. Fällt auch hier die Prüfung positiv aus (linker Term größer als Betrag des rechten Terms), so liegen alle Nullstellen von $N(z)$ im Innern des Einheitskreises.

Zahlenbeispiel zum Reduktionsverfahren:

$$N(z) = z^5 - 2{,}5z^4 + 2{,}83z^3 - 1{,}819z^2 + 0{,}634z - 0{,}091$$

	z^5	z^4	z^3	z^2	z^1	z^0
N(z)	1	-2,5	2,83	-1,819	0,634	-0,091
0,091	-0,008	0,058	-0,167	0,261	-0,230	+0,091
$N_1(z)$		0,992	-2,442	2,663	-1,558	0,404
-0,408		-0,165	0,636	-1,090	0,996	-0,404
$N_2(z)$			0,827	-1,806	1,573	-0,562
0,680			-0,382	1,070	-1,230	0,562
$N_3(z)$				0,445	-0,736	0,343
-0,770				-0,265	0,568	-0,343
$N_4(z)$					0,180	-0,168

Sämtliche Nullstellen von N(z) liegen also innerhalb des Einheitskreises der z-Ebene. In der Tat lautet das faktorisierte Polynom

$$N(z) = (z-0,4+j0,6)(z-0,4-j0,6)(z-0,7)(z-0,5)^2 .$$

5.4.6 Hinreichende Bedingungen

Mit Hilfe des Reduktionsverfahrens läßt sich eine sehr schöne hinreichende Bedingung dafür angeben, daß alle Nullstellen von N(z) im Einheitskreis liegen:

<u>Kriterium von Kakeya:</u> Gilt für
$N(z) = a_n z^n + \ldots + a_1 z + a_0$, $a_n > 0$,
die Ungleichung $a_n > a_{n-1} > \ldots > a_1 > a_0 > 0$,
so liegen sämtliche Nullstellen innerhalb des Einheitskreises. (5.42)

Nach (5.39) ist nämlich allgemein

$$a_n a_\nu^{(1)} = a_n a_{\nu+1} - a_0 a_{n-\nu-1}, \text{ also}$$

$$a_n a_{\nu+1}^{(1)} = a_n a_{\nu+2} - a_o a_{n-\nu-2} \ .$$

Wegen $a_{\nu+2} > a_{\nu+1}$ und $a_{n-\nu-1} > a_{n-\nu-2}$, also $-a_{n-\nu-2} > -a_{n-\nu-1}$ folgt daraus, da ja a_n und $a_o > 0$ sind:

$a_{\nu+1}^{(1)} > a_{\nu}^{(1)}$, und zwar für $\nu = 0,1,\ldots,n-2$. Außerdem ist wegen $a_o < a_1$, also $-a_o > -a_1$:

$$a_n a_o^{(1)} = a_n a_1 - a_o a_{n-1} > a_n a_1 - a_1 a_{n-1} = a_1(a_n - a_{n-1}) > 0 \ .$$

Das Polynom $N_1(z)$ erfüllt somit ebenfalls die Ungleichung in (5.42). Damit erfüllt auch $N_2(z)$ diese Ungleichung, und das gleiche gilt auch für die weiteren Reduktionspolynome bis $N_{n-1}(z)$. Da also in jedem dieser Polynome der höchste Koeffizient größer ist als das Absolutglied, liegen nach (5.41) sämtliche Nullstellen von N(z) innerhalb des Einheitskreises.

Weiterhin gilt das folgende Kriterium, das einerseits eine hinreichende, andererseits eine notwendige Bedingung angibt:

Gibt es in $N(z) = a_n z^n + \ldots + a_1 z + a_o$, $a_n > 0$, einen Koeffizienten

$$|a_r| > |a_n| + \ldots + |a_{r+1}| + |a_{r-1}| + \ldots + |a_o| \ ,$$

so liegen genau r Nullstellen von N(z) innerhalb des Einheitskreises. Ist also speziell

$$|a_n| > |a_{n-1}| + \ldots + |a_o| \ ,$$

so liegen sämtliche n Nullstellen von N(z) innerhalb des Einheitskreises. (5.43)

Der Beweis kann mittels des Satzes von Rouché erfolgen: Auf dem Einheitskreis ist nämlich wegen $|z| = 1$

$$|a_n z^n + \ldots + a_{r+1} z^{r+1} + a_{r-1} z^{r-1} + \ldots + a_o| \leqq$$

$$|a_n| + \ldots + |a_{r+1}| + |a_{r-1}| + \ldots + |a_o| < |a_r| = |a_r z^r| \, .$$

Daher liegen innerhalb des Einheitskreises genau so viele Nullstellen der Summe $(a_n z^n + \ldots + a_{r+1} z^{r+1} + a_{r-1} z^{r-1} + \ldots + a_o) + a_r z^r = N(z)$ wie von $a_r z^r$. Da $a_r z^r$ die r-fache Nullstelle $z = 0$ besitzt, sind dies genau r Nullstellen von $N(z)$.

5.4.7 Stabilitätsungleichungen für Polynome niedrigen Grades

Kehren wir wieder zu den notwendigen und hinreichenden Stabilitätsbedingungen zurück. Es handelt sich bei ihnen um Ungleichungen zwischen den Koeffizienten des Polynoms $N(z)$, die man in allgemeiner Form z.B. aus dem Kriterium von Schur-Cohn-Jury herleiten kann. Die unmittelbar erhaltenen Ungleichungen lassen sich aber durch geeignete Umformung noch erheblich vereinfachen. Das Ergebnis ist in der folgenden Tabelle für Polynome bis zum 5. Grade zusammengestellt.

Notwendige und hinreichende Stabilitätsbedingungen

Polynom 2. Grades

$$N(z) = a_2 z^2 + a_1 z + a_o \, , \quad a_2 > 0:$$

$$N(1) > 0, \; N(-1) > 0, \; a_2 > |a_o| \, . \qquad (5.44)$$

Polynom 3. Grades

$$N(z) = a_3 z^3 + a_2 z^2 + a_1 z + a_o \, , \; a_3 > 0:$$

$$N(1) > 0, \quad N(-1) < 0, \quad a_3 > |a_o| ,$$

$$a_1 a_3 - a_o a_2 < a_3^2 - a_o^2 . \qquad (5.45)$$

Polynom 4. Grades

$$N(z) = a_4 z^4 + a_3 z^3 + a_2 z^2 + a_1 z + a_o, \quad a_4 > 0:$$

$$N(1) > 0, \quad N(-1) > 0, \quad a_4 > |a_o| ,$$

$$|a_1 a_4 - a_o a_3| < a_4^2 - a_o^2 , \qquad (5.46)$$

$$(a_4 - a_o)^2 (a_4 - a_2 + a_o) + (a_3 - a_1)(a_1 a_4 - a_o a_3) > 0 . \qquad (5.47)$$

Polynom 5. Grades

$$N(z) = z^5 + a_4 z^4 + a_3 z^3 + a_2 z^2 + a_1 z + a_o \quad (a_5 = 1):$$

$$N(1) > 0, \quad N(-1) < 0, \quad |a_o| < 1 ,$$

$$-A^2 + A(a_o - a_4) + a_1 - a_3 + 1 > 0 , \qquad (5.48)$$

$$|A| < 2 \quad \text{mit} \qquad (5.49)$$

$$A = \frac{a_o(a_1 - a_3) + a_2 - a_4}{1 - a_1 - a_o^2 + a_o a_4} .$$

Als Anwendungsbeispiel werde der Regelkreis im Bild 4/14 betrachtet. Nach (4.21) ist die z-Übertragungsfunktion des offenen Kreises, mit $T_t = rT$ anstelle von $T_t = T$:

$$F_{oz}(z) = K_o \frac{z-a}{z^r (z-1)(z-e^{-T/T_1})} , \qquad (5.50)$$

wobei

$$a = 1 - \frac{T}{T_N} ,$$

$$K_o = K_R K_{St} K_S (1-e^{-T/T_1})$$

ist.

Wählt man zunächst, wie schon im Abschnitt 5.2, den Parameter T_N des PI-Algorithmus so, daß

$$a = e^{-T/T_1}$$

ist, so vereinfacht sich die z-Übertragungsfunktion des offenen Kreises zu

$$F_{oz}(z) = K_o \frac{1}{z^r(z-1)} = \frac{K_o}{z^{r+1} - z^r} . \qquad (5.51)$$

Dann wird die charakteristische Gleichung $F_{oz}(z) + 1 = 0$ der geschlossenen Abtastregelung:

$$z^{r+1} - z^r + K_o = 0 .$$

Wird $r = 2$ gewählt, also die Abtastperiode T gleich der halben Totzeit T_t genommen, so geht diese Gleichung in

$$z^3 - z^2 + K_o = 0$$

über. Daher lauten die notwendigen Stabilitätsbedingungen (5.30)

$$N(1) = 1 - 1 + K_o = K_o > 0 ,$$

$$(-1)^3 N(-1) = -(-1-1+K_o) = 2 - K_o > 0 ,$$

$$1 > |K_o| \quad \text{bzw.} \quad -1 < K_o < 1 .$$

Da K_o von vornherein positiv ist, liefert die erste Ungleichung eine triviale Aussage. Die zweite Ungleichung führt auf $K_o < 2$ und folgt damit aus der dritten Ungleichung, die $K_o < 1$ fordert. Die notwendigen Bedingungen führen also insgesamt zu dem Ergebnis, daß auf jeden Fall $K_o < 1$ sein muß.

Um zu sehen, ob dies wirklich hinreichend ist, überprüft man die zusätzliche Ungleichung (5.45). Wegen

$$a_3 = 1, \quad a_2 = -1, \quad a_1 = 0, \quad a_o = K_o$$

wird aus ihr

$$K_o < 1 - K_o^2$$

oder

$$K_o^2 + K_o < 1 \; .$$

Um zu erkennen, was daraus für K_o folgt, ergänzt man auf der linken Seite zum vollständigen Quadrat:

$$K_o^2 + K_o + \frac{1}{4} < 1 + \frac{1}{4} \, ,$$

$$\left(K_o + \frac{1}{2}\right)^2 < \frac{5}{4} \, ,$$

$$\left|K_o + \frac{1}{2}\right| < \sqrt{\frac{5}{4}} = \frac{1}{2}\sqrt{5} \, ,$$

$$-\frac{1}{2}\sqrt{5} < K_o + \frac{1}{2} < \frac{1}{2}\sqrt{5} \, ,$$

$$-\frac{1}{2}\sqrt{5} - \frac{1}{2} < K_o < \frac{1}{2}\sqrt{5} - \frac{1}{2} \; .$$

Da K_o gewiß positiv ist, interessiert nur die rechte Hälfte dieser Ungleichung. Sie liefert das Ergebnis

$$K_o < 0{,}618 \ . \qquad (5.52)$$

Wie man sieht, reicht die Forderung $K_o < 1$ nicht hin, um die Stabilität zu sichern. Insgesamt hat man das Resultat: Die Abtastregelung von Bild 4/14 mit $a = e^{-T/T_1}$ und $T_t = 2T$ ist genau dann stabil, wenn $0 < K_o < 0{,}618$ ist. Wie die Parameter des Regelkreises im einzelnen gewählt sind, spielt dabei keine Rolle. Es kommt nur darauf an, daß die letzte Ungleichung erfüllt ist.

Betrachten wir noch einen weiteren Fall. Es sei diesmal $a \neq e^{-T/T_1}$. Dann erhält man nach (5.50) für die charakteristische Gleichung der Abtastregelung

$$z^r(z-1)(z-e^{-T/T_1}) + K_o(z-a) = 0$$

oder

$$z^{r+2} - (1+e^{-T/T_1})z^{r+1} + e^{-T/T_1}z^r + K_oz - K_oa = 0.$$

Ist die Abtastperiode T gleich der Totzeit T_t, also $r = 1$, so wird daraus

$$z^3 - (1+e^{-T/T_1})z^2 + (K_o+e^{-T/T_1})z - K_oa = 0 \ .$$

Aus den notwendigen Bedingungen (5.30) wird jetzt:

$$N(1) = K_o(1-a) > 0 \ ,$$

$$(-1)^3N(-1) = 2(1+e^{-T/T_1}) + K_o(1+a) > 0 \ ,$$

$$1 > K_oa| \ .$$

Da $K_o > 0$ und $0 < a < 1$ gilt, sind die beiden ersten Ungleichungen von vornherein erfüllt. Erst die dritte stellt eine wirkliche Forderung an die Parameter K_o, a dar. Da beide positiv sind, kann man für diese Ungleichung

$$K_o < \frac{1}{a} \tag{5.53}$$

schreiben. Aus (5.45) wird

$$K_o^2 + \frac{1-a(1+e^{-T/T_1})}{a^2} K_o < \frac{1-e^{-T/T_1}}{a^2} . \tag{5.54}$$

Ist etwa T = 1, T_1 = 2, so ist der Streckenpol $e^{-T/T_1} \approx 0{,}61$. Wählt man die Reglernullstelle a etwas größer, etwa a = 0,8, so erhält man aus (5.53) und (5.54) die beiden Bedingungen

$$K_o < 1{,}25 \quad \text{und} \quad K_o < 1{,}04 . \tag{5.55}$$

Erfüllt der Parameter K_o die letzte Ungleichung, so ist dies notwendig und hinreichend für die Stabilität der Abtastregelung.

5.5 Das Wurzelortsverfahren in der z-Ebene

Bei kontinuierlichen Systemen stehen zur Stabilitätsuntersuchung neben den algebraischen Kriterien graphische Verfahren zur Verfügung: die Wurzelortsmethode und die Anwendung des Nyquist-Kriteriums in Ortskurven- oder Frequenzkennlinienform.*) Beide Verfahren lassen sich auf Abtastsysteme übertragen. Während die Übertragung des Nyquist-Kriteriums eine besondere Betrachtung erfordert und hier

*) Siehe etwa [51], Kapitel 5 und 6.

nicht behandelt werden soll,*) bleibt die Konstruktion der Wurzelortskurve beim Übergang in den z-Bereich unverändert.

An die Stelle der charakteristischen Gleichung

$$F_o(s) + 1 = 0$$

der kontinuierlichen Regelung tritt jetzt die charakteristische Gleichung

$$F_{oz}(z) + 1 = 0$$

der Abtastregelung. Hierin ist $F_{oz}(z)$ ebenso eine rationale Funktion von z wie $F_o(s)$ eine rationale Funktion von s ist:

$$F_{oz}(z) = K_o \frac{\prod_{\mu=1}^{m} (z-\delta_\mu)}{\prod_{\nu=1}^{n} (z-\beta_\nu)} ,$$

wobei δ_μ die Nullstellen und β_ν die Pole von $F_{oz}(z)$ sein sollen. Abgesehen von der Benennung der unabhängigen Veränderlichen handelt es sich also um genau die gleiche mathematische Beziehung. Daher kann man sofort sagen:

Die Wurzelortskurve einer Abtastregelung ist in der z-Ebene in der gleichen Weise definiert wie die Wurzelortskurve einer kontinuierlichen Regelung in der s-Ebene. Es gelten die gleichen Konstruktionsregeln, und sie kann in der gleichen Weise berechnet werden. (5.56)

*) Zur Anwendung von Frequenzkennlinien auf Abtastsysteme siehe [20], Abschnitt 4.3 und 4.4, [45], Kapitel 5, sowie G. SCHNEIDER - N. DOURDOUMAS: Reglersynthese für Systeme mit Begrenzungen. Gelbe Blätter der "Regelungstechnik", 1977, Heft 1, bis 1978, Heft 1. Darin Kapitel 4 und 5 (Heft 9, 1977, bis Heft 1, 1978).

Der Unterschied gegenüber den kontinuierlichen Systemen besteht nur darin, daß die Pole und Nullstellen von $F_{oz}(z)$ in der z-Ebene anders verteilt sind als die Pole und Nullstellen von $F_o(s)$ in der s-Ebene und daß es hier auf die Lage der Wurzelortskurve zum Einheitskreis ankommt und nicht auf ihre Lage zur imaginären Achse.

Im vorhergehenden wurde bereits eine Wurzelortsbetrachtung durchgeführt, und zwar im Abschnitt 5.2. Dort wurde der Regelkreis im Bild 4/14 auf Stabilität untersucht, und zwar unter der Annahme, daß die Abtastzeit T gleich der Totzeit T_t und die Reglernullstelle $z = a$ gleich dem Streckenpol $z = e^{-T/T_1}$ gewählt ist. Die charakteristische Gleichung der Abtastregelung ist dann

$$\frac{K_o}{z(z-1)} + 1 = 0$$

oder

$$z^2 - z + K_o = 0 \,.$$

Da die Gleichung nur vom 2. Grad ist, kann man die Wurzeln explizit in Abhängigkeit von dem Parameter K_o ausdrücken und erhält so die Wurzelortskurve im Bild 4/15. Es ergibt sich (einschließlich der "negativen" Wurzelortskurve für $K_o < 0$) ein Geradenpaar, wie es für ein Verzögerungssystem 2. Ordnung mit reellen Polen typisch ist. Für $K_o < 1$ liegt die Wurzelortskurve innerhalb des Einheitskreises, für $K_o > 1$ außerhalb desselben, während sie ihn für $K_o = 1$ schneidet. Die Abtastregelung ist daher für $K_o < 1$ stabil.

Zur Veranschaulichung des Verfahrens seien noch zwei weitere Fälle betrachtet.*) Dabei gehen wir wieder von dem

*) Für die Konstruktionsregeln der Wurzelortskurve sei etwa auf [51] verwiesen.

Regelkreis in Bild 4/14 aus und behalten die Annahme $a = e^{-T/T_1}$ bei, nehmen aber die Abtastperiode gleich der halben Totzeit T_t, so daß r = 2 wird. Dann wird

$$F_{oz}(z) = \frac{K_o}{z^2(z-1)} \; .$$

Die Wurzelortskurve muß daher drei Äste haben, die von dem Doppelpol z = 0 und dem einfachen Pol z = 1 ausgehen und in $z = \infty$ (der einzigen, dreifachen Nullstelle von F_{oz}) enden. Auf der reellen Achse muß das gesamte Stück links von 1 zur Wurzelortskurve gehören. Diese hat drei Asymptoten mit den Anstiegswinkeln 60°, 180° (negative reelle Achse) und -60°, die sich im Wurzelschwerpunkt $\delta_w = -(0+0+1)/(0-3) = 1/3$ auf der reellen Achse schneiden. Die Abszisse δ_v des Verzweigungspunktes auf der reellen Achse erhält man aus der Gleichung

$$\frac{1}{\delta_v - 0} + \frac{1}{\delta_v - 0} + \frac{1}{\delta_v - 1} = 0$$

oder

$$2(\delta_v - 1) + \delta_v = 0$$

zu

$$\delta_v = \frac{2}{3} \; .$$

Damit kann man die Wurzelortskurve in der z-Ebene skizzieren (Bild (5/4).

Auch den Schnittpunkt mit dem Einheitskreis kann man in diesem Fall noch leicht angeben, was aber im allgemeinen nicht mehr in so einfacher Weise möglich ist. Auf dem Einheitskreis ist $z = e^{j\phi}$. Durch Einsetzen in die charakteristische Gleichung

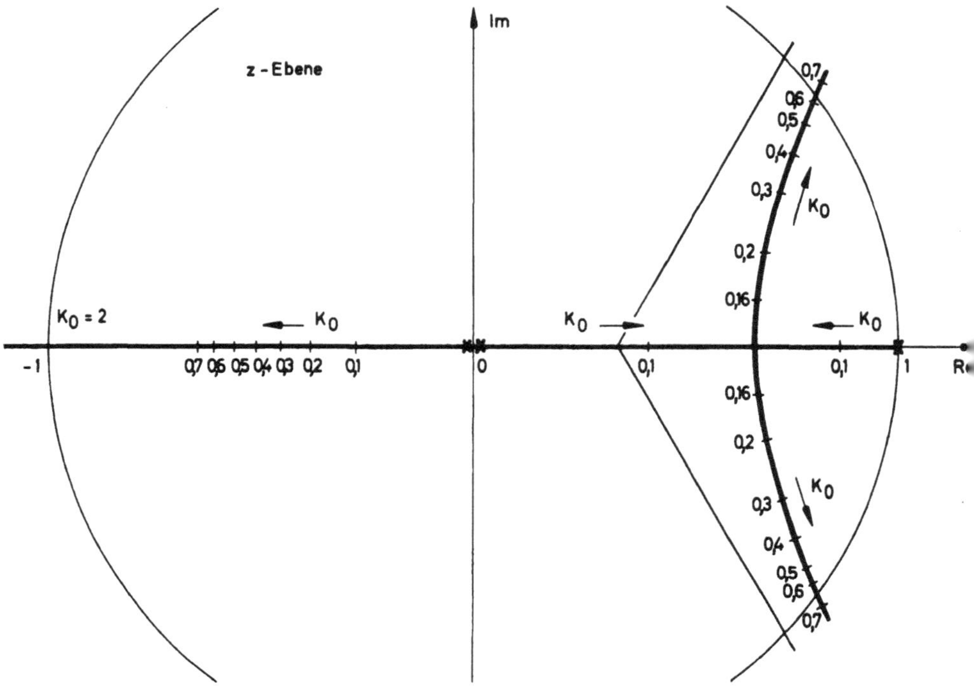

Bild 5/4 Wurzelortskurve zu $F_{oz}(z) = \dfrac{K_o}{z^2(z-1)}$

$$z^3 - z^2 + K_o = 0$$

folgt

$$e^{j3\phi} - e^{j2\phi} + K_o = 0 \ ,$$

also mit der Eulerschen Formel

$$\cos 3\phi + j\sin 3\phi - \cos 2\phi - j\sin 2\phi + K_o = 0 \ .$$

Durch Zerlegung in Real- und Imaginärteil wird daraus

$$\cos 3\phi - \cos 2\phi + K_o = 0 \ , \qquad (5.57)$$

$$\sin 3\phi - \sin 2\phi = 0 . \tag{5.58}$$

Aus (5.58) folgt

$$2\sin\frac{\phi}{2}\cos\frac{5}{2}\phi = 0 .$$

Es muß also entweder $\frac{\phi}{2} = k\pi$ oder $\frac{5}{2}\phi = \frac{\pi}{2} + k\pi$, k beliebig ganz, gelten. Im Fall $\phi = 2k\pi$ ergibt sich nach Bild 5/4 gewiß kein Schnittpunkt der Wurzelortskurve mit dem Einheitskreis. Im anderen Fall erhält man

$$\phi = \frac{\pi}{5} + k\frac{2}{5}\pi$$

oder

$$\phi = 36^{\circ} + k \cdot 72^{\circ} .$$

Für k = 0, 2 (negative reelle Achse) und -2 erhält man die drei Schnittpunkte der Wurzelortskurve mit dem Einheitskreis. Die zugehörigen K_o-Werte folgen dann aus (5.57):

$$K_o = 0{,}618 \quad \text{für } \phi = 36^{\circ} \quad \text{(rechter oberer Ast)},$$

$$K_o = 2 \quad \text{für } \phi = 180^{\circ} \quad \text{(negative reelle Achse)}.$$

Damit ergibt sich (bei Beschränkung auf positive K_o) der Stabilitätsbereich $K_o < 0{,}618$, in Übereinstimmung mit der aus den algebraischen Stabilitätskriterien erhaltenen Ungleichung (5.52).

Die vorliegende Wurzelortskurve wurde zusätzlich mittels eines Digitalprogrammes berechnet (siehe etwa [51], Abschnitt 6.7) und ist im Bild 5/4 wiedergegeben. Im Bild 5/5 findet man die Sprungantwort der geschlossenen Abtastregelung in Abhängigkeit von K_o.

Schließlich sei noch ein Fall betrachtet, in dem die Reglernullstelle a vom Streckenpol e^{-T/T_1} verschieden ist.

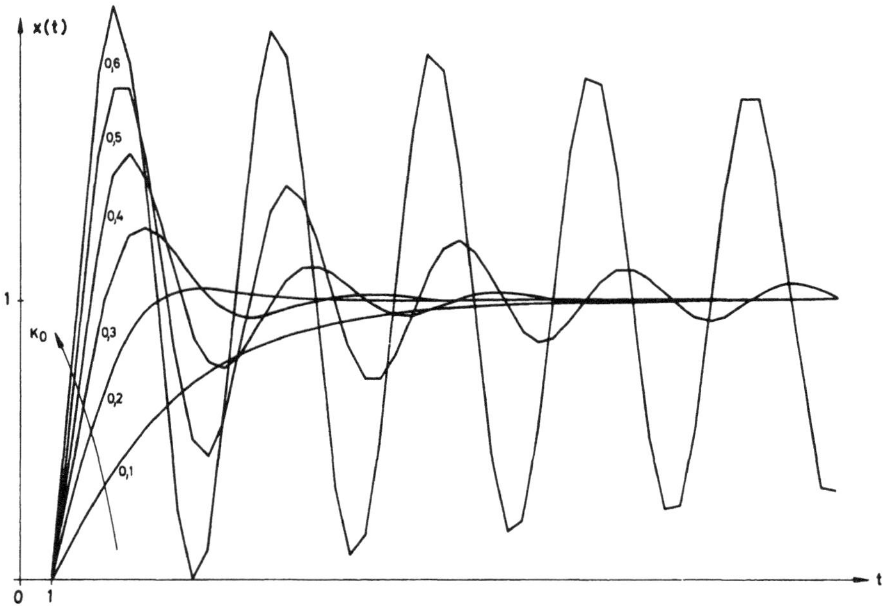

Bild 5/5 Sprungantworten der Abtastregelung aus Bild 5/4

Dazu sei wieder die Abtastperiode T gleich der Totzeit T_t gewählt und beide zu 1 angenommen, während die Zeitkonstante $T_1 = 2$ sei. Dann ist der Streckenpol

$$e^{-T/T_1} = 0,6065 .$$

Die Reglernullstelle werde in die Mitte zwischen ihm und dem Pol z = 1 gelegt: a = 0,8033.

Dann nimmt die Wurzelortskurve eine andere Gestalt an (Bild 5/6). Ein Pol des geschlossenen Kreises wandert mit wachsendem K_0 vom Streckenpol z = 1 zur Nullstelle z = a und bleibt dabei reell. Die beiden anderen Pole des geschlossenen Kreises starten für $K_0 = 0$ in den Polen z = 0 und $z = e^{-T/T_1}$ der Strecke und bewegen sich mit wachsendem K_0 aus der reellen Achse heraus. Dabei streben sie gegen eine Gerade, die auf der reellen Achse im Punkt

$$\delta_w = \frac{a-(0+1+e^{-T/T_1})}{1-3} = 0{,}4016$$

senkrecht steht. Sie schneiden den Einheitskreis für $K_0 = 1{,}04$, was mit (5.55) übereinstimmt.

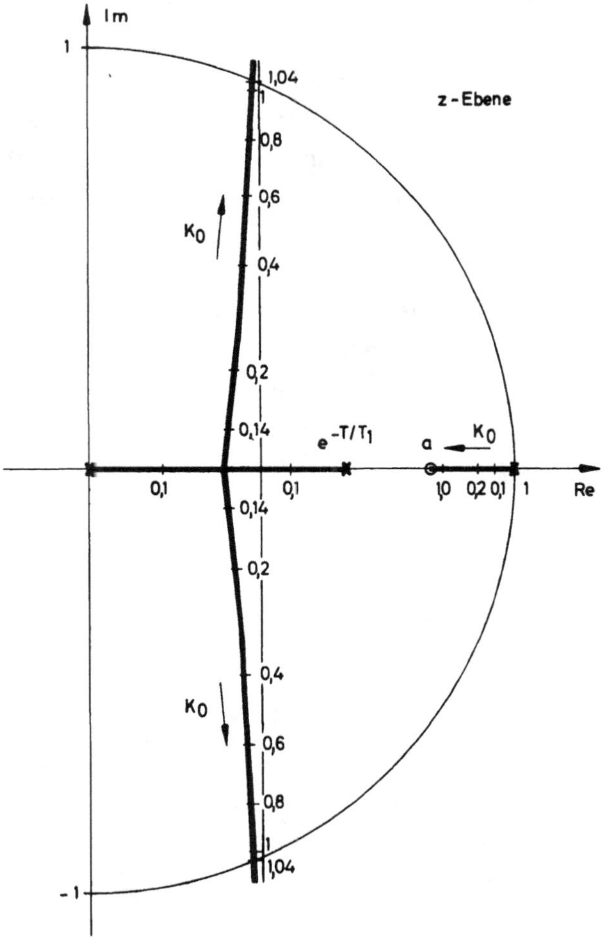

Bild 5/6 Wurzelortskurve einer Abtastregelung mit

$$F_{oz}(z) = K_0 \frac{z-a}{z(z-1)\left(z-e^{-T/T_1}\right)} ;$$

$$a = 0{,}8033 ; \quad T = 1 ; \quad T_1 = 2 ; \quad e^{-T/T_1} = 0{,}6065$$

Da von den drei Polen des geschlossenen Kreises der reelle Pol bei z = 1 dominiert, weil er dem Einheitskreis am nächsten liegt, sind relativ gedämpfte und langsame Übergangsvorgänge zu erwarten. Daß dies in der Tat der Fall ist, zeigt ein Vergleich von Bild 5/7 mit Bild 4/16. Beide Bilder zeigen die Sprungantwort der Abtastregelung von Bild 4/14, und zwar für $T = T_t = 1$ und $T_1 = 2$. Bei Bild 4/16 ist jedoch der Streckenpol e^{-T/T_1} durch die Reglernullstelle a weggehoben. Sofern K_o nicht allzu klein ist, liegt dann ein dominantes konjugiert komplexes Polpaar des geschlossenen Kreises vor, das gegenüber einem dominanten reellen Pol schwächere Dämpfung der Übergangsvorgänge bewirkt.

Abschließend sei an eine Schwierigkeit erinnert, die dem Wurzelortsverfahren bei Abtastsystemen anhaftet und auf die bereits früher hingewiesen wurde. Beim Wurzelortsverfahren wird vorausgesetzt, daß die Pole und Nullstellen

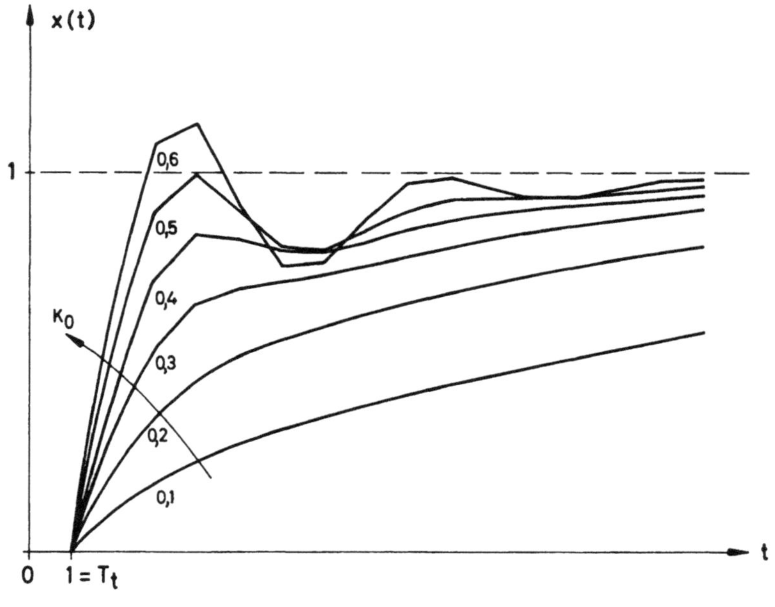

Bild 5/7 Sprungantworten der Abtastregelung aus Bild 5/6

des offenen Kreises bekannt sind, wie das bei kontinuierlichen Systemen in der Regel der Fall ist. Bei der Bildung der z-Transformierten des offenen Kreises aber erhält man zwar den Nenner in faktorisierter Form, nicht jedoch den Zähler. Bei Systemen höherer Ordnung sind daher die Nullstellen des offenen Kreises nach der z-Transformation nicht von vornherein bekannt, sondern müssen gegebenenfalls erst berechnet werden.

Aufgaben zum Kapitel 5: A8, A9, A10.

6. Entwurf auf endliche Einstellzeit

6.1 Entwurfsziel und geometrisches Prinzip

Die bisherige Behandlung der Abtastsysteme verlief im wesentlichen wie bei den kontinuierlichen Systemen. Aus der Analyse des Abtastvorganges ergab sich zwangsläufig die z-Transformation als geeignete Beschreibungsform des Systems in den Abtastzeitpunkten. Sie stellt das Pendant der allgemeinen Laplace-Transformation dar, und ihre Anwendung auf Abtastsysteme führt weitgehend (allerdings nicht vollständig) zu analogen Resultaten wie die Anwendung der Laplace-Transformation auf kontinuierliche Systeme. Hier sei nur an die z-Übertragungsfunktion und die Formeln für den geschlossenen Regelkreis erinnert. Auch die Stabilitätsuntersuchung, stets ein zentrales Problem der Regelungstechnik, verläuft in den gleichen Bahnen. Definition und Kriterien der Stabilität ergeben sich durch sinngemäße Übertragung der entsprechenden Begriffe bei kontinuierlichen Systemen. Schließlich lassen sich die klassischen Verfahren zur graphischen Stabilitätsuntersuchung von Regelkreisen grundsätzlich in der gewohnten Weise anwenden, wenn sie auch im konkreten Fall mehr Schwierigkeiten machen können.

In diesem Kapitel wollen wir den bisherigen Weg, der gewissermaßen parallel zu den kontinuierlichen Systemen läuft, verlassen und ein Syntheseverfahren betrachten, das es in dieser Form bei kontinuierlichen Systemen nicht gibt: Den Entwurf auf endliche Einstellzeit (dead beat response). In ihm liegt eine sehr interessante Möglichkeit der Abtastsysteme.

Beim Entwurf eines Regelkreises oder einer Steuerung besteht das Ziel vielfach darin, die Ausgangsgröße x(t) der Führungsgröße w(t) möglichst gut nachzuführen. Nach Führungsgrößenänderungen sollte die Ausgangsgröße den neuen Führungswert nach einer endlichen und möglichst nicht zu langen Zeit annehmen und festhalten. Bild 6/1 zeigt einen solchen Wunschverlauf in Kurve 1, wenn als Führungsgröße eine Sprungfunktion $w = W_o\sigma(t)$ aufgeschaltet wird. Nach der endlichen Zeit t_e ist hier der Führungswert erreicht. So naheliegend diese Forderung ist, durch konventionelle Regler, wie PI- und PID-Regler, ist sie nicht zu erfüllen. Vielmehr liefern diese Übergangsvorgänge nach Art der Kurven 2 und 3 im Bild 6/1, die erst für $t \to +\infty$ gegen den gewünschten Wert W_o streben (oder gegen einen etwas davon abweichenden Wert, wenn eine stationäre Regeldifferenz bleibt).

Allgemein wollen wir sagen, daß ein dynamisches System bezüglich eines gegebenen Sollverlaufs <u>endliche Einstellzeit</u> aufweist, wenn seine Ausgangsgröße diesen Sollverlauf nach endlicher Zeit annimmt und festhält. Endliche Einstellzeit läßt sich also durch konventionelle Regler nicht erreichen. Wohl aber ist dies mittels einer Abtastregelung möglich, indem man ein geeignet gewähltes Differenzengleichungsglied einführt, wie dies im folgenden beschrieben wird.

In der Wirklichkeit wird der Unterschied zwischen Abtastregler und konventionellen Reglern nicht so kraß sein, wie dies im Bild 6/1 skizziert ist. Einerseits wird die kontinuierliche Regelung den Führungswert nach einer gewissen endlichen Zeitspanne mit genügender Näherung erreichen. Auf der anderen Seite kann der Wert t_e bei der Abtastregelung aus gerätetechnischen Gründen nicht beliebig klein gemacht werden, wenngleich dies bei Abwesenheit von Totzeit theoretisch möglich ist. Diese Bemerkungen ändern jedoch nichts an der grundsätzlichen Verschiedenheit des

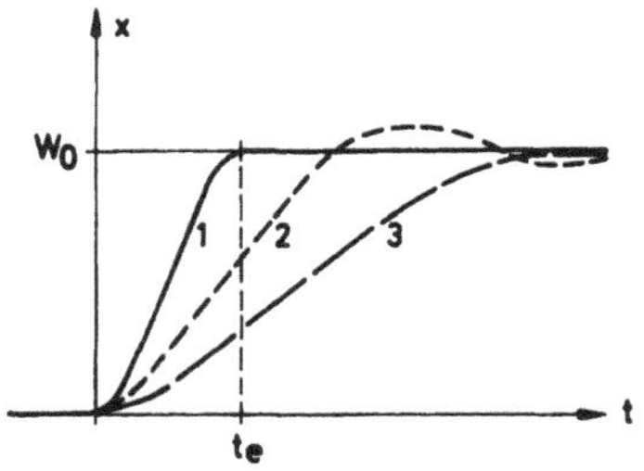

Bild 6/1 Zur Charakterisierung des Entwurfs auf endliche Einstellzeit

1 Entwurf auf endliche Einstellzeit

2,3 Übergangsvorgänge mit konventionellen Reglern

Entwurfs auf endliche Einstellzeit vom konventionellen Entwurf, die durchaus auch praktisch von Bedeutung sein kann.

Um zunächst das Prinzip zu erläutern, betrachten wir ein Verzögerungsglied 1. Ordnung (P-T_1-Glied), auf das die Eingangsgröße u(t) wirkt. Denkt man sich zum Zeitpunkt t = 0 einen Sprung der Höhe U_0 aufgeschaltet, so entsteht eine ansteigende e-Funktion, die im Bild 6/2 b) mit $x_0(t)$ bezeichnet ist. Sie wird zum Zeitpunkt t = T den Wert W_0 annehmen. Dann schießt sie über den Wert W_0 hinaus (unterbrochener Teil von $x_0(t)$). Um x auf dem Wert W_0 zu halten, muß man diesen Anteil von $x_0(t)$ kompensieren. Dazu denke man sich zum Zeitpunkt t = T eine weitere Sprungfunktion mit der negativen Sprunghöhe U_1 aufgeschaltet (unterbrochene Kurve im Bild 6/2 a). Sie allein würde die unterbrochen gezeichnete e-Funktion $x_1(t)$ im Bild 6/2 b) erzeugen. Bei richtiger Wahl von U_1 wird sich erreichen lassen, daß $x_1(t)$ gerade gleich dem unterbrochen gezeichneten Anteil von $x_0(t)$ ist, jedoch mit entgegengesetztem Vorzeichen, so daß sich beide Funktionen kompensieren. Denkt man sich daher die beiden Sprungfunktionen im Bild 6/2 a) überlagert,

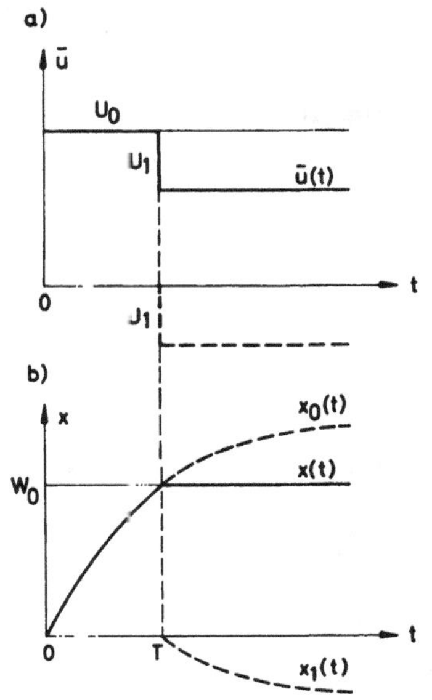

Bild 6/2 Bestimmung einer Stellfunktion ū(t), die bei einem Verzögerungsglied 1. Ordnung endliche Einstellzeit bewirkt

was zu der stark ausgezogenen Treppenfunktion ū(t) führt, so erzeugt diese die stark ausgezogene Funktion x(t) im Bild 6/2 b), die vom Zeitpunkt t = T ab mit dem Führungswert W_o identisch ist.

Um die Stellparameter U_o und U_1 richtig zu wählen, hat man lediglich die geometrischen Verhältnisse in Bild 6/2 rechnerisch zu fassen. Die weitere Untersuchung wollen wir aber sogleich in allgemeiner Form durchführen.

6.2 Herleitung und Lösung der Synthesegleichungen*)

Wir gehen von der Abtastregelung im Bild 6/3 aus. Die Strecke (einschließlich der Stelleinrichtung) sei durch die Übertragungsfunktion $R(s)e^{-T_t s}$ gegeben. Wie stets sei die Abtastperiode T so gewählt, daß $T_t = rT$, $r = 0,1,2,...,$ ist. In der rationalen Funktion R(s) sei der Zähler von niedrigerem Grad als der Nenner. Außerdem wollen wir vorerst annehmen, daß die Pole α_ν, $\nu = 1,...,n$, von R(s) einfach und $\neq 0$ sind. Diese Voraussetzung ist aber unwesentlich, und wir werden sie später fallen lassen.

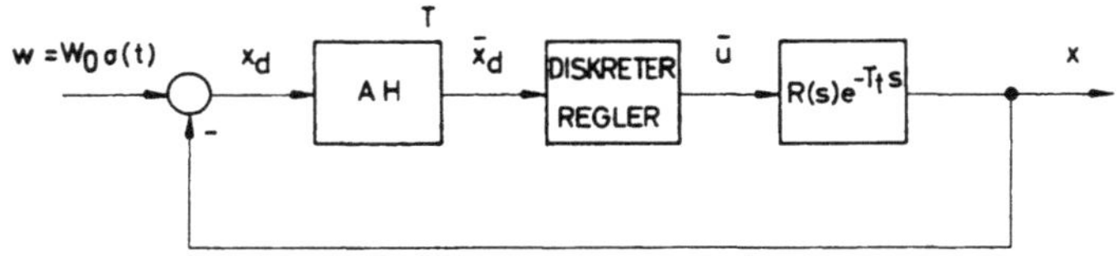

Bild 6/3 Auf endliche Einstellzeit zu entwerfende Abtastregelung
$T_t = rT$, $r = 0,1,2,...$

Für $t > T_t$ lautet dann die Sprungantwort der Strecke

$$h(t) = r_0 + \sum_{\nu=1}^{n} r_\nu e^{\alpha_\nu (t-T_t)} .$$

Die Zahlen r_0 und r_ν ergeben sich aus der Partialbruchzerlegung von

$$\frac{R(s)}{s} = \frac{r_0}{s} + \sum_{\nu=1}^{n} \frac{r_\nu}{s-\alpha_\nu}$$

*) G. SCHNEIDER: Über die Nachbildung und Untersuchung von Abtastsystemen auf einem elektrischen Analogrechner. Elektronische Rechenanlagen 2(1960), Seite 31-37.

O. FÖLLINGER: Synthese von Abtastsystemen im Zeitbereich. Regelungstechnik 13(1965), Seite 269-275.

und dürfen als bekannt angesehen werden. Insbesondere ist

$$r_o = R(0)$$

und darf deshalb als positiv angenommen werden. Zur Vereinfachung der Schreibweise ist es zweckmäßig, zusätzlich $\alpha_o = 0$ einzuführen. Dann kann man nämlich

$$h(t) = \sum_{\nu=0}^{n} r_\nu e^{\alpha_\nu (t-T_t)} , \quad t \geqq T_t, \tag{6.1}$$

schreiben.

Als Sollverlauf sei eine Sprungfunktion vorgegeben:

$$w = W_o \sigma(t) , \qquad W_o \neq 0 .$$

Für andere Sollverläufe, etwa Rampe oder Parabel, funktioniert das folgende Verfahren ganz entsprechend. Nur muß die Strecke (einschließlich der Stelleinrichtung) in der Lage sein, den gewünschten Sollverlauf bei Sprungaufschaltung grundsätzlich aus sich heraus zu erzeugen. Will man z.B. eine Rampe in endlicher Zeit einstellen, so muß in der Strecke ein I-Glied enthalten sein. Das ergibt sich unmittelbar aus den folgenden Betrachtungen.

Im obigen Beispiel eines Verzögerungsgliedes 1. Ordnung ist die Stellfunktion, die endliche Einstellzeit erzeugt, eine Treppenfunktion mit zwei Sprungstellen. In sinngemäßer Verallgemeinerung setzen wir bei einem System n-ter Ordnung die Stellfunktion als Treppenfunktion mit n+1 Sprungstellen an (Bild 6/4):

$$\bar{u}(t) = U_o \sigma(t) + U_1 \sigma(t-T) + \ldots + U_n \sigma(t-nT) = \sum_{\lambda=0}^{n} U_\lambda \sigma(t-\lambda T) . \tag{6.2}$$

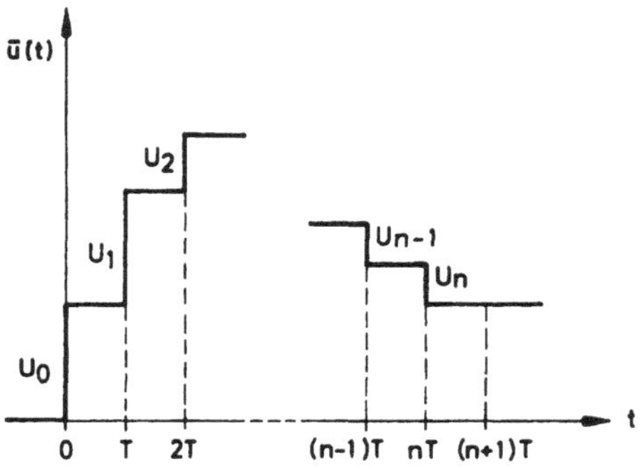

Bild 6/4 Stellfunktion für endliche Einstellzeit bei einem System n-ter Ordnung

Für $t > nT$ ist $\bar{u}(t)$ also konstant. Die Sprunghöhen U_λ sind freie Parameter, die so gewählt werden sollen, daß nach endlicher Zeit $x(t) \equiv W_o$ ist.

Die Frage, wie eine solche Stellfunktion im Regelkreis erzeugt werden kann, wollen wir vorerst ignorieren. Zunächst geht es nur darum, wie man die U_λ zu bestimmen hat, um endliche Einstellzeit zu erreichen. Um das zu erkennen, muß man offensichtlich die durch $\bar{u}(t)$ erzeugte Ausgangsgröße $x(t)$ der Strecke berechnen.

Nach (6.2) ist

$$x(t) = \sum_{\lambda=0}^{n} U_\lambda h(t-\lambda T)$$

und damit nach (6.1)

$$x(t) = \sum_{\lambda=0}^{n} U_\lambda \sum_{\nu=0}^{n} r_\nu e^{\alpha_\nu (t-\lambda T-T_t)} .$$

Der letztere Ausdruck gilt allerdings nur dann, wenn wirklich alle Terme vorhanden sind, also für

$$t \geqq nT + T_t = (n+r)T .$$

Aus ihm wird

$$x(t) = \sum_{\lambda=0}^{n} U_\lambda \sum_{\nu=0}^{n} r_\nu e^{\alpha_\nu (t-T_t)} e^{-\lambda\alpha_\nu T}$$

und durch Vertauschung der Summen

$$x(t) = \sum_{\nu=0}^{n} r_\nu e^{\alpha_\nu (t-T_t)} \left(\sum_{\lambda=0}^{n} e^{-\lambda\alpha_\nu T} U_\lambda \right), \quad t \geqq (n+r)T \; .$$

Endliche Einstellzeit ist dann erreicht, wenn dieser Ausdruck gleich W_o gemacht werden kann. Ausführlich geschrieben läuft dies, bei Berücksichtigung von $\alpha_o = 0$, auf die folgende Forderung hinaus:

$$r_o \sum_{\lambda=0}^{n} U_\lambda + r_1 e^{\alpha_1 (t-T_t)} \left(\sum_{\lambda=0}^{n} e^{-\lambda\alpha_1 T} U_\lambda \right) + \ldots$$

$$\ldots + r_n e^{\alpha_n (t-T_t)} \left(\sum_{\lambda=0}^{n} e^{-\lambda\alpha_n T} U_\lambda \right) = W_o$$

für alle $t \geqq (n+r)T$.

Diese Forderung ist genau dann erfüllt, wenn der konstante Term auf der linken Seite gleich W_o ist, während die Koeffizienten der e-Funktionen Null sind:

$$r_o \sum_{\lambda=0}^{n} U_\lambda = W_o \; ,$$

$$\sum_{\lambda=0}^{n} e^{-\lambda\alpha_1 T} U_\lambda = 0 \; ,$$

$$\vdots$$

$$\sum_{\lambda=0}^{n} e^{-\lambda\alpha_n T} U_\lambda = 0 \; .$$

Setzt man abkürzend

$$e^{-\alpha_\nu T} = \gamma_\nu , \qquad \nu = 1,\dots,n, \tag{6.3}$$

so ist

$$e^{-\lambda\alpha_\nu T} = \left(e^{-\alpha_\nu T}\right)^\lambda = \gamma_\nu^\lambda ,$$

womit man die obigen Beziehungen ausführlich so schreiben kann:

$$\left.\begin{aligned} U_o + U_1 + U_2 + \dots + U_n &= \frac{W_o}{r_o} , \\ U_o + \gamma_1 U_1 + \gamma_1^2 U_2 + \dots + \gamma_1^n U_n &= 0 , \\ &\vdots \\ U_o + \gamma_n U_1 + \gamma_n^2 U_2 + \dots + \gamma_n^n U_n &= 0 . \end{aligned}\right\} \tag{6.4}$$

Die γ_ν darf man hierin als verschieden annehmen. Falls nämlich zwei γ_ν gleich sind, etwa $\gamma_\mu = \gamma_\nu$, so muß

$$e^{-\alpha_\mu T} = e^{-\alpha_\nu T}$$

oder

$$e^{(\alpha_\nu - \alpha_\mu)T} = 1$$

gelten. Daraus folgt

$$(\alpha_\nu - \alpha_\mu)T = k2\pi j, \qquad k \text{ beliebig ganz},$$

oder

$$\alpha_\nu - \alpha_\mu = k \frac{2\pi}{T} j .$$

Zwei γ_ν können also nur dann gleich sein, wenn die zugehörigen α_ν nichtreell sind (sie sind ja als verschieden vorausgesetzt), den gleichen Realteil aufweisen und ihre Imaginärteile sich um ein ganzes Vielfaches von $\frac{2\pi}{T}$ unterscheiden. Wie man sieht, handelt es sich um einen ganz speziellen Fall, der durch geeignete Wahl von T sofort vermieden werden kann.

In (6.4) hat man ein System von n+1 linearen Gleichungen für die n+1 noch unbestimmten Parameter $U_o, U_1, \ldots, U_n$. Sie seien als <u>Synthesegleichungen</u> bezeichnet. Löst man sie nach den U_λ auf und baut aus den so erhaltenen Werten die Stellfunktion $\bar{u}(t)$ gemäß (6.2) auf, so erzeugt diese eine Ausgangsgröße x(t), die nach der endlichen Zeitspanne

$$t_e = (n+r)T = T_t + nT$$

den Wert W_o annimmt und festhält.

Die Synthesegleichungen lassen sich in der üblichen Weise numerisch lösen, da unter den angegebenen Voraussetzungen ihre Determinante $\neq 0$ ist. Bemerkenswerterweise läßt sich die <u>Lösung der Synthesegleichungen</u> (6.4) aber auch sehr einfach formelmäßig darstellen. Die spezielle Struktur dieses Gleichungssystems, bei dem die Koeffizienten einer Gleichung die aufeinanderfolgenden Potenzen einer festen Zahl γ_ν (bei der ersten Gleichung $\gamma_o = 1$) sind, legt es nämlich nahe, das Polynom

$$P(v) = U_o + U_1 v + U_2 v^2 + \ldots + U_n v^n \tag{6.5}$$

zu betrachten, wobei v eine komplexe Variable ist. Dann kann man die Synthesegleichungen (6.4) in der folgenden Form schreiben:

$$P(1) = \frac{W_o}{r_o} ,$$

$$P(\gamma_1) = 0 \; ,$$
$$\vdots$$
$$P(\gamma_n) = 0 \; .$$

Das heißt aber: P(v) ist ein Polynom, welches die Nullstellen $\gamma_1, \gamma_2, \ldots, \gamma_n$ hat und überdies bei v = 1 den Wert W_o/r_o annimmt. Dadurch ist P(v) eindeutig festgelegt. Nach dem Fundamentalsatz der Algebra ist nämlich zunächst

$$P(v) = C(v-\gamma_1)(v-\gamma_2) \; \ldots \; (v-\gamma_n) \; . \tag{6.6}$$

Der Koeffizient C folgt dann weiter aus der Bedingung $P(1) = W_o/r_o$:

$$C(1-\gamma_1)(1-\gamma_2) \; \ldots \; (1-\gamma_n) = \frac{W_o}{r_o} \; ,$$

woraus

$$C = \frac{W_o}{r_o(1-\gamma_1)(1-\gamma_2)\ldots(1-\gamma_n)} \tag{6.7}$$

folgt. Dabei ist vorausgesetzt, daß

$$\gamma_\nu = e^{-\alpha_\nu T} \neq 1 \; , \qquad \nu = 1,2,\ldots,n. \tag{6.8}$$

Durch (6.7) ist C bekannt.

Multipliziert man nun in (6.6) aus und vergleicht die so entstehenden Koeffizienten mit denen in der Darstellung (6.5) des gleichen Polynoms, so erhält man die Unbekannten U_λ :

$$\left.\begin{aligned}
U_n &= C\,, \\
U_{n-1} &= -C(\gamma_1+\gamma_2+\ldots+\gamma_n)\,, \\
U_{n-2} &= C(\gamma_1\gamma_2+\gamma_1\gamma_3+\ldots+\gamma_1\gamma_n+\gamma_2\gamma_3+\gamma_2\gamma_4+\ldots+\gamma_{n-1}\gamma_n)\,, \\
&\vdots \\
U_1 &= (-1)^{n-1}C(\gamma_1\gamma_2\ldots\gamma_{n-1}+\gamma_1\gamma_2\ldots\gamma_{n-2}\gamma_n+\ldots+\gamma_2\gamma_3\ldots\gamma_n)\,, \\
U_0 &= (-1)^n C\ \gamma_1\gamma_2\ldots\gamma_n\,.
\end{aligned}\right\} \tag{6.9}$$

Damit sind die Synthesegleichungen gelöst, sofern die Ungleichungen (6.8) erfüllt sind. Wie oben bereits erwähnt, ist dies durch geeignete Wahl der Abtastperiode stets erreichbar.

Es läßt sich zeigen, daß die Formeln (6.9) auch dann die Parameter U_λ der Stellfunktion für endliche Einstellzeit liefern, wenn die Strecke mehrfache Pole sowie den (eventuell ebenfalls mehrfachen) Pol $s = 0$ aufweist. Nur C ist dann anders.*) Man erhält so den Satz:

Die Pole der rationalen Funktion R(s) im Bild 6/3 seien $\alpha_1,\ldots,\alpha_n$, wobei jeder Pol so oft aufgeführt ist, wie seine Ordnung angibt. Dann erhält man die Parameter $U_0,\ldots,U_n$ der Stellfunktion $\bar{u}(t)$ (Bild 6/4), welche x(t) in der Zeit $t_e = T_t + nT$ auf den Wert W_o bringt und dort hält, aus der Identität (6.10)

$$C\prod_{\nu=1}^{n}(v-\gamma_\nu) \equiv \sum_{\lambda=0}^{n} U_\lambda v^\lambda$$

durch Koeffizientenvergleich. Für die

*) Siehe hierzu O. FÖLLINGER: Synthese von Abtastsystemen im Zeitbereich. Regelungstechnik 13(1965), Seite 269-275.

U_λ gelten daher die Formeln (6/9).
Dabei ist

$$\gamma_\nu = e^{-\alpha_\nu T}, \quad \nu = 1,\dots,n.$$

Ist q die Ordnung des Pols O und

$$r_q = \lim_{s \to 0} s^q R(s) ,$$

so ist

$$C = \frac{(-1)^n W_o}{r_q T^q} \frac{1}{(\gamma_{q+1}-1)\dots(\gamma_n-1)} .$$

Die Abtastperiode T sei hierbei so gewählt, daß $\gamma_{q+1},\dots,\gamma_n \neq 1$ sind. (6.10)

Es bleibt die Frage zu beantworten, wie die Stellfunktion für endliche Einstellzeit im Regelkreis erzeugt wird, wie also der Regler zu wählen ist, der sie hervorbringt.

6.3 Berechnung des Reglers für endliche Einstellzeit

Man geht davon aus, daß mit $\bar{u}(t)$ auch die Ausgangsgröße x(t) der Strecke bekannt ist (Bild 6/3). Mit dieser kennt man weiter die Regeldifferenz $x_d(t) = W_o - x(t)$ und damit schließlich die Treppenfunktion $\bar{x}_d(t)$. Im Bild 6/5 sind die beiden Funktionen x(t) und $x_d(t)$ skizziert.

Der Regler ist nunmehr festgelegt: Er muß die bekannte Treppenfunktion $\bar{x}_d(t)$ in die ebenfalls bekannte Treppenfunktion $\bar{u}(t)$ verwandeln. Damit ist seine Übertragungsfunktion

$$G_d(s) = \frac{\bar{U}(s)}{\bar{X}_d(s)} . \tag{6.11}$$

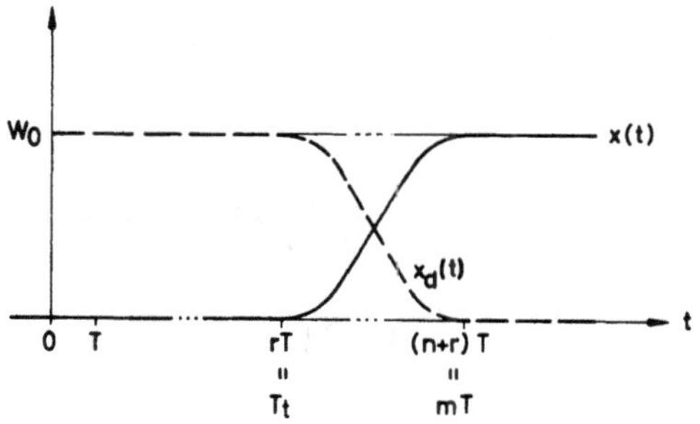

Bild 6/5 Übergangsvorgänge in der auf endliche Einstellzeit entworfenen Abtastregelung von Bild 6/3

Hierin ist wegen (6.2)

$$\bar{U}(s) = \frac{1}{s}\left[U_0+U_1e^{-Ts}+\ldots+U_ne^{-nTs}\right] = \frac{1}{s}\sum_{\lambda=0}^{n} U_\lambda v^\lambda \ , \qquad (6.12)$$

wenn man abkürzend

$$v = e^{-Ts}$$

setzt. Nach (6.10) kann das v-Polynom in Produktform dargestellt werden:

$$\bar{U}(s) = \frac{1}{s}\,C\prod_{\nu=1}^{n}(v-\gamma_\nu)$$

oder

$$\bar{U}(s) = \frac{1}{s}\,C(-1)^n\prod_{\nu=1}^{n}\gamma_\nu\prod_{\nu=1}^{n}\left(1-\frac{v}{\gamma_\nu}\right) .$$

Nach (6.9) läßt sich hierfür kürzer

$$\bar{U}(s) = \frac{1}{s}\,U_0\prod_{\nu=1}^{n}\left(1-\frac{v}{\gamma_\nu}\right) \qquad (6.13)$$

schreiben.

Setzt man

$$n + r = m ,$$

so ist weiterhin die zu $x_d(t)$ gehörende Treppenfunktion

$$\bar{x}_d(t) = x_{do}\sigma(t) + (x_{d1}-x_{do})\sigma(t-T) +$$

$$+ (x_{d2}-x_{d1})\sigma(t-2T) +\ldots+ (x_{dm}-x_{d,m-1})\sigma(t-mT) ,$$

da für $t \geqq mT$ $x_d(t) \equiv 0$ ist. Ausdrücklich sei vermerkt, daß die $x_{d\nu}$ Funktionswerte sind und keine Sprunghöhen. Also ist

$$\bar{X}_d(s) = \frac{1}{s}\left[x_{do}+(x_{d1}-x_{do})e^{-Ts}+(x_{d2}-x_{d1})e^{-2Ts}+\ldots\right.$$

$$\left.\ldots+ (x_{dm}-x_{d,m-1})e^{-mTs}\right] \qquad (6.14)$$

oder

$$\bar{X}_d(s) = \frac{1}{s}\left[x_{do}(1-v)+x_{d1}(v-v^2)+\ldots+x_{d,m-1}(v^{m-1}-v^m)+x_{dm}v^m\right].$$

Wie man aus Bild 6/5 abliest, ist $x_{do} = W_o$ und $x_{dm} = 0$. Daher wird

$$\bar{X}_d(s) = \frac{1}{s}(1-v)\left[W_o+x_{d1}v+\ldots+x_{d,m-1}v^{m-1}\right]. \qquad (6.15)$$

Setzt man (6.12) und (6.14) bzw. (6.13) und (6.15) in (6.11) ein, so erhält man die Übertragungsfunktion des Reglers, der endliche Einstellzeit bewirkt:

$$G_d(e^{Ts}) = \frac{U_o+U_1e^{-Ts}+\ldots+U_ne^{-nTs}}{x_{do}+(x_{d1}-x_{do})e^{-Ts}+\ldots+(x_{dm}-x_{d,m-1})e^{-mTs}} \qquad (6.16)$$

bzw.

$$G_d(e^{Ts}) = \frac{U_0(1-\gamma_1^{-1}e^{-Ts})\ldots(1-\gamma_n^{-1}e^{-Ts})}{(1-e^{-Ts})\left(W_0+x_{d1}e^{-Ts}+\ldots+x_{d,m-1}e^{-(m-1)Ts}\right)} \,. \quad (6.17)$$

Es handelt sich also um einen diskreten Regler, d.h. einen Regler, der durch eine Differenzengleichung beschrieben wird. Die "Summendarstellung" (6.16) kann unmittelbar in einen Algorithmus übersetzt werden, wenn der Regler im Prozeßrechner realisiert werden soll.

Nun ein Zahlenbeispiel zum Entwurf auf endliche Einstellzeit: Bild 6/6. Der rationale Anteil R(s) der Strecke ist von 2. Ordnung und weist P-Verhalten auf. Seine Pole sind

$$\alpha_1 = -1 \,, \quad \alpha_2 = -0{,}5 \,,$$

so daß

$$\gamma_1 = e^{-\alpha_1 T} = e = 2{,}718 \,,$$

$$\gamma_2 = e^{-\alpha_2 T} = e^{0{,}5} = 1{,}649 \,.$$

Weiterhin ist

$$r_0 = R(0) = 1 \,.$$

Berücksichtigt man noch $W_0 = 1$, so folgt aus (6.7)

$$C = \frac{1}{(1-\gamma_1)(1-\gamma_2)} = 0{,}897 \,.$$

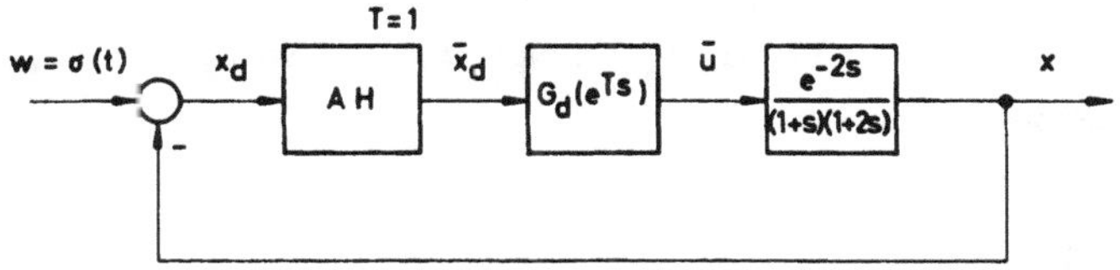

Bild 6/6 Beispiel zum Entwurf auf endliche Einstellzeit

Damit wird nach (6.9)

$$U_o = C\gamma_1\gamma_2 = 4{,}021 \; ,$$

$$U_1 = -C(\gamma_1+\gamma_2) = -3{,}918 \; ,$$

$$U_2 = C = 0{,}897 \; ,$$

also

$$\bar{u}(t) = 4{,}021\sigma(t) - 3{,}918\sigma(t-1) + 0{,}897\sigma(t-2) \; .$$

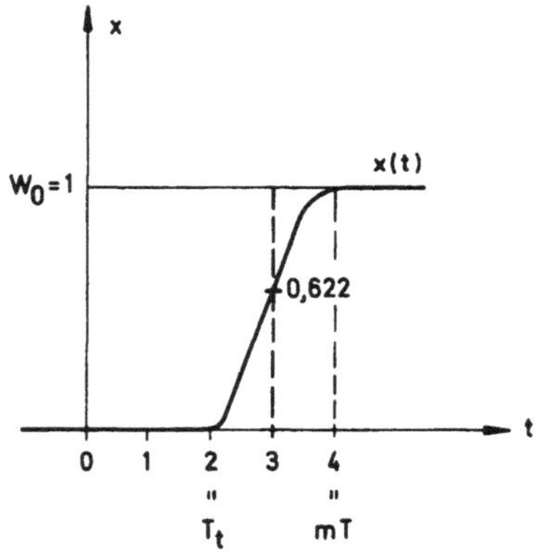

Bild 6/7 Grundsätzlicher Verlauf von x(t) bei der Abtastregelung aus Bild 6/6

Auch die Werte von x_{dk} sind im vorliegenden Fall leicht zu erhalten. Wie man aus dem Bild 6/7 ersieht, ist $x(t) \equiv 0$ für $t \leqq 2$ und $\equiv 1$ für $t \geqq 4$, da die Strecke ja die Totzeit $T_t = 2$ hat und von 2. Ordnung ist. So bleibt allein der Wert von x(t) an der Stelle t = 3 zu ermitteln. Zu diesem Zeitpunkt ist aber allein die erste aufgeschaltete Sprungfunktion von der Höhe U_o wirksam. Diese erzeugt die Ausgangsgröße

$$U_o h_R(t) = U_o\left(1+e^{-t}-2e^{-\frac{1}{2}t}\right) ,$$

wobei also $h_R(t)$ die Sprungantwort des rationalen Anteils

$$R(s) = \frac{1}{(1+s)(1+2s)}$$

ist. Um $x_3 = x(3)$ zu erhalten, hat man $U_o h_R(t)$ an der Stelle $t = 1$ zu nehmen:

$$x_3 = 4{,}021 \cdot h_R(1) = 0{,}622 \ .$$

Aus Bild 6/7 folgt nun wegen $x_d(t) = 1 - x(t)$:

$$x_{do} = x_{d1} = x_{d2} = W_o = 1 \ ,$$

$$x_{d3} = 1 - 0{,}622 = 0{,}378 \ ,$$

$$x_{d4} = x_{d5} = \ldots = 0 \ .$$

Aus (6.16) bzw. (6.17) folgt jetzt für die Übertragungsfunktion des diskreten Reglers, der die endliche Einstellzeit $t_e = 4$ bewirkt:

$$G_d(e^{Ts}) = \frac{4{,}021-3{,}918e^{-s}+0{,}897e^{-2s}}{1-0{,}622e^{-3s}-0{,}378e^{-4s}} \qquad (6.18)$$

bzw.

$$G_d(e^{Ts}) = \frac{4{,}021(1-0{,}368e^{-s})(1-0{,}607e^{-s})}{(1-e^{-s})(1+e^{-s}+e^{-2s}+0{,}378e^{-3s})} \ . \qquad (6.19)$$

Aus (6.18) ergibt sich der zugehörige <u>Algorithmus für endliche Einstellzeit</u>. Zunächst ist

$$\bar{U}(s)\left(1-0{,}622e^{-3s}-0{,}378e^{-4s}\right)=\bar{X}_d(s)\left(4{,}021-3{,}918e^{-s}+0{,}897e^{-2s}\right).$$

Im Zeitbereich lautet diese Beziehung

$$\bar{u}(t) = 4{,}021\bar{x}_d(t) - 3{,}918\bar{x}_d(t-1) + 0{,}897\bar{x}_d(t-2) + 0{,}622\bar{u}(t-3) + $$
$$+ 0{,}378\bar{u}(t-4) \; .$$

Bezeichnet man die Werte der Treppenfunktion $\bar{x}_d(t)$ und $\bar{u}(t)$ in den einzelnen Abtastintervallen wie schon früher mit x_{dk} und u_k, so kann man dafür kürzer schreiben:

$$u_k = 4{,}021x_{dk} - 3{,}918x_{d,k-1} + 0{,}897x_{d,k-2} + 0{,}622u_{k-3} + 0{,}378u_{k-4} \; .$$

Das Bild 6/8 zeigt einen Rechnerschrieb der Stellfunktion und der Ausgangsgröße dieser Abtastregelung. Wie man sieht, ist der Betrag der Stellfunktion durchaus realistisch und der Verlauf der Regelgröße vor Erreichen der endlichen Einstellzeit monoton. Das folgt nicht von selbst aus dem Entwurf auf endliche Einstellzeit, darf aber bei reinen Verzögerungsstrecken erwartet werden.

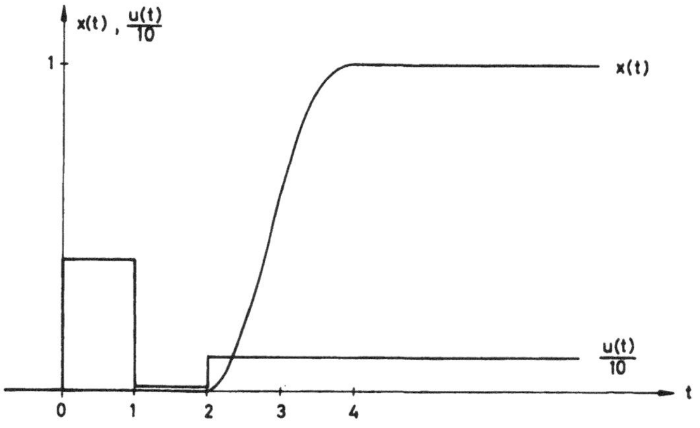

Bild 6/8 Stellfunktion und Regelgröße der Abtastregelung aus Bild 6/6

6.4 Anwendungsbeispiel: Umsetzvorgang eines Förderkorbs

Zwar wird Steinkohle heutzutage anders gefördert, aber das an diesem Beispiel geschilderte Verfahren kann generell angewandt werden, wenn die Ausgangsgröße eines dynamischen Systems nach einem Führungssprung in vorgegebener Zeit einen gewünschten Wert annehmen und festhalten soll.

Zunächst sei die Aufgabenstellung beschrieben. Es handelt sich um einen Förderkorb in einem Steinkohlenbergwerk (Bild 6/9). Der Korb hängt an einem Seil, das über die Seil oder Treibscheibe läuft. Diese wird durch einen thyristorgesteuerten Gleichstrommotor angetrieben, der drehzahlgeregelt und mit einer unterlagerten Ankerstromregelung versehen ist. Die Zeitkonstanten der geschlossenen Drehzahlregelung sind so klein, daß sie gegenüber dem Zeitverhalten des mechanischen Systems Treibscheibe-Seil-Förderkorb vernachlässigt werden können. Weiterhin darf diese Drehzahlregelung als starr gegenüber Störungen angesehen werden, die von der Treibscheibe ausgehen. Dadurch ist gesichert, daß die Körbe, die an dem gleichen Seil hängen, sich nicht gegenseitig beeinflussen. Denn eine gegenseitige Beeinflussung würde eine Pendelung des Seiles hervorrufen, die eine Pendelung der Treibscheibe zur Folge hätte, was eben durch die Drehzahlregelung verhindert wird. Man darf sich daher auf die Betrachtung des einen Korbes beschränken. Dabei ist angenommen, daß kein Schlupf zwischen Seil und Scheibe auftritt.

Der Förderkorb besteht aus mehreren Stockwerken, in welche die mit Kohle beladenenen Waggons eingeschoben werden. Ist ein Stockwerk mit Waggons besetzt, wird der Förderkorb um ein Stockwerk nach oben verschoben. Dieser "Umsetzbetrieb" soll nun genauer untersucht werden. Die Verschiebung um die Höhe W_O eines Stockwerks beansprucht natürlich eine gewisse Zeit. Diese Umsetzzeit T_U ist vorgegeben. Nach der Zeitspanne T_U muß der Umsetzvorgang beendet sein, der Korb

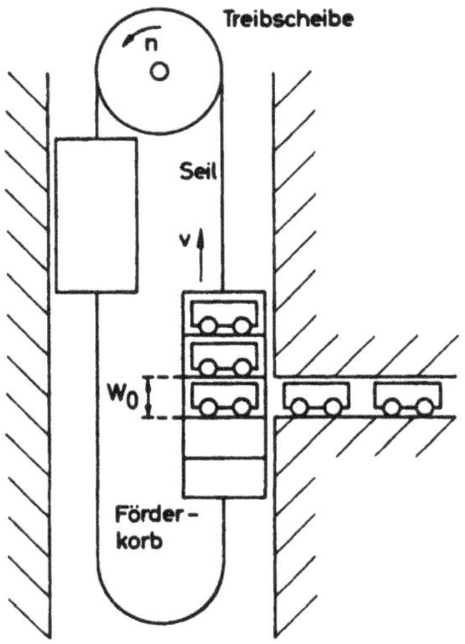

Bild 6/9 Prinzipielle Anordnung beim Umsetzbetrieb eines Förderkorbs in einem Steinkohlenbergwerk

muß also in Ruhe sein, um ein störungsfreies Einfahren der Waggons zu ermöglichen. Hier beginnt nun die Schwierigkeit. Das Seil ist elastisch und das System Seil-Korb kann eine Schwingung in der Längsrichtung ausführen, die nahezu ungedämpft ist. Überdies hat es unter Umständen eine außerordentliche Länge, etwa bis zur Größenordnung von 1000 m. Um nun den Korb in der vorgegebenen, relativ kurzen Umsetzzeit um ein Stockwerk verschieben zu können, ist es erforderlich, dem Seil einen kräftigen Ruck zu geben. Darauf aber reagiert es wegen seiner elastischen Eigenschaften mit einer nahezu ungedämpften Schwingung, deren Amplitude so groß sein kann, daß ein bruchfreies Einfahren der Waggons nicht möglich ist (in einem konkreten Fall z.B. bis 30 cm).

Um zu einer Lösung zu kommen, ist als erstes das dynamische Verhalten des Systems zu analysieren. Geht man von der Drehzahlregelung des Antriebsmotors der Treibscheibe aus, so ist deren Eingangsgröße eine Sollwertspannung u_S, ihre Ausgangsgröße die Drehzahl n des Motors, die, wenn man von vernachlässigbaren Torsionsschwingungen der Antriebswelle absieht, gleich der Drehzahl der Treibscheibe ist. Da das Zeitverhalten der Drehzahlregelung gegenüber dem Zeitverhalten des mechanischen Systems unberücksichtigt bleiben darf, kann der Zusammenhang zwischen u_S und n durch ein Proportionalglied wiedergegeben werden: Block 1 im Bild 6/10. Wie schon bemerkt, stellt das Seil mit dem daran hängenden Korb ein schwingungsfähiges System dar.

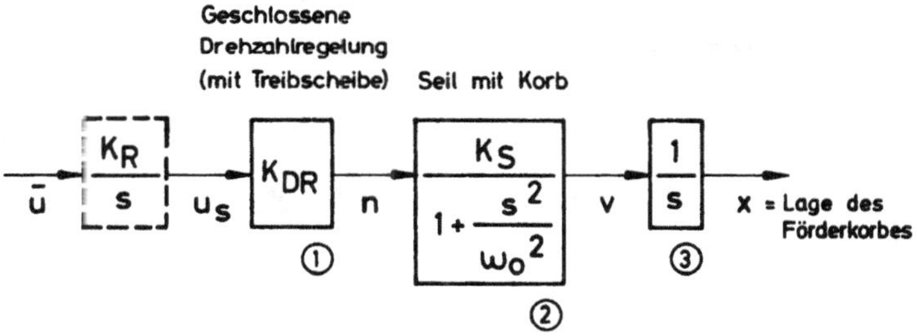

Bild 6/10 Dynamisches Verhalten des Umsetzvorgangs aus Bild 6/9

Wie die genauere Untersuchung zeigt, kann es mit guter Näherung durch ein gewöhnliches ungedämpftes Schwingungsglied beschrieben werden. Somit ist seine Übertragungsfunktion, die den Zusammenhang zwischen der Drehzahl n der Treibscheibe und der Geschwindigkeit v des Förderkorbes herstellt:

$$G(s) = \frac{K_S}{1+s^2/\omega_0^2} \cdot$$

Die Eigenfrequenz ω_0 des Systems Seil-Korb ist durch

$$\omega_0 = \sqrt{\frac{c}{Lm}} \tag{6.20}$$

gegeben, worin L die Seillänge von der Treibscheibe bis zum Korb, m die Korbmasse und c eine bekannte Konstante ist. Der Parameter ω_0 ist also für verschiedene Umsetzvorgänge verschieden. Man hat jetzt Block 2 im Bild 6/10. Schließlich wird der Übergang von der Korbgeschwindigkeit v zur Lage x des Korbes durch ein Integrierglied wiedergegeben (Block 3). x(t) soll nach der vorgegebenen Zeit T_U den Wert W_o annehmen und festhalten.

Die Blöcke 1 bis 3 im Bild 6/10 beschreiben das dynamische Verhalten der vorliegenden Strecke mit genügender Genauigkeit. Wie man sieht, ist es recht unangenehm, da alle drei Pole der Strecke auf der imaginären Achse liegen, nämlich in 0, $j\omega_o$, $-j\omega_o$. Es ist aussichtslos, mit einem konventionellen Regler die gewünschte kurze Einstellzeit T_U zu erreichen. Andererseits legt es die Aufgabenstellung nahe, statt einer Regelung eine Steuerung zu wählen und diese nach Abtastmanier auf die endliche Einstellzeit T_U zu entwerfen.

Dabei ist jedoch eines zu bedenken. Wenn man das in den vorigen Abschnitten beschriebene Verfahren ohne weiteres anwendet, ist u_S als Treppenfunktion vorzugeben. Da n zu u_S proportional ist, müßte dann die Drehzahl der Treibscheibe ebenfalls eine Treppenfunktion sein, sich also sprungförmig ändern. Das ist natürlich ausgeschlossen. Aus diesem Grund wird dem System ein Integrator vorgeschaltet. Im Bild 6/10 ist dies der nicht numerierte Block am Anfang der Steuerkette. Er gehört also nicht zur Strecke, sondern bereits zur Steuereinrichtung. Schaltet man auf ihn eine Treppenfunktion $\bar{u}(t)$, so ist u_S und damit n stetig und setzt sich aus Rampenstücken zusammen, wodurch ein realisierbarer Bewegungsablauf entsteht.

Für den Entwurf auf endliche Einstellzeit hat man somit ein System mit der Übertragungsfunktion

$$R(s) = \frac{V}{s^2(1+s^2/\omega_o^2)} , \quad V = K_R K_{DR} K_S , \qquad (6.21)$$

vor sich. Da es von 4. Ordnung ist, muß die Treppenfunktion u(t) aus 4 Impulsen der Breite T bestehen. Zum Zeitpunkt $t_e = 4T$ wird dann x(t) auf dem gewünschten Wert W_o sein und dort bleiben. Da andererseits $t_e = T_U$ vorgegeben ist, muß

$$T = \frac{1}{4} T_U \qquad (6.22)$$

sein. Damit ist die Abtastperiode T festgelegt.

Gemäß (6.21) liegt ein System mit Doppel-I-Verhalten vor, so daß also q aus (6.10) gleich 2 ist. Die Pole des Systems sind

$$\alpha_1 = \alpha_2 = 0 , \quad \alpha_{3,4} = \pm j\omega_o .$$

Infolgedessen ist

$$\gamma_1 = \gamma_2 = 1 , \quad \gamma_{3,4} = e^{\pm j\omega_o T}$$

und damit

$$\gamma_3\gamma_4 = 1 , \quad \gamma_3 + \gamma_4 = 2\cos\omega_o T .$$

Gemäß (6.10) ist weiter

$$r_q = \lim_{s \to 0} s^2 R(s) = \lim_{s \to 0} \frac{V}{1+s^2/\omega_o^2} = V$$

und damit

$$C = \frac{W_o}{VT^2} \frac{1}{(\gamma_3-1)(\gamma_4-1)} = \frac{W_o}{2VT^2} \frac{1}{1-\cos\omega_o T} . \qquad (6.23)$$

Die Steuerparameter U_λ, $\lambda = 0,\ldots,4$, kann man nun gemäß (6.10) durch Koeffizientenvergleich erhalten:

$$U_o + U_1 v + U_2 v^2 + U_3 v^3 + U_4 v^4 = C(v-1)(v-1)(v-\gamma_3)(v-\gamma_4) =$$

$$= C(v^2-2v+1)(v^2-2v\cos\omega_o T+1) =$$

$$= C\left[v^4-2(1+\cos\omega_o T)v^3+2(1+2\cos\omega_o T)v^2-2(1+\cos\omega_o T)v+1\right] .$$

Daraus folgt

$$U_o = C , \tag{6.24}$$

$$U_1 = -2C(1+\cos\omega_o T) , \tag{6.25}$$

$$U_2 = 2C(1+2\cos\omega_o T) , \tag{6.26}$$

$$U_3 = -2C(1+\cos\omega_o T) ,$$

$$U_4 = C .$$

Man erkennt zunächst, daß $U_3 = U_1$ und $U_4 = U_o$, die Steuerfunktion $\bar{u}(t)$ also symmetrisch zu ihrer Mittellinie ist. Setzt man weiter C gemäß (6.23) ein, so wird

$$U_1 = \frac{W_o}{VT^2}\frac{\cos\omega_o T+1}{\cos\omega_o T-1} = \frac{W_o}{VT^2}\frac{(\cos\omega_o T-1)+2}{\cos\omega_o T-1} =$$

$$= \frac{W_o}{VT^2} - \frac{2W_o}{VT^2}\frac{1}{1-\cos\omega_o T} ,$$

also

$$U_1 = \frac{W_o}{VT^2} - 4U_o .$$

Ganz entsprechend erhält man

$$U_2 = -\frac{2W_o}{VT^2} + 6U_o .$$

Berücksichtigt man noch (6.22), so ergibt sich als endgültige Form der Steuerparameter:

$$U_o = \frac{8W_o}{VT_U^2} \frac{1}{1-\cos(\omega_o T_U/4)} , \tag{6.27}$$

$$U_1 = \frac{16W_o}{VT_U^2} - 4U_o , \tag{6.28}$$

$$U_2 = - \frac{32W_o}{VT_U^2} + 6U_o , \quad U_3 = U_1 , \quad U_4 = U_o . \tag{6.29}$$

Es wurde schon gesagt, daß der Parameter ω_o bei verschiedenen Umsetzvorgängen verschieden ist. Je nach dem Wert von ω_o erhält man drei verschiedene Typen von Steuerfunktionen $\bar{u}(t)$. Sie sind zusammen mit den zugehörigen Funktionen $u_S(t)$ (proportional zu n) und x(t) im Bild 6/11 dargestellt.

U_o als Höhe des ersten Steuerimpulses muß positiv sein, wie auch aus (6.27) hervorgeht. Nach (6.24) ist dann auch C positiv. Daraus folgt gemäß (6.25), daß U_1 negativ oder Null ist. Hingegen ist aus (6.26) zu ersehen, daß U_2 positiv, negativ oder Null sein kann. Dadurch sind die drei Fälle der Steuerfunktion unterschieden. Der Fall I im Bild 6/11, den man als Normalfall ansehen wird, liegt dann vor, wenn $U_2 < 0$ ist. Nach (6.26) bedeutet dies

$$1 + 2\cos\omega_o T < 0 \quad \text{oder} \quad \cos \frac{\omega_o T_U}{4} < - \frac{1}{2} .$$

Entsprechend erhält man für die beiden anderen Fälle die Bedingungen

$$\cos \frac{\omega_o T_U}{4} = -\frac{1}{2} \quad \text{(Fall II)},$$

$$\cos \frac{\omega_o T_U}{4} > -\frac{1}{2} \quad \text{(Fall III)}.$$

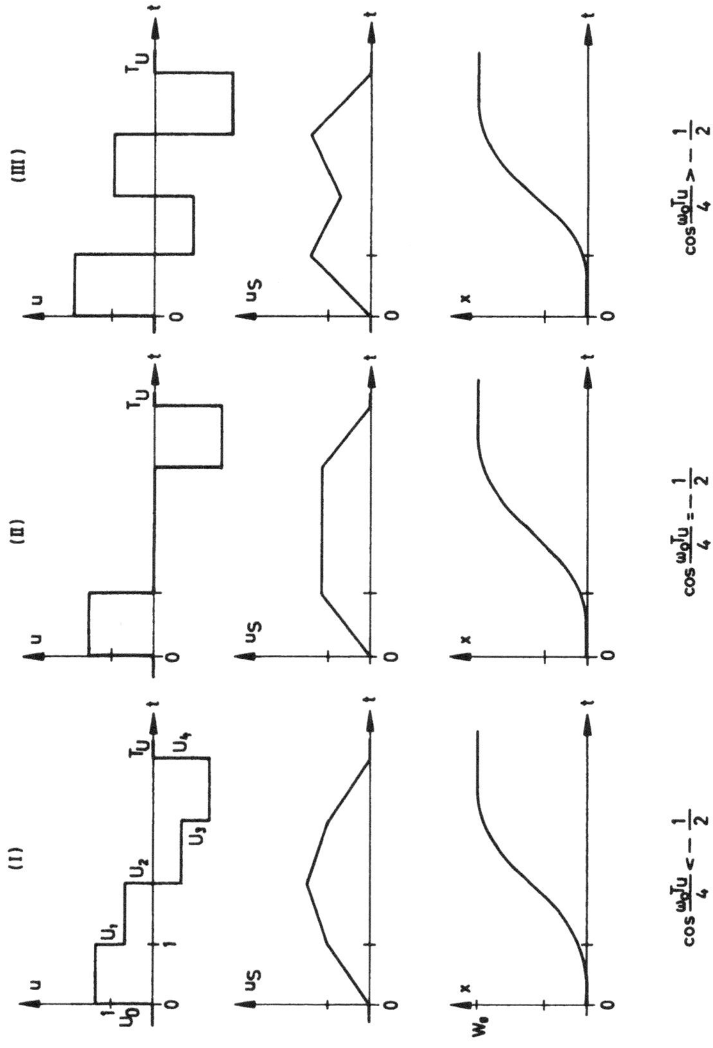

Bild 6/11 Übergangsvorgänge zu Bild 6/10

Sofern $0 < \frac{\omega_o T_U}{4} < \frac{4}{3}\pi$ ist, führt dies auf die Ungleichungen

$$\omega_o \begin{cases} > \frac{8\pi}{3T_U} & : \text{Fall I} \\ = \frac{8\pi}{3T_U} & : \text{Fall II} \\ < \frac{8\pi}{3T_U} & : \text{Fall III} \end{cases}$$

Bei gegebener Umsetzzeit T_U hängt also der Typ der Übergangsvorgänge von der Eigenfrequenz der Seilschwingung ab.

Die eigentliche Stellfunktion $u_S(t)$ hat im Fall I die Gestalt einer Knickpyramide. Im Grenzfall (II) spezialisiert sie sich zu einem Trapez, nimmt also die gleiche Form an, die man zur Erzeugung einer endlichen Einstellzeit sofort vorgeben würde, wenn die Strecke nur aus einem I-Glied bestände, das Schwingungsglied also nicht vorhanden wäre. Im Fall (III) ist die Spitze der Pyramide eingeklappt, die Drehzahl muß also zwischendurch zurückgenommen werden. Was die Lage x(t) des Förderkorbes betrifft, so wird sie in der vorgeschriebenen Zeit T_U in die Endlage W_o gebracht und dort gehalten. Der Einschwingvorgang hat in allen im Bild 6/11 dargestellten Fällen einen monotonen Verlauf.

Dies ändert sich jedoch, wenn die Eigenfrequenz ω_o der Seilschwingung weiter erhöht wird, welcher Fall bei dem untersuchten realen System allerdings nicht eintrat. Dann können Verläufe wie im Bild 6/12 vorkommen. Sie liefern zugleich ein Beispiel dafür, daß beim Vorhandensein nichtreeller Streckenpole die Ausgangsgröße vor Erreichen der endlichen Einstellzeit oszillieren kann.

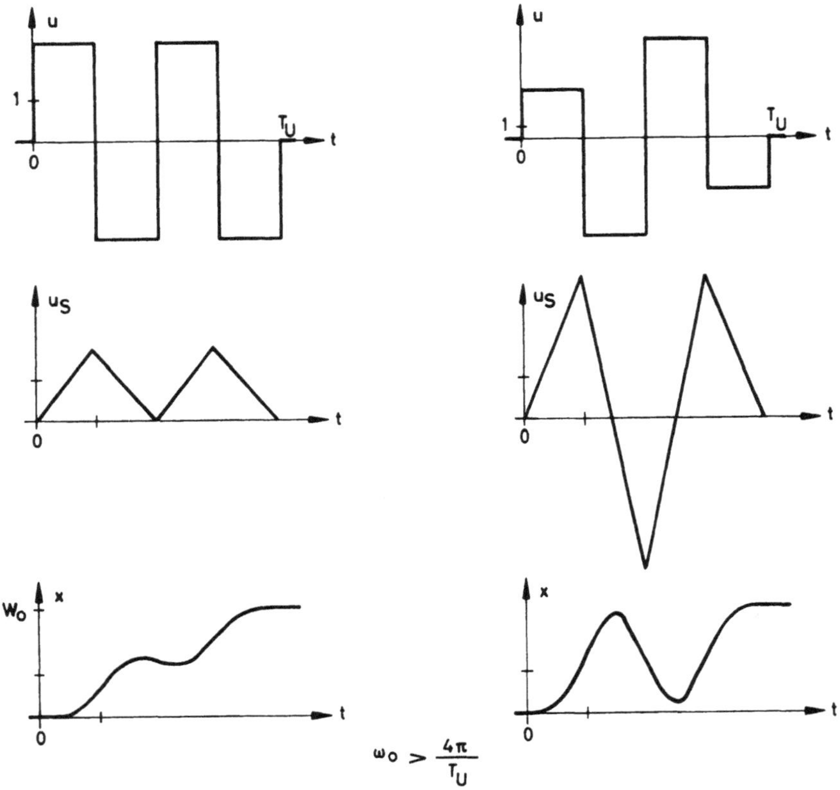

Bild 6/12 Übergangsvorgänge zu Bild 6/10 bei hoher Eigenfrequenz ω_o der Seilschwingung

6.5 Eigenschaften des Entwurfs auf endliche Einstellzeit

Beim Studium dieses Kapitels werden dem Leser einige Fragen gekommen sein. Etwa: Wie steht es mit der Stabilität eines auf endliche Einstellzeit entworfenen Regelkreises? Oder: Wie kann man die Abtastperiode T wählen, wenn sie nicht - wie im letzten Beispiel - durch die Problemstellung vorgeschrieben ist? Einige solcher Fragen sollen in diesem Abschnitt beantwortet werden.

Was zunächst die Stabilität betrifft, so fällt die Antwort positiv aus:

$$\left.\begin{array}{l}\text{Eine auf endliche Einstellzeit entworfene}\\ \text{Abtastregelung nach Bild 6/3 ist stets}\\ \text{stabil, da alle Pole des geschlossenen}\\ \text{Kreises in } z = 0 \text{ liegen.}\end{array}\right\} \qquad (6.30)$$

Das ist leicht anzusehen. Die z-Übertragungsfunktion der geschlossenen Abtastregelung ist

$$G_z(z) = \frac{X_z(z)}{W_z(z)} \ . \qquad (6.31)$$

Hierin ist

$$W_z(z) = W_0 \frac{z}{z-1} = \frac{W_0}{1-z^{-1}} \ . \qquad (6.32)$$

Da $x(t) \equiv W_0$ für $t \geqq T_t + nT = (n+r)T = mT$, so ist

$$x_m = x_{m+1} = \ldots = W_0 \ .$$

So wird

$$X_z(z) = x_0 + x_1 z^{-1} + \ldots + x_{m-1} z^{-(m-1)} + W_0\left(z^{-m} + z^{-(m+1)} + \ldots\right)$$

oder

$$X_z(z) = x_0 + x_1 z^{-1} + \ldots + x_{m-1} z^{-(m-1)} + W_0 \frac{z^{-m}}{1-z^{-1}} \ . \qquad (6.33)$$

Um $G_z(z)$ zu erhalten, hat man diesen Ausdruck durch $W_z(z)$ zu dividieren, also mit $(1-z^{-1})/W_0$ zu multiplizieren:

$$G_z = \frac{1}{W_o}\left[x_o + (x_1 - x_o)z^{-1} + \ldots + (x_{m-1} - x_{m-2})z^{-(m-1)} - x_{m-1}z^{-m} + W_o z^{-m}\right]$$

oder

$$G_z(z) = \frac{x_o z^m + (x_1 - x_o)z^{m-1} + \ldots + (W_o - x_{m-1})}{W_o z^m} \ . \qquad (6.34)$$

Der geschlossene Regelkreis hat mithin lediglich einen Pol in $z = 0$.*) Deshalb ist er immer stabil.

Nun zur Wahl der Abtastperiode T. Sie bestimmt wegen

$$t_e = T_t + nT \ ,$$

wobei n die Ordnung des rationalen Anteils der Strecke ist, die endliche Einstellzeit. Es wäre schön, wenn man T beliebig klein wählen könnte, da dann die endliche Einstellzeit beliebig wenig über der Totzeit läge, also bei einem totzeitfreien System beliebig klein wäre. Auch abgesehen von Realisierungsschwierigkeiten eines solchen Algorithmus im Rechner ist dies unmöglich, weil für $T \to 0$ die Beträge der Impulse, aus denen sich $\bar{u}(t)$ zusammensetzt, unendlich groß und deshalb von keiner Stelleinrichtung mehr durchgelassen werden.

Das Anwachsen der Impulse mit abnehmendem T ist physikalisch sofort einzusehen. Will man ein System in kurzer Zeit von einem Zustand in einen anderen bringen, so wird

---

*) Von dieser Tatsache ausgehend, kann man den Entwurf auf endliche Einstellzeit auch durch Betrachtung im z-Bereich herleiten, wie dies in den klassischen amerikanischen Lehrbüchern über Abtastsysteme in der Tat geschieht [z.B. 8, 14, 17]. Doch ist dieser Weg umständlicher als die hier gegebene Herleitung im Zeitbereich, benötigt die modifizierte z-Transformation und ist überdies nicht auf zeitvariante Systeme übertragbar.

man ihm einen hinreichend starken Anstoß geben müssen, und dieser muß um so kräftiger sein, je kürzer die gewünschte Übergangszeit ist.

Man kann sich aber auch rechnerisch hiervon überzeugen. Betrachten wir etwa eine Strecke mit Proportionalverhalten, so ist nach (6.9) und (6.7)

$$U_o = (-1)^n \frac{W_o}{r_o} \frac{1}{\prod_{\nu=1}^{n} (\gamma_\nu^{-1} - 1)} = \frac{W_o}{r_o} \frac{1}{\prod_{\nu=1}^{n} (1 - e^{\alpha_\nu T})} .$$

Für $T \rightarrow 0$ wird daher U_o einen unendlich großen Betrag annehmen.

Um Steuerimpulse von erträglicher Höhe zu bekommen, die durch eine normale Stelleinrichtung übertragen und nicht von der stets in ihr enthaltenen Begrenzungskennlinie abgeschnitten werden, darf man also T nicht zu klein wählen. Etwas Allgemeingültiges läßt sich naturgemäß kaum sagen. Will man diese Frage quantitativ untersuchen, so muß man die Begrenzungskennlinie der Stelleinrichtung explizit in die Betrachtung einbeziehen. Dann hat man den Entwurf auf endliche Einstellzeit bei einem nichtlinearen System durchzuführen. Ihre Erörterung überschreitet jedoch den Rahmen dieses Bändchens, das ja den linearen Abtastsystemen gewidmet ist.*)

---

*) Siehe hierzu:

G. SCHNEIDER: Zeitoptimale Abtastsysteme mit beschränkter Stellgröße. Regelungstechnik 24(1976), Seite 3-10. In diesem Übersichtsaufsatz findet man auch eine Anzahl von Literaturangaben.

H. KIENDL: Eine suboptimale Regelstrategie auf der Basis des Theorems von Cayley-Hamilton zur Synthese von Abtastsystemen mit beschränkter Stellgröße. Regelungstechnik 28(1980), Seite 250-258.

Wer sich den bestechend einfachen und klaren Gedankengang des Entwurfs auf endliche Einstellzeit vor Augen hält und mit den Probierverfahren vergleicht, die beim Einsatz des PI- und PID-Reglers üblich sind, könnte die Frage aufwerfen, warum denn der Entwurf auf endliche Einstellzeit bisher nur ganz vereinzelt realisiert wurde und nicht auf breiterer Front die Benutzung der konventionellen Regler ersetzt. Ein wichtiger Grund liegt in der folgenden Tatsache. Wie alle spezifizierten Regler arbeitet auch der auf endliche Einstellzeit entworfene Abtastregler hervorragend, wenn genau die Bedingungen vorliegen, für die er entworfen wurde. Dann ist er einem konventionellen Regler überlegen. Er reagiert aber empfindlich, wenn diese Bedingungen durch Störungen und Parameterschwankungen verletzt sind. Ein hochspezifizierter Regler ist eben generell empfindlicher als ein All-round-Gerät nach Art des PI-Reglers. Das ist nicht nur eine Eigenschaft des Abtastreglers. Untersuchungen über die Empfindlichkeit des auf endliche Einstellzeit entworfenen Reglers, insbesondere bei Auftreten von Totzeit, findet man in [44].**)

Um die Mängel des Entwurfs auf endliche Einstellzeit, also Auftreten zu hoher Steuerimpulse, starkes Pendeln der Ausgangsgröße, übergroße Stör- und Parameterempfindlichkeit,

---

*) Fortsetzung von S. 225

R. TRACHT: Ein Regelalgorithmus für zeitoptimale Abtastsysteme mit Stellgrößenbeschränkungen. Regelungstechnik 28(1980), Seite 339-346.

In anderer Weise wird das Problem behandelt in der Artikelserie "Reglersynthese für Systeme mit Begrenzungen" von G. SCHNEIDER und N. DOURDOUMAS, die in den gelben Blättern der "Regelungstechnik" 1977/78 erschienen ist. Abtastsysteme werden im Kapitel 4 und 5 (Heft 9,1977 bis Heft 1,1978) betrachtet.
Wieder eine andere Methode in G. SCHNEIDER: Was du heut' nicht kannst besorgen, das verschiebe halt auf morgen. Automatisierungstechnik 34 (1986), Seite 59-65.

**) Siehe hierzu auch P.M. FRANK - W. MÜNZNER: Ein Entwurfsverfahren für parameterunempfindliche Abtastregelungen. Regelungstechnik 26 (1978), Seite 213-219.

wirklich bessern zu können, muß man nach der eigentlichen Schwäche des Entwurfs fragen, also danach, was er von der Natur der Strecke nicht berücksichtigt. Und da fällt eine eigentümliche Tatsache auf, die oben schon kurz vermerkt wurde: Die Steuerfunktion $\bar{u}(t)$ hängt lediglich von den Polen der Strecke (und der stationären Verstärkung), nicht jedoch von ihren Nullstellen ab. Zwei Strecken, welche die gleichen Pole haben, jedoch gänzlich verschiedene Nullstellenverteilungen besitzen, werden also durch die gleiche Funktion angesteuert. Oder ein anderer Fall: Eine Strecke, sagen wir 4. Ordnung, hat zwei Nullstellen, die sehr dicht bei zwei Polen liegen und dadurch deren Wirkung nahezu kompensieren, so daß praktisch ein System 2. Ordnung vorliegt. Diese Tatsache wird aber vom Entwurf auf endliche Einstellzeit ignoriert, der vielmehr auf ein System zu hoher Ordnung zugeschnitten wird. Es dürfte einleuchten, daß hier die Achillesferse dieser Methode liegt.

Die Frage ist nur, was sich zur Behebung der Schwierigkeit tun läßt, denn so einfach wie im zuletzt erwähnten Fall werden die Dinge im allgemeinen nicht liegen. Hierfür wurden verschiedene Vorschläge gemacht. Die von A. REINER angegebenen <u>Entfaltungsalgorithmen</u>*) beruhen auf der näherungsweisen Umkehrung der Faltungsoperation. Sie lösen also die Faltungsgleichung $y(t) = g(t)*u(t)$ bei gegebener Gewichtsfunktion $g(t)$ und gewünschtem Verlauf $y(t)$ näherungsweise nach der Steuerfunktion $u(t)$ auf. Daraus resultiert eine umfangreiche Klasse von Steuer- und Regelungsalgorithmen, welche den Entwurf auf endliche Einstellzeit als Spezialfall enthält. Der Fall von Zählernullstellen der Strecke wird durch diese Algorithmen sehr gut bewältigt, da sie auf ihn eingestellt werden können.

*) A. REINER - W. WEBER: Entfaltungsalgorithmen zur Anwendung in der DDC-Technik. Regelungstechnik 17(1969), S. 489-494.

A. REINER: Anwendung von Entfaltungsalgorithmen im Regelkreis. Regelungstechnik 18(1970), S. 437-442.

Von G. PREUSCHE wurde der Entwurf auf endliche Einstellzeit zu den <u>m- und m_1-Algorithmen</u> abgewandelt. Das Verfahren arbeitet im Zustandsraum und besteht, ganz überschlägig charakterisiert, darin, nicht den gesamten Zustandsvektor in endlicher Zeit in den Zielpunkt zu bringen (siehe Kapitel 7), sondern nur seine m "wesentlichen" Komponenten. Hat man etwa als Zustandsvariable eines Systems n-ter Ordnung die Ausgangsgröße und ihre n-1 ersten Ableitungen, so kann es beispielsweise genügen, lediglich die Ausgangsgröße selbst und ihre erste Ableitung in endlicher Zeit auf die gewünschten Werte zu bringen, um ein sehr gutes Systemverhalten zu erreichen.*)

Aufgaben zum Kapitel 6: A14, A15.

*) G. PREUSCHE: Verallgemeinerung des Entwurfs auf endliche Einstellzeit. Regelungstechnik 20(1972), Seite 477-480 und 518-522. Der Entwurf wird hierbei im Zustandsraum durchgeführt.

Weitere Untersuchungen hierzu:

H. KREITNER - G. SIFFLING: M-Algorithmen und Entwurf auf endliche Einstellzeit bei nicht stufenförmigen Steuerfunktionen. Regelungstechnik 26(1978), Seite 115-123.

Von den gleichen Verfassern: M-Algorithmen mit nicht stufenförmigen Steuerfunktionen bei zeitvarianten Systemen. Regelungstechnik 26(1978), Seite 156-161.

7. Abtastsysteme im Zustandsraum

Zur Behandlung linearer dynamischer Systeme stehen grundsätzlich zwei Vorgehensweisen zur Verfügung. Bei der einen, der "klassischen" Vorgehensweise, übersetzt man die Zeitbereichsgleichungen, durch die das System zunächst beschrieben wird, durch eine geeignete Transformation in den Bereich der komplexen Zahlen, meist "Frequenzbereich" genannt. Dort nimmt man die Untersuchung und Regelung des Systems vor und hat so den Vorteil, die leistungsfähigen Methoden der komplexen Funktionentheorie (z.B. Partialbruchzerlegung, Reihenentwicklungen, Residuensatz) anwenden zu können. Die "geeignete Transformation" richtet sich nach der Natur der betrachteten Systeme und der Aufgabenstellung. Bei kontinuierlichen Systemen verwendet man im Rahmen der Regelungstechnik zumeist die Laplace-Transformation, bei Problemen der Signalverarbeitung die Fourier-Transformation, bei Abtastsystemen, die ihrer Natur nach diskontinuierlich sind, die z-Transformation. In den Kapiteln 3 bis 5 wurden Eigenschaften und Anwendungen der z-Transformation beschrieben.

Bei der zweiten Vorgehensweise zur Behandlung dynamischer Systeme bleibt man bei den Zeitbereichsgleichungen des Systems und bringt sie lediglich durch Einführung von Zustandsvariablen auf eine für die weitere Untersuchung zweckmäßige Form. Diese Zustandsmethodik soll nun auf Abtastsysteme angewandt werden, wobei der Gedankengang weitgehend parallel zur Beschreibung und Regelung kontinuierlicher Systeme im Zustandsraum verläuft. Die Grundtatsachen der Zustandsbeschreibung kontinuierlicher Systeme werden im folgenden vorausgesetzt.*) Der Vorteil der Zu-

*) Siehe etwa [51], Kapitel 11.

standsmethodik gegenüber den Frequenzbereichsverfahren liegt einmal darin, daß sie nicht auf lineare und zeitinvariante Systeme beschränkt ist, sich vielmehr auf lineare zeitvariante und nichtlineare Systeme übertragen läßt. Aber auch dann, wenn man im linearen und zeitinvarianten Bereich bleibt, weist die Zustandsmethodik charakteristische Vorzüge auf:

- Während die Frequenzbereichsverfahren auf Eingrößensysteme, d.h. Systeme mit nur einer Ein- und Ausgangsgröße, zugeschnitten sind, besteht eine solche Einschränkung bei den Zustandsverfahren nicht. Da die Zustandsbeschreibung die inneren Verhältnisse eines Systems erfaßt, ist man mit ihr in der Lage, die inneren Kopplungen eines Mehrgrößensystems gezielt zu berücksichtigen. Für den Entwurf von Mehrgrößensystemen sind Zustandsverfahren deshalb unentbehrlich.
- Durch die Zustandsdarstellung wurden neue Einsichten in die Eigenschaften dynamischer Systeme gewonnen, die im Frequenzbereich nicht erhalten werden konnten. Hier sind z.B. die Eigenschaften "Steuerbarkeit" und "Beobachtbarkeit" zu nennen, die wir im folgenden für Abtastsysteme einführen werden.
- Auf der Grundlage der Zustandsbeschreibung sind systematische Entwurfskonzepte möglich, während die Syntheseverfahren im Frequenzbereich vorwiegend gerichtete Probierverfahren darstellen.
- Zustandsverfahren sind für die Behandlung auf dem Digitalrechner besonders geeignet.

Diesen Vorzügen der Zustandsmethodik stehen auch Nachteile gegenüber:

- Damit die präzisen Entwurfsvorschriften für die Regelung sinnvoll sind, muß das mathematische Modell der Strecke genügend genau bekannt sein. Auf Abweichungen des beim

Reglerentwurf zugrunde gelegten Modells vom wahren Verhalten der Strecke reagiert die Zustandsregelung nicht selten empfindlich.

. Zustandsregler sind nicht von der Einfachheit des PI- oder PID-Reglers. Parameterverstellungen bei Änderungen des Betriebs erfordern regelungstechnische Kenntnisse und überfordern dadurch möglicherweise das Bedienungspersonal. Ihre Realisierung jedoch ist nach Einführung der Mikrorechner kein Problem mehr.

. Die in der Zustandsbeschreibung enthaltene Information kann nicht in der gleichen Weise verdichtet werden, wie das im Frequenzbereich möglich ist. Begriffe von solcher Griffigkeit und Signifikanz wie etwa Durchtrittsfrequenz, Phasenreserve, Resonanzüberhöhung, die mit <u>einem</u> Blick ganze Verhaltensweisen zu überschauen gestatten, gibt es hier augenscheinlich nicht. Das dürfte einer der Gründe sein, warum vielen Ingenieuren die Zustandsverfahren im Vergleich mit dem Frequenzbereich als abstrakter und schwieriger erscheinen - was sie in Wahrheit aber nicht sind.

Es bleibt festzuhalten, daß man bei der Behandlung von Regelungsproblemen beide Vorgehensweisen benötigt, Frequenzbereichsverfahren <u>und</u> Zustandsmethoden, und daß man je nach Systemtyp und Aufgabenstellung die eine oder andere bevorzugt oder auch beide miteinander verknüpft.

7.1 Die Zustandsgleichungen eines Abtastsystems

Ein dynamisches System, bei dem es sich speziell um eine Regelstrecke handeln kann, sei durch seine Zustandsgleichungen, Zustandsdifferentialgleichung und Ausgangsgleichung, gegeben:

$$\underline{\dot{x}}(t) = \underline{A}\,\underline{x}(t) + \underline{B}\,\underline{u}(t)\ , \qquad (7.1)$$

$$\underline{y}(t) = \underline{C}\,\underline{x}(t) \,. \tag{7.2}$$

Dabei ist

$$\underline{u}(t) = \begin{bmatrix} u_1(t) \\ \vdots \\ u_p(t) \end{bmatrix}$$

der Steuervektor des Systems,

$$\underline{x}(t) = \begin{bmatrix} x_1(t) \\ \vdots \\ x_n(t) \end{bmatrix}$$

der Zustandsvektor und

$$\underline{y}(t) = \begin{bmatrix} y_1(t) \\ \vdots \\ y_q(t) \end{bmatrix}$$

der Ausgangsvektor. Weiterhin sind $\underline{A}$, $\underline{B}$ und $\underline{C}$ konstante Matrizen, wobei die (n,n)-Matrix $\underline{A}$ als System- oder Dynamik-Matrix, die (n,p)-Matrix $\underline{B}$ als Eingangsmatrix und die (q,n)-Matrix $\underline{C}$ als Ausgangsmatrix bezeichnet wird. Das durch (7.1) und (7.2) beschriebene System ist linear und zeitinvariant.

Für Systeme mit nur einer Ein- und Ausgangsgröße nehmen die Zustandsgleichungen die Form

$$\dot{\underline{x}}(t) = \underline{A}\,\underline{x}(t) + \underline{b}\,u(t) \,, \tag{7.3}$$

$$y(t) = \underline{c}^T \underline{x}(t) \tag{7.4}$$

an. Hierin ist $\underline{b}$ ein n-reihiger Spaltenvektor, $\underline{c}^T$ ein n-reihiger Zeilenvektor, was durch das Transpositionszeichen T angedeutet wird. Man spricht dann auch von einem <u>Eingrößensystem</u>.

Falls keine Irrtümer zu befürchten sind, werden wir den Steuervektor $\underline{u}$ auch als <u>Steuergröße</u>, den Zustandsvektor $\underline{x}$ als <u>Zustand</u> und den Ausgangsvektor $\underline{y}$ als <u>Ausgangs- oder Aufgabengröße</u> bezeichnen.

Die allgemeine Lösung der Zustandsdifferentialgleichung (7.1) ist durch

$$\underline{x}(t) = \int_{t_a}^{t} \underline{\Phi}(t-\tau)\underline{B}\ \underline{u}(\tau)d\tau + \underline{\Phi}(t-t_a)\underline{x}(t_a) \tag{7.5}$$

gegeben.*) Darin ist t_a ein fester, aber beliebig wählbarer Anfangszeitpunkt. Zu ihm gehört der Anfangszustand $\underline{x}(t_a)$. Die Matrizenfunktion

$$\underline{\Phi}(t) = e^{\underline{A}t}$$

ist die Transitionsmatrix des Systems und darf als bekannt angesehen werden.

Das dynamische System werde durch einen Prozeßrechner (insbesondere Mikrorechner) angesteuert. Dann sind die Komponenten $u_\nu(t)$ des Steuervektors $\underline{u}$ Treppenfunktionen (Bild 7/1). In jedem Intervall zwischen den Abtastzeitpunkten ist $\underline{u}(t)$ konstant, das heißt, die Komponenten dieses Vektors sind konstant:

*) Siehe z.B. [51], Abschnitt 12.2.

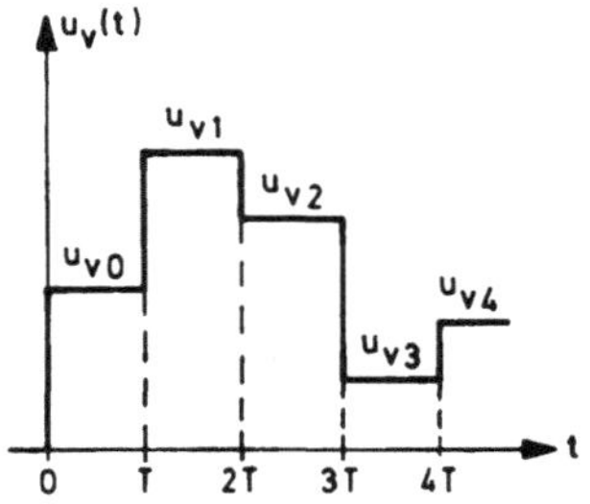

Bild 7/1 Komponente des Steuervektors $\underline{u}(t)$

$$\underline{u}(t) = \underline{u}_k = \begin{bmatrix} u_{1k} \\ \vdots \\ u_{pk} \end{bmatrix}, \quad kT \leqq t < (k+1)T, \quad k = 0,1,2,\ldots \quad (7.6)$$

Im folgenden werden ausschließlich Steuervektoren der Form (7.6) betrachtet, die also stückweise konstant sind. Eine besondere Kennzeichnung des Treppenfunktionscharakters durch Überstreichen, wie sie bisher benutzt wurde, wollen wir uns zur Vereinfachung der Bezeichnungsweise nunmehr sparen.

Um zu sehen, wie das System auf die Aufschaltung des stückweise konstanten Steuervektors reagiert, betrachten wir das k-te Abtastintervall, wählen demgemäß als Anfangszeitpunkt $t_a = kT$, und setzen $\underline{u}(t) = \underline{u}_k$ in die allgemeine Lösung (7.5) der Zustandsdifferentialgleichung ein. Dann gilt in diesem Intervall

$$\underline{x}(t) = \int_{kT}^{t} \underline{\phi}(t-\tau)\underline{B}\ \underline{u}_k d\tau + \underline{\phi}(t-kT)\underline{x}(kT) \ .$$

Berücksichtigt man, daß $\underline{u}_k$ konstant ist, also hinter das Integral gezogen werden darf (nicht vor das Integral, da Matrizen im allgemeinen nicht vertauschbar sind), und führt dann im Integral die Substitution

$$t - \tau = v, \text{ also } d\tau = -dv,$$

durch, so entsteht

$$\underline{x}(t) = \int_0^{t-kT} \underline{\phi}(v)\underline{B}\, dv \cdot \underline{u}_k + \underline{\phi}(t-kT)\underline{x}(kT) \ . \qquad (7.7)$$

Das Integral

$$\underline{H}(t) = \int_0^{t} \underline{\phi}(v)\underline{B}\, dv = \int_0^{t} \underline{\phi}(v)dv \cdot \underline{B} \qquad (7.8)$$

ist eine bekannte Zeitfunktion. Ist insbesondere $\underline{A}$ regulär, so gilt

$$\underline{H}(t) = \int_0^{t} e^{\underline{A}v} dv \cdot \underline{B} = \left[\underline{A}^{-1} e^{\underline{A}v}\right]_{v=0}^{v=t} \cdot \underline{B} \ ,$$

$$\underline{H}(t) = \underline{A}^{-1}[\underline{\phi}(t)-\underline{I}]\underline{B} \ .$$

Sofern $\underline{A}$ singulär ist, setzt man in (7.8) die Matrizenpotenzreihe ein, durch die $\underline{\phi}$ definiert ist:

$$\underline{\phi}(v) = \sum_{\nu=0}^{\infty} \underline{A}^{\nu} \frac{v^{\nu}}{\nu!} \ .$$

Durch Integration folgt daraus

$$\underline{H}(t) = \sum_{\mu=1}^{\infty} \frac{(\underline{A}t)^{\mu-1}}{\mu!} \underline{B}t \ .$$

Für (7.7) kann man damit kürzer schreiben:

$$\underline{x}(t) = \underline{\phi}(t-kT)\underline{x}_k + \underline{H}(t-kT)\underline{u}_k \ , \quad kT \leqq t \leqq (k+1)T \ . \qquad (7.9)$$

Hierbei ist

$$\underline{x}_k = \underline{x}(kT) \ , \qquad k = 0,1,2,\ldots,$$

gesetzt. Wegen der Stetigkeit des Zustandsvektors $\underline{x}(t)$ gilt diese Beziehung auch im Endpunkt $t = (k+1)T$ des betrachteten Abtastintervalls.

Durch die Gleichung (7.9) wird das Zeitverhalten des linearen zeitinvarianten Systems mit stückweise konstantem Steuervektor eindeutig bestimmt. Um das zu sehen, beginnen wir im Zeitpunkt $t_0 = 0$, in dem der Steuervektor $\underline{u}(t)$ aufgeschaltet wird. Dann ist im Intervall $0 \leqq t \leqq T$

$$\underline{x}(t) = \underline{\phi}(t)\underline{x}_0 + \underline{H}(t)\underline{u}_0 \ .$$

Hierin ist $\underline{x}_0 = \underline{x}(t_0)$ als Anfangszustand des dynamischen Systems aus seiner Vorgeschichte bekannt. $\underline{u}_0$ als Steuervektor ist vorgegeben, und $\underline{\phi}(t)$, $\underline{H}(t)$ sind bekannte Funktionen. Damit ist der Zustandsvektor $\underline{x}(t)$ im gesamten Intervall von 0 bis T bekannt, insbesondere auch

$$\underline{x}_1 = \underline{x}(T) \ .$$

Setzt man jetzt in (7.9) $k = 1$, so ergibt sich für das Intervall $kT \leqq t \leqq (k+1)T$

$$\underline{x}(t) = \underline{\phi}(t-kT)\underline{x}_1 + \underline{H}(t-kT)\underline{u}_1 \ ,$$

wobei $\underline{x}_1$ aus dem vorhergehenden Schritt bekannt ist. In dieser Weise fortfahrend, kann man $\underline{x}(t)$ Intervall für Intervall berechnen. Damit ist dann auch

$$\underline{y}(t) = \underline{C}\,\underline{x}(t) \tag{7.10}$$

bekannt.

Meist interessiert man sich nur für das Systemverhalten in den Abtastzeitpunkten. Liegen diese nämlich dicht genug, so genügt es, das Zeitverhalten in den Abtastzeitpunkten zu kennen und zu beeinflussen, um ein gewünschtes Gesamtverhalten zu erreichen. Wie dicht die Abtastzeitpunkte liegen müssen, hängt von der Systemdynamik ab. Je langsamer das System, um so weiter können sie voneinander entfernt sein.

Für t = (k+1)T folgt aus (7.9) und (7.10)

$$\underline{x}\big((k+1)T\big) = \underline{\phi}(T)\underline{x}_k + \underline{H}(T)\underline{u}_k \,, \tag{7.11}$$

$$\underline{y}(kT) = \underline{C}\,\underline{x}_k \,.\ ^{*)} \tag{7.12}$$

Da im folgenden von den Funktionen $\underline{\phi}(t)$ und $\underline{H}(t)$ nur noch die Werte $\underline{\phi}(T)$ und $\underline{H}(T)$ auftreten, wollen wir diese einfach mit $\underline{\phi}$ und $\underline{H}$ bezeichnen. Von nun an ist also

$$\underline{\phi} = \underline{\phi}(T) = e^{\underline{A}T} \,, \quad \underline{H} = \underline{H}(T) = \int_0^T \underline{\phi}(v)\,dv\cdot\underline{B} \,. \tag{7.13}$$

Damit wird aus (7.11) und (7.12)

$$\underline{x}_{k+1} = \underline{\phi}\,\underline{x}_k + \underline{H}\,\underline{u}_k \,, \tag{7.14}$$

$$\underline{y}_k = \underline{C}\,\underline{x}_k \,, \qquad k = 0,1,2,\dots \,. \tag{7.15}$$

*) Die bisherige Betrachtung läßt sich auch durchführen, wenn die Abtastzeitpunkte t_k nicht äquidistant sind. An die Stelle von (7.11) tritt dann die Beziehung $\underline{x}_{k+1} = \underline{\phi}(t_{k+1}-t_k)\underline{x}_k+\underline{H}(t_{k+1}-t_k)\underline{u}_k$, $k = 0,1,2,\dots$.

Darin ist $\underline{\phi}$ eine (n,n)-Matrix, $\underline{H}$ eine (n,p)-Matrix und $\underline{C}$ eine (q,n)-Matrix.

Allen weiteren Betrachtungen liegen diese beiden Gleichungen zugrunde, wobei $\underline{\phi}$, $\underline{H}$ und $\underline{C}$ gegebene konstante Matrizen sind. Durch sie wird das dynamische System als Abtastsystem beschrieben. (7.14) wollen wir als Zustandsdifferenzengleichung, (7.15) als Ausgangsgleichung bezeichnen. Diese Gleichungen entsprechen der Zustandsdifferentialgleichung und Ausgangsgleichung eines kontinuierlichen Systems.

Im folgenden ist es ohne Belang, woher die Zustandsgleichungen (7.14) und (7.15) stammen. Sie könnten auch in anderer Weise entstanden sein, als es oben beschrieben wurde. Wesentlich ist allein die Tatsache, daß sie die durch (7.14) und (7.15) beschriebene Struktur haben, wobei $\underline{\phi}$, $\underline{H}$ und $\underline{C}$ gegebene konstante Matrizen sind und $\underline{\phi}$ eine Inverse besitzt. Unter einem Abtastsystem wollen wir im folgenden stets ein System verstehen, das durch ein Gleichungspaar vom Typ (7.14), (7.15) beschrieben wird.

Der Index k spielt in diesen Gleichungen die Rolle einer diskontinuierlichen oder diskreten Zeit, entspricht also der Zeitvariablen t bei kontinuierlichen Systemen. Für Abtastsysteme, die man allein in den Abtastzeitpunkten betrachtet, gibt es eben nur die diskreten Zeitpunkte kT, k = 0,1,2,... . Die Analogie zur kontinuierlichen Zeitvariable t wird noch deutlicher, wenn man statt $\underline{x}_k$ die Schreibweise $\underline{x}(k)$ oder $\underline{x}[k]$ benutzt, die ebenfalls gebräuchlich ist. Da sie mehr Schreibarbeit erfordert, werden wir sie im allgemeinen nicht verwenden. Wir werden nur dann von ihr Gebrauch machen, wenn beim Auftreten mehrerer Indizes Mißverständnisse zu befürchten sind.

Betrachten wir noch ein einfaches Beispiel! Die Strecke besitze die Zustandsdifferentialgleichung

$$\underline{\dot{x}} = \begin{bmatrix} -1 & 1 \\ 0 & -2 \end{bmatrix} \underline{x} + \begin{bmatrix} 1 \\ 1 \end{bmatrix} u \;, \quad y = [1,\, 0]\underline{x} \;. \qquad (7.16)$$

Dann ist

$$\underline{\phi}(t) = \begin{bmatrix} e^{-t} & e^{-t}-e^{-2t} \\ 0 & e^{-2t} \end{bmatrix} ,$$

wie man entweder mittels Laplace-Transformation der homogenen Zustandsdifferentialgleichung oder unmittelbar durch Summation der definierenden Potenzreihe von $\underline{\phi}(t)$ zeigen kann. Damit ist definitionsgemäß $\underline{h}(t)$ (hier ein Vektor und deshalb klein geschrieben) gegeben durch

$$\underline{h}(t) = \int_0^t \begin{bmatrix} e^{-v} & e^{-v}-e^{-2v} \\ 0 & e^{-2v} \end{bmatrix} dv \cdot \begin{bmatrix} 1 \\ 1 \end{bmatrix} =$$

$$= \begin{bmatrix} -e^{-v} & -e^{-v} + \frac{1}{2}\, e^{-2v} \\ 0 & -\frac{1}{2}\, e^{-2v} \end{bmatrix}_{v=0}^{v=t} \cdot \begin{bmatrix} 1 \\ 1 \end{bmatrix} =$$

$$= \begin{bmatrix} 1-e^{-t} & \frac{1}{2} - e^{-t} + \frac{1}{2}\, e^{-2t} \\ 0 & \frac{1}{2} - \frac{1}{2}\, e^{-2t} \end{bmatrix} \begin{bmatrix} 1 \\ 1 \end{bmatrix} = \begin{bmatrix} \frac{3}{2} - 2e^{-t} + \frac{1}{2}\, e^{-2t} \\ \frac{1}{2} - \frac{1}{2}\, e^{-2t} \end{bmatrix} .$$

Somit lauten die Zustandsgleichungen des zugehörigen Abtastsystems:

$$\underline{x}_{k+1} = \underbrace{\begin{bmatrix} e^{-T} & e^{-T}-e^{-2T} \\ 0 & e^{-2T} \end{bmatrix}}_{\underline{\phi} \,=\, \underline{\phi}(T)} \underline{x}_k + \underbrace{\begin{bmatrix} \frac{3}{2} - 2e^{-T} + \frac{1}{2}\, e^{-2T} \\ \frac{1}{2} - \frac{1}{2}\, e^{-2T} \end{bmatrix}}_{\underline{h} \,=\, \underline{h}(T)} u_k \;,$$

$$y_k = [1, 0]\underline{x}_k \; , \quad k = 0,1,2,\ldots,$$

wobei T wie stets die Abtastperiode ist.

7.2 Lösung der homogenen Zustandsdifferenzengleichung und Stabilität von Abtastsystemen im Zustandsraum

Setzt man in (7.14) $\underline{u}_k = \underline{0}$, so erhält man die homogene Zustandsdifferenzengleichung des Abtastsystems:

$$\underline{x}_{k+1} = \underline{\phi} \; \underline{x}_k \; , \quad k = 0,1,2,\ldots, \tag{7.17}$$

wobei $\underline{\phi}$ eine reguläre (n,n)-Matrix ist. Aus dieser Gleichung folgt nacheinander

$$\underline{x}_1 = \underline{\phi} \; \underline{x}_0 \; ,$$

$$\underline{x}_2 = \underline{\phi} \; \underline{x}_1 = \underline{\phi}^2 \; \underline{x}_0 \; ,$$

$$\underline{x}_3 = \underline{\phi} \; \underline{x}_2 = \underline{\phi}^3 \; \underline{x}_0 \; ,$$

$$\vdots$$

Somit ist die Zahlenvektor-Folge

$$\underline{x}_k = \underline{\phi}^k \underline{x}_0 \; , \quad k = 0,1,2,\ldots, \tag{7.18}$$

die allgemeine Lösung der homogenen Zustandsdifferenzengleichung (7.17).[*] Wie man sieht, ist die Lösung äußerst einfach - viel einfacher als die entsprechende Lösung der homogenen Zustandsdifferentialgleichung, die zuvor die Einführung der Matrizen-e-Funktion erfordert.

---

[*] Es sei daran erinnert, daß die Lösung einer Differenzengleichung eine Zahlenfolge ist, bei einer vektoriellen Differenzengleichung also eine Zahlenvektor-Folge. Strenggenommen müßten wir also für die Lösung $(\underline{x}_k) = (\underline{\phi}^k \underline{x}_0)$ schreiben.

Die Gleichung (7.18) bringt zum Ausdruck, daß die Folge $(\underline{\phi}^k)$ für die Zustandsdifferenzengleichung die gleiche Rolle spielt wie die Zeitfunktion $e^{\underline{A}t}$ für die Zustandsdifferentialgleichung: Sie überführt den Anfangszustand $\underline{x}_0$ in den augenblicklichen Zustand $\underline{x}_k$. Die Folge $(\underline{\phi}^k)$ stellt daher die Transitionsmatrix der Zustandsdifferenzengleichung dar.

Man kann die homogene Zustandsdifferenzengleichung noch in anderer Weise lösen, nämlich durch einen Ansatz, der dem e-Ansatz bei Differentialgleichungen entspricht. Man kommt auf ihn, wenn man in $e^{\alpha t}$ die kontinuierliche Zeitvariable t durch die diskrete Zeitvariable kT ersetzt:

$$e^{\alpha kT} = (e^{\alpha T})^k = z^k \; .$$

Man setzt daher an:

$$\underline{x}_k = z^k \underline{v} \; , \tag{7.19}$$

wobei der Skalar z und der Vektor $\underline{v}$ noch unbestimmt sind. Aus (7.17) wird so

$$z^{k+1}\underline{v} = \underline{\phi} z^k \underline{v} \; ,$$

$$z^k(z\underline{I}-\underline{\phi})\underline{v} = \underline{O} \; , \tag{7.20}$$

wobei $\underline{I}$ wie bei uns stets die n-reihige quadratische Einheitsmatrix ist.

Für z = O folgt aus (7.19) die triviale Lösung $\underline{x}_k = \underline{O}$, k = O,1,2,..., der homogenen Differenzengleichung. Für $z \neq O$ wird aus (7.20)

$$(z\underline{I}-\underline{\phi})\underline{v} = \underline{O} \; . \tag{7.21}$$

Das ist ein homogenes System von n Gleichungen für die n Komponenten des Vektors $\underline{v}$. Soll der Ansatz (7.19) eine nichttriviale Lösung der homogenen Differenzengleichung bringen, so muß $\underline{v} \neq \underline{0}$ sein. Eine solche Lösung von (7.21) gibt es genau dann, wenn

$$\det(z\underline{I}-\underline{\phi}) = 0 \tag{7.22}$$

ist. Das ist die charakteristische Gleichung der Matrix $\underline{\phi}$, die man auch als charakteristische Gleichung des Abtastsystems (7.14), (7.15) bezeichnet. Da die Determinante ein Polynom n-ten Grades in z ist, hat die charakteristische Gleichung genau n Nullstellen $\lambda_1,\ldots,\lambda_n$. Sie heißen Eigenwerte von $\underline{\phi}$ bzw. des Abtastsystems. Setzt man einen solchen Wert $z = \lambda_i$ in die Vektorgleichung (7.21) ein, so hat diese eine Lösung $\underline{v}_i \neq \underline{0}$. Sie heißt Eigenvektor von $\underline{\phi}$ oder Eigenvektor des Abtastsystems. Gemäß dem Ansatz (7.19) ist dann

$$\underline{x}(k) = c_i\lambda_i^k\underline{v}_i$$

eine Lösung der homogenen Zustandsdifferenzengleichung (7.17), wobei wir jetzt $\underline{x}(k)$ statt $\underline{x}_k$ geschrieben haben, um die Zeitvariable k vom Index i zu trennen. c_i ist dabei eine beliebige Konstante.

Sind die Eigenwerte $\lambda_1,\ldots,\lambda_n$ einfach, d.h. voneinander verschieden, so sind die zu ihnen gehörenden Eigenvektoren $\underline{v}_1,\ldots,\underline{v}_n$ linear unabhängig.*) Dann ist aufgrund des Überlagerungsprinzips

$$\underline{x}(k) = c_1\lambda_1^k\underline{v}_1 + c_2\lambda_2^k\underline{v}_2 +\ldots+ c_n\lambda_n^k\underline{v}_n \quad , \quad k = 0,1,2,\ldots, \tag{7.23}$$

*) Siehe [50a], Abschnitt 13.2

die allgemeine Lösung der homogenen Differenzengleichung (7.17). D.h: Jede Lösung dieser Gleichung ist in ihr bei geeigneter Wahl der Parameter $c_1,\dots,c_n$ enthalten.

Mit (7.23) hat man eine Darstellung der Lösung, die von der Matrizendarstellung (7.18) ganz verschieden ist. Die letztere weist mehrere Vorzüge auf:

. Für sie braucht man weder Eigenwerte noch Eigenvektoren.

. Sie gilt auch bei mehrfachen Eigenwerten.

. Der Anfangszustand $\underline{x}_o$ geht explizit in sie ein, während er bei der Lösung (7.23) in den Parametern $c_1,\dots,c_n$ verborgen ist.

Dafür hat aber die Darstellung (7.23) den gewichtigen Vorteil, daß sie erkennen läßt, wie die Eigenwerte das dynamische Verhalten des Abtastsystems beeinflussen.

Daraus wollen wir sofort eine wichtige Konsequenz ziehen. Für die ν-te Komponente des Vektors $\underline{x}(k)$ folgt aus (7.23)

$$x_\nu(k) = c_1\lambda_1^k v_{1\nu} + \dots + c_n\lambda_n^k v_{n\nu} , \quad \nu = 1,\dots,n .$$

Geht man zum Betrag über, so wird

$$|x_\nu(k)| \leqq |c_1|\cdot|\lambda_1|^k\cdot|v_{1\nu}| + \dots + |c_n|\cdot|\lambda_n|^k\cdot|v_{n\nu}| ,$$
$$\nu = 1,\dots,n .$$

Dieser Ausdruck strebt $\to 0$ für $k \to +\infty$, wenn $|\lambda_1|,\dots,|\lambda_n|<1$ sind, und zwar für beliebige Werte von $c_1,\dots,c_n$, also für einen beliebigen Anfangszustand $\underline{x}(o)$. Dieses Resultat, das hier für einfache Eigenwerte von $\underline{\phi}$ hergeleitet wurde, bleibt beim Auftreten mehrfacher Eigenwerte erhalten. Wir haben so das Ergebnis:

Liegen die Eigenwerte von $\underline{\phi}$ innerhalb des Einheitskreises der z-Ebene, so strebt die Lösung $\underline{x}_k$ der homogenen Zustandsdifferenzengleichung

$$\underline{x}_{k+1} = \underline{\phi}\, \underline{x}_k\ , \quad k = 0,1,2,\ldots,$$

gegen Null für $k \to +\infty$, und zwar für einen beliebigen Anfangszustand. (7.24)

Wir wollen nun das Abtastsystem (7.14), (7.15) stabil nennen, wenn die Lösung ($\underline{x}_k$) der homogenen Zustandsdifferenzengleichung $\underline{x}_{k+1} = \underline{\phi}\, \underline{x}_k$, $k = 0,1,2,\ldots$, für einen beliebigen Anfangszustand $\underline{x}_0$ mit $k \to +\infty$ gegen Null strebt. Hierdurch wird die Stabilität des im Zustandsraum beschriebenen Abtastsystems im Sinne von Ljapunow definiert, nämlich durch seine Reaktion auf Anfangsauslenkungen. Dagegen hatten wir im Abschnitt 5.1 die Stabilität im Sinne der Übertragungsstabilität eingeführt. Die andersartige Stabilitätsdefinition bei den Untersuchungen im Zustandsraum ist dadurch gerechtfertigt, daß dort - im Unterschied zur klassischen Systembeschreibung im komplexen Bereich - das Systemverhalten gegenüber Anfangsauslenkungen im Mittelpunkt steht. Im übrigen sei daran erinnert, daß bei den hier betrachteten Systemen, die durch lineare Differenzengleichungen mit konstanten Koeffizienten beschrieben werden, die verschiedenen Stabilitätsdefinitionen im wesentlichen äquivalent sind.

Das Ergebnis (7.24) können wir auf der Basis der obigen Stabilitätsdefinition nunmehr so formulieren:

Das Abtastsystem (7.13), (7.14) ist stabil, wenn seine Eigenwerte innerhalb des Einheitskreises der z-Ebene liegen. (7.25)

Wie man sieht, entspricht dieses Kriterium der hinreichenden Hälfte des grundlegenden Stabilitätskriteriums (Abschnitt 5.2). Mit weiteren Details des Stabilitätsproblems wollen wir uns nicht befassen, da gegenüber den früheren Untersuchungen im z-Bereich keine besonders interessanten neuen Gesichtspunkte auftreten.

Abschließend noch ein Beispiel zur Eigenwert- und Eigenvektorberechnung! Für das System (7.16) ist

$$\det(z\underline{I}-\underline{\phi}) = \begin{vmatrix} z-e^{-T} & e^{-2T}-e^{-T} \\ 0 & z-e^{-2T} \end{vmatrix} = (z-e^{-T})(z-e^{-2T}) \ .$$

Daher sind

$$\lambda_1 = e^{-T} \ , \quad \lambda_2 = e^{-2T}$$

die Eigenwerte des Systems. Sie liegen somit zwischen 0 und 1 auf der reellen Achse, so daß das Abtastsystem gewiß stabil ist. Für $z = \lambda_1 = e^{-T}$ wird aus der homogenen Vektorgleichung (7.21):

$$\begin{bmatrix} 0 & e^{-2T}-e^{-T} \\ 0 & e^{-T}-e^{-2T} \end{bmatrix} \begin{bmatrix} v_{11} \\ v_{21} \end{bmatrix} = \begin{bmatrix} 0 \\ 0 \end{bmatrix} \quad \text{oder}$$

$$0 \cdot v_{11} + (e^{-2T}-e^{-T})v_{21} = 0 \ ,$$

$$0 \cdot v_{11} + (e^{-T}-e^{-2T})v_{21} = 0 \ .$$

Wie man sieht, ist die zweite dieser Gleichungen identisch mit der ersten. Aus dieser folgt

$$v_{11} \text{ beliebig}, \ v_{21} = 0.$$

Da die Lösung einer homogenen Gleichung immer nur bis auf einen konstanten Faktor bestimmt ist, wählen wir etwa $v_{11} = 1$ und erhalten so als 1. Eigenvektor

$$\underline{v}_1 = \begin{bmatrix} 1 \\ 0 \end{bmatrix} .$$

Für $z = \lambda_2 = e^{-2T}$ folgt aus (7.20):

$$(e^{-2T}-e^{-T})v_{12}+(e^{-2T}-e^{-T})v_{22} = 0 ,$$

$$0 \cdot v_{12}+ \qquad 0 \cdot v_{22} = 0 .$$

Die zweite dieser Gleichungen ist bedeutungslos, da nach ihr v_{12} und v_{21} beliebig sein können. Aus der vorangehenden Gleichung folgt $v_{12} = -v_{22}$. Wählt man etwa $v_{22} = 1$, so ist $v_{12} = -1$ und somit der 2. Eigenvektor

$$\underline{v}_2 = \begin{bmatrix} -1 \\ 1 \end{bmatrix} .$$

Damit ist die allgemeine Lösung der homogenen Zustandsdifferenzengleichung unseres Beispiels

$$\underline{x}(k) = c_1 e^{-kT} \begin{bmatrix} 1 \\ 0 \end{bmatrix} + c_2 e^{-2kT} \begin{bmatrix} -1 \\ 1 \end{bmatrix} ,$$

oder komponentenweise geschrieben:

$$x_1(k) = c_1 e^{-kT} - c_2 e^{-2kT} ,$$

$$x_2(k) = \qquad c_2 e^{-2kT}$$

mit beliebigen c_1, c_2.

7.3 Anwendung der z-Transformation auf die Zustandsgleichungen eines Abtastsystems

Auch bei der Zustandsbeschreibung von Abtastsystemen kann es manchmal von Nutzen sein, die z-Transformation anzuwenden. Da $\underline{x}_k = \underline{x}(k)$ eine Folge ist, handelt es sich dabei um die z-Transformation von Folgen und nicht von Zeitfunktionen. Im Unterschied zu Kapitel 3 geht es allerdings jetzt im allgemeinen nicht nur um Skalare, sondern um die z-Transformation von Folgen, die aus Zahlenvektoren bestehen. Diese wird aber in ganz einfacher Weise auf die z-Transformation von Skalaren zurückgeführt:

Ein Vektor wird z-transformiert, indem man seine Komponenten z-transformiert. (7.26)

Das heißt:*)

$$\underline{X}_z(z) = \mathfrak{Z}\{\underline{x}_k\} = \mathfrak{Z}\left\{\begin{bmatrix} x_{1k} \\ \vdots \\ x_{nk} \end{bmatrix}\right\} = \begin{bmatrix} \mathfrak{Z}\{x_{1k}\} \\ \vdots \\ \mathfrak{Z}\{x_{nk}\} \end{bmatrix} = \begin{bmatrix} X_{1z}(z) \\ \vdots \\ X_{nz}(z) \end{bmatrix} .$$

Aufgrund dieser Definition bleiben die bisherigen Rechenregeln der z-Transformation unverändert gültig. Sie übertragen sich einfach von den Komponenten auf die Vektoren. Sehen wir uns das am Beispiel der Regel für die "Verschiebung nach links' an! Zunächst ist

$$\mathfrak{Z}\{\underline{x}_{k+1}\} = \begin{bmatrix} \mathfrak{Z}\{x_{1,k+1}\} \\ \vdots \\ \mathfrak{Z}\{x_{n,k+1}\} \end{bmatrix} .$$

*) Um Klammeranhäufungen zu vermeiden, sind im folgenden Klammern, die Zahlenfolgen kennzeichnen, weggelassen worden: $\underline{x}_k$ statt $(\underline{x}_k)$.

Nach (3.19) ist für m = 1 :

$$\mathcal{Z}\{x_{i,k+1}\} = zX_{iz}(z) - zx_{io} \text{ , } i = 1,\dots,n.$$

Daraus folgt

$$\mathcal{Z}\{\underline{x}_{k+1}\} = \begin{bmatrix} zX_{1z}(z)-zx_{1o} \\ \vdots \\ zX_{nz}(z)-zx_{no} \end{bmatrix} = z\underline{X}_z(z) - z\underline{x}_o . \quad (7.27)$$

Das ist aber genau die gleiche Regel wie im skalaren Fall, nur mit den entsprechenden Vektoren anstelle der Skalare.

Hiermit sind wir in der Lage, die Zustandsgleichungen (7.14), (7.15) des Abtastsystems in den z-Bereich zu übersetzen:

$$z\underline{X}_z(z) - z\underline{x}_o = \underline{\phi}\ \underline{X}_z(z) + \underline{H}\ \underline{U}_z(z) \text{ ,} \quad (7.28)$$

$$\underline{Y}_z(z) = \underline{C}\ \underline{X}_z(z) \text{ .} \quad (7.29)$$

Ist speziell $\underline{u}_k = \underline{O}$ für alle k und damit $\underline{U}_z(z) = 0$ für alle z, so folgt aus (7.28)

$$(z\underline{I}-\underline{\phi})\underline{X}_z(z) = z\ \underline{x}_o \text{ ,}$$

$$\underline{X}_z(z) = (z\underline{I}-\underline{\phi})^{-1} z\ \underline{x}_o \text{ .}$$

Andererseits folgt durch z-Transformation aus (7.18)

$$\underline{X}_z(z) = \mathcal{Z}\{\underline{\phi}^k\}\cdot\underline{x}_o \text{ .}$$

Der Vergleich der beiden letzten Beziehungen liefert die Korrespondenz:

$$\underline{\Phi}^k \circ\!\!-\!\!\bullet \; (z\underline{I}-\underline{\Phi})^{-1}z = (\underline{I}-z^{-1}\underline{\Phi})^{-1} \tag{7.30}$$

Das ist die geradlinige Verallgemeinerung der skalaren Korrespondenz

$$a^k \circ\!\!-\!\!\bullet \; (z-a)^{-1}z = \frac{z}{z-a} \;.$$

Aus den Gleichungen (7.28), (7.29) kann man ein Strukturbild des Abtastsystems herleiten. Dazu schreiben wir (7.28) in der Form

$$\underline{X}_z(z) = \underline{x}_o + z^{-1}\left(\underline{\Phi}\;\underline{X}_z(z)+\underline{H}\;\underline{U}_z(z)\right) \;.$$

Bei der Übersetzung in den Zeitbereich geht $\underline{X}_z(z)$ in $(\underline{x}_k)$, $\underline{U}_z(z)$ in $(\underline{u}_k)$ über. Die Multiplikation mit z^{-1} bedeutet entsprechend (3.16) Verschiebung um 1 (bzw. um die Abtastperiode T) nach rechts. Und was wird aus dem konstanten Vektor $\underline{x}_o$? Wegen

$$\underline{x}_o = \underline{x}_o + \underline{O}\cdot z^{-1} + \underline{O}\cdot \underline{z}^{-2} + \ldots$$

entspricht ihm im Zeitbereich die Folge

$$(\underline{x}_o,\underline{O},\underline{O},\ldots) = \underline{x}_o(1,0,0\;\ldots) = \underline{x}_o\cdot(e_k)\,.$$

Man erhält so für das Abtastsystem (7.14), (7.15) die im Bild 7/2 wiedergegebene Struktur.*) Um kein neues Symbol einführen zu müssen, wird dabei die Rechtsverschiebung um 1 durch z^{-1} gekennzeichnet. Die Eingangsgröße dieses Blockes ist die Folge $(\underline{\Phi}\;\underline{x}_k+\underline{H}\;\underline{u}_k)$, also nach (7.14) gerade die Folge $(\underline{x}_{k+1})$.

*) Wie üblich bezeichnen die doppellinigen Pfeile vektorielle Größen.

Bei dieser Darstellung ist zweierlei zu beachten. Die Wirkungslinien des Strukturbildes symbolisieren Zahlen*folgen* und nicht einzelne Zahlen, so wie sie im kontinuierlichen Bereich Zeitfunktionen und nicht nur einzelne Funktionswerte kennzeichnen. Weiterhin beschreibt das Strukturbild das Zeitverhalten erst ab dem Zeitpunkt k = O. Die Vergangenheit des Systems muß durch die Anfangsbedingungen eingeführt werden.

Die Struktur im Bild 7/2 ist analog aufgebaut wie das Strukturbild der Zustandsgleichungen eines kontinuierlichen Systems. Das Bild bringt zum Ausdruck, daß der Zustand des Abtastsystems durch zwei äußere Einflüsse bestimmt wird: die Steuergröße $(\underline{u}_k)$ und den Anfangszustand $\underline{x}_0$ bzw. die Anfangsstörung $\underline{x}_0 \cdot (e_k)$.

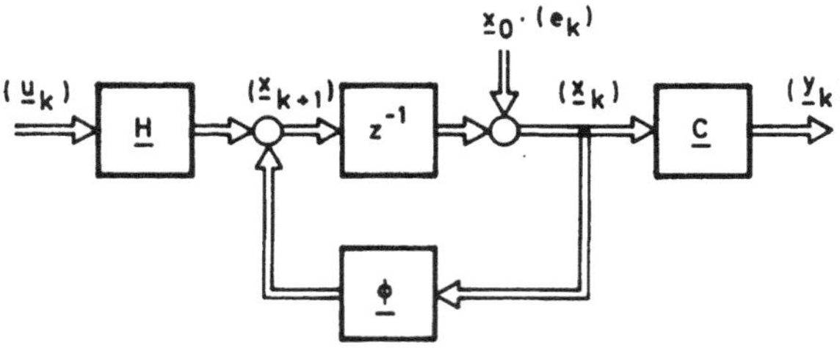

Bild 7/2 Strukturbild des Abtastsystems (7.14), (7.15). Dabei: z^{-1} Symbol für die Verschiebung um 1 nach rechts. $(e_k) = (1,0,0,\ldots)$.

Abschließend wollen wir den Zusammenhang zwischen der Zustandsbeschreibung und der im Abschnitt 4.2 eingeführten z-Übertragungsfunktion herstellen. Dazu betrachten wir ein Eingrößensystem, also ein Abtastsystem mit einer skalaren Ein- und Ausgangsgröße, und denken uns die Anfangsauslenkung $\underline{x}_0 = \underline{0}$ gesetzt. Dann wird aus (7.28) und (7.29):

$$z\underline{X}_z(z) = \underline{\phi}\ \underline{X}_z(z) + \underline{h}U_z(z) ,$$

$$Y_z(z) = \underline{c}^T\underline{X}_z(z) ,$$

also

$$Y_z(z) = \underline{c}^T(z\underline{I}-\underline{\phi})^{-1}\underline{h}\cdot U_z(z) .$$

Das ist aber nichts anderes als die z-Übertragungsgleichung des Eingrößensystems. Der skalare Faktor von $U_z(z)$ ist darin die z-Übertragungsfunktion:

$$G_z(z) = \underline{c}^T(z\underline{I}-\underline{\phi})^{-1}\underline{h} . \qquad (7.31)$$

Bei gegebenen Zustandsmatrizen eines Eingrößensystems kann man so seine z-Übertragungsfunktion berechnen.

Hieraus sei sogleich eine Folgerung gezogen. Da allgemein

$$\underline{M}^{-1} = \frac{\text{adj } \underline{M}}{\det \underline{M}}$$

gilt, wobei adj $\underline{M}$ die adjungierte Matrix zu $\underline{M}$ bezeichnet (siehe etwa [50a], Abschnitt 3.2), wird

$$G_z(z) = \frac{\underline{c}^T \text{adj}(z\underline{I}-\underline{\phi})\underline{h}}{\det(z\underline{I}-\underline{\phi})} .$$

Der Zähler ist wieder ein Skalar, und zwar ein Polynom in z. Der Nenner ist nach (7.22) gerade das charakteristische Polynom des Abtastsystems. Seine Nullstellen, <u>die Eigenwerte des Abtastsystems, sind daher die Pole der z-Übertragungsfunktion $G_z(z)$, abgesehen von dem Ausnahmefall, daß Eigenwerte mit Nullstellen des Zählerpolynoms von $G_z(z)$ zusammenfallen</u>.

7.4 Struktur von Abtastregelungen im Zustandsraum

Nachdem mit Bild 7/2 das Strukturbild der Strecke vorliegt, kann man die Struktur der Abtastregelung ganz entsprechend wie im kontinuierlichen Fall aufbauen. Der Zustandsvektor $\underline{x}_k$ wird über eine konstante Reglermatrix $\underline{R}$ zurückgeführt. Sie hat den Zweck, die Anfangsstörung auszuregeln, also - im Sinne unserer Stabilitätsdefinition - die Stabilität des Systems und darüber hinaus ein gewünschtes dynamisches Verhalten (z.B. genügende Dämpfung, aber auch hinreichende Schnelligkeit) zu sichern. Zusätzlich wird eine Führungsgröße $\underline{w}_k$ aufgeschaltet, die dafür sorgen soll, daß im stationären Zustand die Ausgangsgröße $\underline{y}_k$ den vorgegebenen festen Sollwert $\underline{y}_S$ annimmt. Man gelangt so zu der Reglergleichung

$$\underline{u}_k = -\underline{R}\,\underline{x}_k + \underline{w}_k\,, \quad k = 0,1,2,\ldots\,. \tag{7.32}$$

Die Struktur der so erhaltenen Regelung ist im Bild 7/3 dargestellt. Unter den einzelnen Blöcken ist der Typ der zugehörigen Matrizen angegeben.

Die Gleichungen der Abtastregelung lauten somit:

$$\underline{x}_{k+1} = \underline{\Phi}\,\underline{x}_k + \underline{H}\,\underline{u}_k\,,$$

$$\underline{u}_k = -\underline{R}\,\underline{x}_k + \underline{w}_k\,,$$

$$\underline{y}_k = \underline{C}\,\underline{x}_k$$

oder

$$\underline{x}_{k+1} = (\underline{\Phi} - \underline{H}\,\underline{R})\underline{x}_k + \underline{H}\,\underline{w}_k\,, \tag{7.33}$$

$$\underline{y}_k = \underline{C}\,\underline{x}_k\,. \tag{7.34}$$

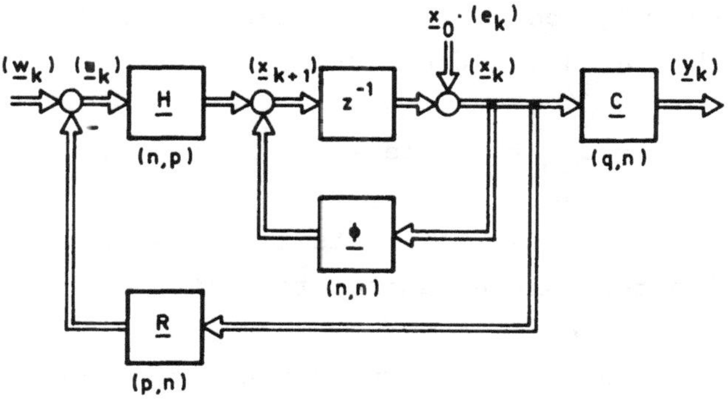

Bild 7/3 Struktur einer Abtastregelung im Zustandsraum

Im Regleransatz (7.32) sind zwei verfügbare Parametersätze enthalten: die Reglermatrix $\underline{R}$ und die Führungsgröße $(\underline{w}_k)$. Die wesentliche Aufgabe wird darin bestehen, die Reglermatrix $\underline{R}$ zu bestimmen. Wir wollen vorab die einfachere Aufgabe erledigen, eine geeignete Führungsgröße $(\underline{w}_k)$ zu ermitteln, und gehen dabei von der Annahme aus, daß $\underline{R}$ bereits bestimmt ist. Da die Abtastregelung linear ist und die Einwirkungen der beiden äußeren Einflüsse sich demgemäß ungestört überlagern, dürfen wir für die folgende Untersuchung $\underline{x}_o = \underline{0}$ setzen.

Die Führungsgröße $(\underline{w}_k)$ soll nun so bestimmt werden, daß im stationären Zustand die Ausgangsgröße $(\underline{y}_k)$ den gegebenen konstanten Sollwert $\underline{y}_S$ annimmt. Wir müssen uns zunächst fragen, wie bei einem Abtastsystem der stationäre Zustand gegeben ist. Allgemein bezeichnet man einen Zustand als stationär, wenn sich die Zustandsvariablen nicht ändern.*) Das bedeutet für ein Abtastsystem:

$$\underline{x}_{k+1} = \underline{x}_k = \underline{x}_S \text{ (konstant) für alle k.}$$

*) Von Dauerschwingungen sehen wir dabei ab, da sie für unsere Betrachtungen keine Rolle spielen.

Das ist nur möglich, wenn der Eingangsvektor $\underline{u}_k$ des Abtastsystems ebenfalls konstant ist:

$$\underline{u}_k = \underline{u}_S \quad \text{für alle k.}$$

Dabei ist also $\underline{u}_S$ der konstante Eingangsvektor, welcher den stationären Zustand aufrechterhält.

Setzen wir auch die Führungsgröße konstant an, also

$$\underline{w}_k = \underline{w}_S \quad \text{für alle k,}$$

so folgt aus den Gleichungen (7.33), (7.34) der Abtastregelung für den stationären Zustand:

$$\underline{x}_S = (\underline{\phi} - \underline{H}\,\underline{R})\underline{x}_S + \underline{H}\,\underline{w}_S \,, \tag{7.35}$$

$$\underline{y}_S = \underline{C}\,\underline{x}_S \,. \tag{7.36}$$

Da $\underline{y}_S$ vorgegeben ist, sind das zwei Gleichungen zur Ermittlung der gesuchten Vektoren $\underline{w}_S$ und $\underline{x}_S$. Aus (7.35) folgt unmittelbar

$$(\underline{I} - \underline{\phi} + \underline{H}\,\underline{R})\underline{x}_S = \underline{H}\,\underline{w}_S \,. \tag{7.37}$$

Um zu erkennen, daß die Matrix $\underline{I} - \underline{\phi} + \underline{H}\,\underline{R}$ regulär, also $\det(\underline{I} - \underline{\phi} + \underline{H}\,\underline{R}) \neq 0$ ist, betrachten wir das charakteristische Polynom der Abtastregelung:

$$\det[zI - (\underline{\phi} - \underline{H}\,\underline{R})] \,.$$

Für z = 1 geht es in die uns interessierende Determinante $\det(\underline{I} - \underline{\phi} + \underline{H}\,\underline{R})$ über. Wäre sie Null, so hätte das charakteristische Polynom der Abtastregelung die Nullstelle z = 1, die Abtastregelung also den Eigenwert z = 1. Von etwaigen Ausnahmefällen abgesehen, wäre sie dann instabil. Eine solche Möglichkeit wird man gewiß nicht zulassen, vielmehr $\underline{R}$ so wählen, daß alle Eigenwerte der Abtastregelung im Innern des Einheitskreises der z-Ebene liegen.

Damit folgt aus (7.37)

$$\underline{x}_S = (\underline{I} - \underline{\phi} + \underline{H}\,\underline{R})^{-1}\underline{H}\,\underline{w}_S \,. \tag{7.38}$$

Das gibt, in (7.36) eingesetzt:

$$\underline{y}_S = \underline{C}(\underline{I} - \underline{\phi} + \underline{H}\,\underline{R})^{-1}\underline{H}\cdot\underline{w}_S \,.$$

Der Faktor vor $\underline{w}_S$ ist eine (q,p)-Matrix. Setzen wir voraus, daß q = p, also die Anzahl der Ausgangsgrößen gleich der Anzahl der Steuergrößen ist, so folgt

$$\underline{w}_S = [\underline{C}(\underline{I} - \underline{\phi} + \underline{H}\,\underline{R})^{-1}\underline{H}]^{-1}\underline{y}_S \,. \tag{7.39}$$

Man wird annehmen dürfen, daß die zuletzt durchgeführte Inversion möglich ist, da man die Eingriffsstellen der Stellgrößen so wählen wird, daß sich jedes gewünschte stationäre Verhalten des Ausgangsvektors durch geeignete Wahl des Führungsvektors verwirklichen läßt.

Wählt man die konstante Führungsgröße $\underline{w}_k = \underline{w}_S$ gemäß (7.39), so stellt sich im stationären Zustand der gewünschte Sollwert $\underline{y}_S$ von $\underline{y}_k$ ein. Theoretisch wird er für $k \to +\infty$ erreicht, praktisch nach einiger Zeit, wenn nämlich der Einschwingvorgang der durch $\underline{R}$ stabilisierten Abtastregelung abgeklungen ist.

Man kann das Ergebnis (7.39) auch in der folgenden Weise interpretieren. Um das gewünschte stationäre Führungsverhalten zu erzielen, schaltet man den konstanten Sollwert $\underline{y}_S$ auf ein Vorfilter, d.h. einen Block, der vor dem eigentlichen Regelkreis liegt und durch die konstante Matrix

$$\underline{S} = [\underline{C}(\underline{I} - \underline{\phi} + \underline{H}\,\underline{R})^{-1}\underline{H}]^{-1} \tag{7.40}$$

gegeben ist. Falls es sich um ein Eingrößensystem handelt, geht diese Matrix in einen skalaren Faktor über.

Das Ergebnis (7.39) bzw. (7.40) kann man auch dadurch erhalten, daß man aus dem Bild 7/3 die z-Führungs-Übertragungsmatrix der Abtastregelung herleitet und dann mittels des Endwertsatzes (3.49) zum stationären Zustand übergeht. Man sieht dann, daß $\underline{S}$ nichts anderes ist als die inverse Führungsübertragungsmatrix an der Stelle z = 1.

Nachdem die Behandlung des Führungsverhaltens erledigt ist, können wir uns nunmehr dem Hauptproblem zuwenden: Wie ist die Reglermatrix $\underline{R}$ zu wählen, damit die Abtastregelung stabil ist und darüber hinaus ein günstiges dynamisches Verhalten zeigt? Hierfür werden in den nächsten Abschnitten einige Vorschläge gemacht. Wegen der Linearität der Abtastregelung darf man dabei $\underline{w}_k = \underline{0}$ setzen, womit das Regelungsgesetz von der Form

$$\underline{u}_k = -\underline{R}\,\underline{x}_k$$

ist. Da die Ausgangsgleichung für die Bestimmung von $\underline{R}$ keine Rolle spielt, kann man sie ebenfalls weglassen. Man gelangt so zu der Zustandsrückführung im Bild 7/4. Aus ihm liest man als Gleichung der geschlossenen Regelung die Beziehung

$$\underline{x}_{k+1} = (\underline{\phi} - \underline{H}\,\underline{R})\underline{x}_k\,, \quad k = 0,1,2,\ldots, \tag{7.41}$$

ab.

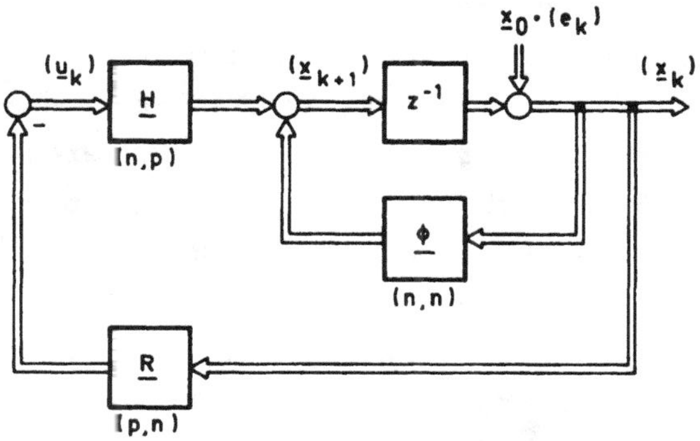

Bild 7/4 Zustandsrückführung.
Dabei: z^{-1} Symbol für die Verschiebung um 1 nach rechts.
$(e_k) = (1,0,0,...)$.

7.5 Entwurf auf endliche Einstellzeit und Steuerbarkeit von Abtastsystemen

Als erstes Verfahren zur Berechnung der Reglermatrix $\underline{R}$ wollen wir den Entwurf auf endliche Einstellzeit behandeln. Zwar haben wir ihn im Kapitel 6 schon betrachtet, aber nur für Eingrößensysteme. Im Zustandsraum ergeben sich neue, interessante Aspekte.*)

*) Zum Entwurf zeitvarianter Systeme auf endliche Einstellzeit siehe F. DÖRRSCHEIDT: Entwurf auf endliche Einstellzeit bei linearen Regelungssystemen mit veränderlichen Parametern. Regelungstechnik 24 (1976), Seite 89-96.
Als Anwendungsbeispiel dazu vom gleichen Verfasser: Anwendung des Entwurfs auf endliche Einstellzeit auf die Steuerung einer Verladebrücke. Regelungstechnik 24 (1976), Seite 289-296.
Wie schon im Kapitel 6 wird auch im folgenden die endliche Einstellzeit in der kleinstmöglichen Anzahl von Abtastschritten durchgeführt. Läßt man eine größere Schrittzahl zu, so kann man manche Nachteile des Entwurfs auf endliche Einstellzeit vermeiden. Siehe hierzu H. HANSELMANN: Steuerungsentwurf durch Abschwächung und Modifikation des Entwurfs auf endliche Einstellzeit. Regelungstechnik 27 (1979), Seite 59-64.

Es geht jetzt darum, einen Regler $\underline{u}_k = -\underline{R}\ \underline{x}_k$ zu finden, der den Zustandspunkt $\underline{x}_k$ in endlich vielen Schritten aus einem beliebigen Anfangspunkt $\underline{x}_o$ in den vorgegebenen Zielpunkt $\underline{x}_e$ überführt und dort hält. Soll letzteres überhaupt möglich sein, muß es sich bei $\underline{x}_e$ um einen stationären Zustand der Strecke handeln. Das heißt: Es muß einen konstanten Vektor $\underline{w}_S$ geben, bei dessen Aufschaltung der Zustand $\underline{x}_e$ erhalten bleibt, wenn er einmal erreicht ist. Vorläufig soll es uns aber nur auf das Erreichen des Zielpunktes $\underline{x}_e$ ankommen, so daß wir ihn vorerst beliebig annehmen.

Wir gehen von der Zustandsdifferenzengleichung

$$\underline{x}_{k+1} = \underline{\Phi}\ \underline{x}_k + \underline{H}\ \underline{u}_k\ , \quad k = 0,1,2,\ldots \tag{7.42}$$

der Strecke aus, denken uns eine zunächst beliebige Steuerfolge

$$(\underline{u}_o, \underline{u}_1, \ldots, \underline{u}_{m-1})$$

aufgeschaltet und berechnen nacheinander die Zustände, welche der variable Zustandspunkt $\underline{x}_k$ der Strecke annimmt:

$$\begin{aligned}
\underline{x}_1 &= \underline{\Phi}\ \underline{x}_o + \underline{H}\ \underline{u}_o\ , \\
\underline{x}_2 &= \underline{\Phi}\ \underline{x}_1 + \underline{H}\ \underline{u}_1 = \underline{\Phi}^2\underline{x}_o + \underline{\Phi}\ \underline{H}\ u_o + \underline{H}\ \underline{u}_1\ , \\
\underline{x}_3 &= \underline{\Phi}\ \underline{x}_2 + \underline{H}\ \underline{u}_2 = \underline{\Phi}^3\underline{x}_o + \underline{\Phi}^2\underline{H}\ \underline{u}_o + \underline{\Phi}\ \underline{H}\ \underline{u}_1 + \underline{H}\ \underline{u}_2, \\
&\vdots \\
\underline{x}_m &= \underline{\Phi}^m\underline{x}_o + \underline{\Phi}^{m-1}\underline{H}\ \underline{u}_o + \ldots + \underline{\Phi}\ \underline{H}\ \underline{u}_{m-2} + \underline{H}\ \underline{u}_{m-1}\ .
\end{aligned} \tag{7.43}$$

Soll $\underline{x}_m = \underline{x}_e$ sein, so folgt aus der letzten Gleichung die Forderung

$$\underline{H}\,\underline{u}_{m-1} + \underline{\phi}\,\underline{H}\,\underline{u}_{m-2} + \ldots + \underline{\phi}^{m-1}\underline{H}\,\underline{u}_0 = \underline{x}_e - \underline{\phi}^m \underline{x}_0 \,.$$

Hierfür kann man auch schreiben ([50a], Abschnitt 2.5):

$$[\underline{H}\,,\underline{\phi}\,\underline{H},\ldots,\underline{\phi}^{m-1}\underline{H}] \begin{bmatrix} \underline{u}_{m-1} \\ \underline{u}_{m-2} \\ \vdots \\ \underline{u}_0 \end{bmatrix} = \underline{x}_e - \underline{\phi}^m \underline{x}_0 \,. \qquad (7.44)$$

Da

$$\underline{H} = [\underline{h}_1,\ldots,\underline{h}_p]$$

eine (n,p)-Matrix ist, stellt

$$\begin{aligned} \underline{Q}_m &= [\underline{H},\underline{\phi}\,\underline{H},\ldots,\underline{\phi}^{m-1}\underline{H}] = \\ &= [\underline{h}_1,\ldots,\underline{h}_p;\ \underline{\phi}\,\underline{h}_1,\ldots,\ \underline{\phi}\,\underline{h}_p;\ldots;\underline{\phi}^{m-1}\underline{h}_1,\ldots,\underline{\phi}^{m-1}\underline{h}_p] \end{aligned} \qquad (7.45)$$

eine $(n,m\cdot p)$-Matrix dar. (7.44) ist ein System von n linearen Gleichungen für die $m\cdot p$ gesuchten Komponenten der Vektoren $\underline{u}_0,\ldots,\underline{u}_{m-1}$. Darin wurde m noch nicht festgelegt.

Das Gleichungssystem (7.44) ist genau dann lösbar, wenn die Verträglichkeitsbedingung erfüllt ist:*)

$$\mathrm{Rg}\,\underline{Q}_m = \mathrm{Rg}[\underline{Q}_m,\underline{x}_e-\underline{\phi}^m\underline{x}_0] \,.$$

*) Siehe etwa [50a], Abschnitt 8.2, Satz 9. Im folgenden wird der Rang einer Matrix $\underline{M}$, also die Maximalzahl ihrer linear unabhängigen Zeilen oder Spalten, mit Rg $\underline{M}$ abgekürzt.

Das ist genau dann der Fall, wenn der Vektor $\underline{x}_e - \underline{\phi}^m \underline{x}_o$ von den Spaltenvektoren von $\underline{Q}_m$ linear abhängt. Da dieser Vektor für beliebiges $\underline{x}_o$ einen beliebigen n-dimensionalen Vektor darstellt, ist dies nur möglich, wenn die Spaltenvektoren von $\underline{Q}_m$ den gesamten n-dimensionalen Raum aufspannen. Dazu muß es unter ihnen n linear unabhängige geben. Genau dann, wenn dies der Fall ist, wenn also $\underline{Q}_m$ den Rang n hat, ist das Gleichungssystem (7.44) lösbar. Da $\underline{Q}_m$ genau n Zeilen hat, ist dies der höchstmögliche Rang von $\underline{Q}_m$. Es gibt dann (mindestens) eine Steuerfolge $(\underline{u}_o, \underline{u}_1, \ldots, \underline{u}_{m-1})$, welche den Zustandspunkt $\underline{x}_k$ der Strecke aus dem beliebigen Anfangszustand $\underline{x}_o$ in den (ebenfalls beliebigen) Endzustand $\underline{x}_e$ überführt.

Da $\underline{Q}_m$ $m \cdot p$ Spaltenvektoren hat, ist dies nur möglich, wenn $mp \geqq n$, also die Schrittzahl

$$m \geqq \frac{n}{p}$$

ist. Um die erforderliche Mindestschrittzahl μ zu finden, für die Rg $\underline{Q}_m = n$ ist, beginnt man also mit der kleinsten natürlichen Zahl m_o, die $\geqq \frac{n}{p}$ ist, und ermittelt Rg $\underline{Q}_{m_o}$. Ist er $< n$, so geht man zu m_o+1 über. Usw. Da mit wachsender Schrittzahl m die Spaltenzahl $m \cdot p$ von $\underline{Q}_m$ wächst, nimmt der Rang von $\underline{Q}_m$ dabei zu oder zumindest nicht ab.

Ist aber für $m = n$ immer noch Rg $\underline{Q}_n < n$, so wird der Rang n von $\underline{Q}_m$ nicht mehr erreicht, wie groß man auch die Schrittzahl m wählen mag. Das kann man in der folgenden Weise einsehen. Nach dem Theorem von CAYLEY-HAMILTON ([50a], Abschnitt 14.3, Satz 6) erfüllt die Matrix $\underline{\phi}$ ihre charakteristische Gleichung:

$$\underline{\phi}^n + a_{n-1}\underline{\phi}^{n-1} + \ldots + a_1\underline{\phi} + a_o\underline{I} = \underline{0} ,$$

wobei die a_ν feste Zahlen sind, die hier nicht im einzelnen interessieren. Daraus folgt

$$\underline{\Phi}^n \underline{h}_\nu = -a_0 \underline{h}_\nu - a_1 \underline{\Phi}\, \underline{h}_\nu - \ldots - a_{n-1} \underline{\Phi}^{n-1} \underline{h}_\nu \ , \quad \nu = 1, \ldots, p.$$

Fügt man daher zu $\underline{H}, \underline{\Phi}\,\underline{H}, \ldots, \underline{\Phi}^{n-1}\underline{H}$ die Potenz $\underline{\Phi}^n \underline{H} = [\underline{\Phi}^n \underline{h}_1, \ldots, \underline{\Phi}^n \underline{h}_p]$ hinzu, so sind deren Spaltenvektoren sämtlich von den bereits vorhandenen Spaltenvektoren linear abhängig. Diese Schlußweise läßt sich auf die höheren Potenzen $\underline{\Phi}^{n+1}\underline{H}, \ldots$ fortsetzen.

Das Ergebnis der bisherigen Untersuchungen können wir in folgendem Satz zusammenfassen:

Das Gleichungssystem (7.44) besitzt genau dann (mindestens) eine Lösung $[\underline{u}_0, \underline{u}_1, \ldots, \underline{u}_{m-1}]$, der Zustandspunkt $\underline{x}_k$ des Abtastsystems (7.14), (7.15) kann also genau dann in endlich vielen Schritten aus dem beliebigen Anfangszustand x_0 in den (ebenfalls beliebigen) Endzustand $\underline{x}_e$ überführt werden, wenn die (n,np)-Matrix

$$\underline{Q}_S := \underline{Q}_n = [\underline{H}, \underline{\Phi}\,\underline{H}, \ldots, \underline{\Phi}^{n-1}\underline{H}]$$

den Höchstrang n hat. Die kleinste Schrittzahl μ, die hierzu erforderlich ist, genügt der Ungleichung

$$\frac{n}{p} \leqq \mu \leqq n. \qquad (7.46)$$

Es ist jetzt an der Zeit, einen Begriff einzuführen, der in der gesamten Zustandstheorie eine grundlegende Rolle spielt und der sich bei unseren Untersuchungen von selbst eingestellt hat:

Das Abtastsystem

$$\underline{x}_{k+1} = \underset{(n,n)}{\underline{\Phi}}\, \underline{x}_k + \underset{(n,p)}{\underline{H}}\, \underline{u}_k\,, \quad \underline{y}_k = \underline{C}\, \underline{x}_k\,,$$

$$k = 0,1,2,\ldots,$$

heiße steuerbar, wenn sein Zustandspunkt $\underline{x}_k$ in endlich vielen Schritten aus dem beliebigen Anfangspunkt $\underline{x}_0$ in den beliebigen Endpunkt $\underline{x}_e$ überführt werden kann.*) (7.47)

Das Ergebnis (7.46) läßt sich dann in der folgenden Weise formulieren (R.E. KALMAN, 1960):

Das Abtastsystem aus (7.47) ist genau dann steuerbar, wenn die (n,np)-Matrix

$$\underline{Q}_S = [\underline{H}, \underline{\Phi}\, \underline{H}, \ldots, \underline{\Phi}^{n-1}\underline{H}]$$

den Höchstrang n hat. (7.48)

---

*) In der Literatur nennt man ein derartiges System vollständig zustandssteuerbar. Man kann nämlich auch die Forderung stellen, den Ausgangsvektor $\underline{y}_k$ in endlicher Zeit aus einem beliebigen Anfangsvektor in einen gegebenen Endvektor zu überführen, und hat dann die Ausgangssteuerbarkeit von der Zustandssteuerbarkeit zu unterscheiden. Bleibt man bei der Zustandssteuerbarkeit, so kann es sein, daß sich $\underline{x}_k$ nicht aus jedem Punkt $\underline{x}_0$ in endlicher Zeit nach $\underline{x}_e$ bewegen läßt. Dann ist das System nicht vollständig zustandssteuerbar. Da wir uns im folgenden ausschließlich mit der vollständigen Zustandssteuerbarkeit befassen, können wir sie für unsere Zwecke als "Steuerbarkeit" schlechthin bezeichnen.

Häufig beschränkt man sich auch darauf, als Zielpunkt $\underline{x}_e = \underline{0}$ zu nennen. Das ist keine Einschränkung der Allgemeinheit, weil man durch Parallelverschiebung des Koordinatensystems den Ursprung in einen beliebigen Zielpunkt verlegen kann.

$\underline{Q}_S$ wird auch als <u>Steuerbarkeitsmatrix</u> bezeichnet. Ist das System steuerbar, so wird die kleinste Zahl m, für die $\underline{Q}_m$ den Rang n hat, der <u>Steuerbarkeitsindex</u> μ genannt. Er stellt die kleinste Schrittzahl dar, mit der man von einem beliebigen Anfangspunkt $\underline{x}_o$ nach $\underline{x}_e$ gelangen kann. Für ihn gilt die Ungleichung in (7.46). Handelt es sich speziell um ein Eingrößensystem, so gilt wegen $p = 1$ $\mu = n$. Hier braucht man also so viele Schritte, wie die Ordnung des Systems beträgt. Bei mehreren Steuergrößen ($p > 1$) wird sich die Schrittzahl verringern - verständlicherweise, da man mit mehreren Steuergrößen stärkere Eingriffsmöglichkeiten hat.

Über die Herleitung des Steuerbarkeitskriteriums hinaus haben wir im vorhergehenden ein Verfahren entwickelt, eine Steuerfolge $(\underline{u}_o, \underline{u}_1, \ldots, \underline{u}_{m-1})$ zu berechnen, welche den Punkt $\underline{x}_k$ des Abtastsystems von $\underline{x}_o$ nach $\underline{x}_e$ überführt - sofern das Abtastsystem steuerbar ist: Man ermittelt den Steuerbarkeitsindex μ und bestimmt dann eine Lösung des Gleichungssystems (7.44) für $m = \mu$,

$$\underline{Q}_\mu \cdot \begin{bmatrix} \underline{u}_{\mu-1} \\ \vdots \\ \underline{u}_o \end{bmatrix} = \underline{x}_e - \underline{\phi}^\mu \underline{x}_o \,, \qquad (7.49)$$

wobei

$$\underline{Q}_\mu = [\underline{H}, \underline{\phi}\,\underline{H}, \ldots, \underline{\phi}^{\mu-1}\underline{H}] \qquad (7.50)$$

eine $(n,\mu p)$-Matrix ist. Dabei ist $\mu p \geqq n$, da andernfalls $\underline{Q}_\mu$ nicht den Höchstrang n haben könnte.

Bei der <u>Lösung von (7.49)</u> sind zwei Fälle zu unterscheiden.

<u>Fall I: $\mu p = n$ bzw. $\mu = \frac{n}{p}$.</u>

Hierzu zählen insbesondere alle Eingrößensysteme (p = 1). Im Fall I ist die Matrix $\underline{Q}_\mu$ eine quadratische (n,n)-Matrix und damit wegen des Höchstranges auch regulär. Die Lösung von (7.49) ist eindeutig bestimmt:

$$\begin{bmatrix} \underline{u}_{\mu-1} \\ \vdots \\ \underline{u}_o \end{bmatrix} = \underline{Q}_\mu^{-1}(\underline{x}_e - \underline{\phi}^\mu \underline{x}_o) \ . \tag{7.51a}$$

Bezeichnet man die ersten p Zeilen von $\underline{Q}_\mu^{-1}$ mit $\underline{K}_{\mu-1}$, die nächsten p Zeilen mit $\underline{K}_{\mu-2}, \ldots$, so daß also

$$\underline{Q}_\mu^{-1} = \begin{bmatrix} \underline{K}_{\mu-1} \\ \vdots \\ \underline{K}_o \end{bmatrix} \begin{matrix} \} \, p \\ \\ \} \, p \end{matrix} \tag{7.51b}$$

gilt, so folgt aus (7.51a):

$$\left.\begin{aligned} \underline{u}_o &= \underline{K}_o(\underline{x}_e - \underline{\phi}^\mu \underline{x}_o) \ , \\ \underline{u}_1 &= \underline{K}_1(\underline{x}_e - \underline{\phi}^\mu \underline{x}_o) \ , \\ &\vdots \\ \underline{u}_{\mu-1} &= \underline{K}_{\mu-1}(\underline{x}_e - \underline{\phi}^\mu \underline{x}_o) \ . \end{aligned}\right\} \tag{7.52}$$

Fall II: $\mu p > n$ bzw. $\mu > \frac{n}{p}$.

Jetzt ist die Matrix $\underline{Q}_\mu$ nicht mehr quadratisch, stellt vielmehr ein liegendes Rechteck dar. Da jetzt mehr Unbekannte als Gleichungen auftreten, gibt es unendlich viele Lösungen der Gleichung

$$\underline{Q}_{\mu} \begin{bmatrix} \underline{u}_{\mu-1} \\ \vdots \\ \underline{u}_{o} \end{bmatrix} = \underline{x}_{e} - \underline{\phi}^{\mu} \underline{x}_{o} \ . \tag{7.53}$$

Eine dieser Lösungen kann man sofort angeben:

$$\begin{bmatrix} \underline{u}_{\mu-1} \\ \vdots \\ \underline{u}_{o} \end{bmatrix} = \underline{Q}_{\mu}^{T} \cdot (\underline{Q}_{\mu} \underline{Q}_{\mu}^{T})^{-1} (\underline{x}_{e} - \underline{\phi}^{\mu} \underline{x}_{o}) \ . \tag{7.54}$$

Da die (n,μp)-Matrix $\underline{Q}_{\mu}$ den Höchstrang n hat, ist die (n,n)-Matrix $\underline{Q}_{\mu}\underline{Q}_{\mu}^{T}$ regulär ([50a], Abschnitt 11.2, Satz 4), so daß ihre Inverse in der Tat existiert.

Die Lösung (7.54) hat eine bemerkenswerte Minimaleigenschaft: Unter allen Lösungen der Gleichung (7.53), die von der Form $\begin{bmatrix} \underline{u}_{\mu-1} \\ \vdots \\ \underline{u}_{o} \end{bmatrix} = \underline{M}(\underline{x}_{e} - \underline{\phi}^{\mu} \underline{x}_{o})$ mit beliebigem $\underline{M}$ sind, hat sie den kleinsten Betrag.*) Man darf deshalb erwarten, daß die Beträge der Komponenten von $\underline{u}_{o}, \ldots, \underline{u}_{\mu-1}$ nicht allzu groß werden. Im Hinblick auf die stets vorhandene Beschränkung der Stellgrößen ist dies eine technisch sehr sinnvolle Eigenschaft. Auch die Lösung (7.54) kann man in einer zu (7.52) analogen Form darstellen.

Erzeugt man die Steuerfolge (7.52) bzw. (7.54) im Prozeßrechner, so steuert sie die Strecke in μ Schritten von $\underline{x}_{o}$ nach $\underline{x}_{e}$. Das trifft jedoch nur zu, wenn während des Steuer-

*) Siehe etwa [51], Unterabschnitt 17.3.10 (Die Moore-Penrosesche Pseudo-Inverse).

vorgangs, also während der Zeitspanne μT, keine Störungen auf die Strecke einwirken. Damit muß man aber normalerweise rechnen. Um Störeinflüsse rechtzeitig einzudämmen, sollte man ihnen nach Möglichkeit bei jedem Abtastschritt entgegenarbeiten. Das läßt sich dadurch erreichen, daß man den Steuervektor $\underline{u}_k$ statt vom Anfangszustand $\underline{x}_o$ von dem unmittelbar vorhergehenden Wert $\underline{x}_k$ abhängig macht, der ja den Störeinfluß mitenthält. Das heißt aber: Man muß von der Steuerung $\underline{u}_k = \underline{f}_k(\underline{x}_o)$ zur Regelung $\underline{u}_k = \underline{r}_k(\underline{x}_k)$ übergehen.

Einen solchen Übergang konkret durchzuführen, ist häufig keine einfache Aufgabe, wie man beispielsweise von Optimierungsproblemen her weiß. Hier wollen wir uns vorerst auf den Fall I ($n = \mu p$) beschränken, in dem die den Zustandspunkt $\underline{x}_k$ von $\underline{x}_o$ nach $\underline{x}_e$ überführende Steuerfolge $(\underline{u}_o, \underline{u}_1, \ldots, \underline{u}_{\mu-1})$ eindeutig bestimmt ist. Dann gelingt der Übergang zur Regelung fast ohne Rechnung, aufgrund eines geometrischen Gedankenganges, der von G. PREUSCHE für Eingrößensysteme angegeben wurde.*) Dazu machen wir nun Ernst mit der Voraussetzung, daß der Zielpunkt $\underline{x}_e = \underline{x}_S$ ein stationärer Zustand der Strecke ist, der - einmal erreicht - durch den konstanten Vektor $\underline{w}_S$ aufrechterhalten wird.

Wir betrachten nunmehr das Bild 7/5. In der oberen Zeile zeigt es eine Steuerfolge $\underline{u}_o, \underline{u}_1, \ldots, \underline{u}_{\mu-1}$, welche den Zustandspunkt $\underline{x}_k$ der Strecke von $\underline{x}_o$ über $\underline{x}_1, \underline{x}_2, \ldots$ in den Punkt $\underline{x}_\mu = \underline{x}_S$ überführt, wo er dann durch Aufschaltung von $\underline{w}_S$ gehalten wird. Die untere Zeile von Bild 7/5 zeigt eine Steuerfolge $\underline{u}_o^*, \underline{u}_1^*, \ldots, \underline{u}_{\mu-1}^*$, die im Punkt $\underline{x}_o^* = \underline{x}_1$ startet

*) G. PREUSCHE: Ein direktes digitales Regelsystem für Kernreaktoren und andere verfahrenstechnische Strecken mit vorwiegend meßbaren Steuergrößen. Dissertation Karlsruhe, 1970. Abschnitt 4.3.

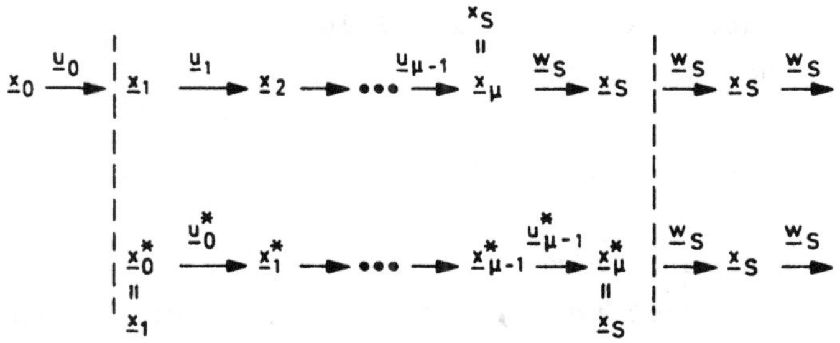

Bild 7/5 Zur Umwandlung der Steuerung mit endlicher Einstellzeit in eine Regelung

und in μ Schritten zum gleichen Zielpunkt $\underline{x}_S$ führt. Man hat damit in

$$(\underline{u}_1, \underline{u}_2, \ldots, \underline{u}_{\mu-1}, \underline{w}_S)$$

und

$$(\underline{u}_o^*, \underline{u}_1^*, \ldots \qquad , \underline{u}_{\mu-1}^*)$$

zwei Steuerfolgen der Länge μ, die beide von $\underline{x}_1$ nach $\underline{x}_S$ führen. Da eine derartige Steuerfolge aber eindeutig bestimmt ist, muß

$$\underline{u}_1 = \underline{u}_o^* \;, \; \underline{u}_2 = \underline{u}_1^*, \ldots, \underline{w}_S = \underline{u}_{\mu-1}^*$$

und damit auch

$$\underline{x}_2 = \underline{x}_1^*, \ldots, \underline{x}_S = \underline{x}_\mu^*$$

sein. Insbesondere gilt also wegen (7.52), angewandt auf $\underline{u}_o^*$:

$$\underline{u}_1 = \underline{u}_o^* = \underline{K}_o(\underline{x}_S - \underline{\phi}^\mu \underline{x}_o^*) \;,$$

da ja $\underline{x}_0^*$ der Startpunkt der Folge $(\underline{u}_0^*, \underline{u}_1^*, \ldots)$ ist. Wegen $\underline{x}_0^* = \underline{x}_1$ hat man daher

$$\underline{u}_1 = \underline{K}_0(\underline{x}_S - \underline{\phi}^{\mu}\underline{x}_1).$$

Bildet man weiterhin eine Folge $(\underline{u}_0^{**}, \ldots, \underline{u}_{\mu-1}^{**})$, die in $\underline{x}_0^{**} = \underline{x}_2$ startet und wiederum in $\underline{x}_S$ ihren Zielpunkt hat, so erhält man ganz entsprechend

$$\underline{u}_2 = \underline{K}_0(\underline{x}_S - \underline{\phi}^{\mu}\underline{x}_2).$$

So fortfahrend bekommt man allgemein

$$\underline{u}_k = \underline{K}_0(\underline{x}_S - \underline{\phi}^{\mu}\underline{x}_k) = -\underline{K}_0\,\underline{\phi}^{\mu}\underline{x}_k + \underline{K}_0\underline{x}_S\,. \qquad (7.55)$$

Damit hat man das gesuchte Regelungsgesetz

$$\underline{u}_k = -\underline{R}\,\underline{x}_k + \underline{w}_S\,, \qquad k = 0,1,2,\ldots$$

erhalten. Während

$$\underline{R} = \underline{K}_0\underline{\phi}^{\mu} \qquad (7.56)$$

die Reglermatrix darstellt, ist

$$\underline{w}_S = \underline{K}_0\underline{x}_S \qquad (7.57)$$

der konstante Führungsvektor, welcher den stationären Zustand $\underline{x}_S$ aufrechterhält. Die letzte Gleichung ist nebenbei abgefallen und wird im konkreten Fall nicht benötigt. Hat man nämlich $\underline{R}$ gemäß (7.56) berechnet, so erhält man $\underline{w}_S$ für q = p aus (7.39), wobei $\underline{y}_S$ der Sollwert der Ausgangsgröße ist. Daraus ergibt sich dann - sofern überhaupt von Interesse - $\underline{x}_S$ gemäß (7.38).

Sofern man $\underline{w}_S = \underline{0}$ annimmt, ist auf jeden Fall $\underline{x}_S = \underline{0}$ ein stationärer Zustand. Das folgt sofort daraus, daß die Zustandsdifferenzengleichung

$$\underline{x}_{k+1} = (\underline{\phi} - \underline{H}\,\underline{R})\,\underline{x}_k + \underline{H}\,\underline{w}_k$$

der geschlossenen Abtastregelung für

$$\underline{w}_k = \underline{w}_S = \underline{0} \quad \text{und} \quad \underline{x}_{k+1} = \underline{x}_k = \underline{x}_S = \underline{0}$$

erfüllt ist.

Im Spezialfall des Eingrößensystems folgt aus der Ungleichung in (7.46) wegen $p = 1$ allgemein $\mu = n$. Für die Steuerbarkeitsmatrix ergibt sich daher

$$\underline{Q}_S = [\underline{h}, \underline{\phi}\,\underline{h}, \ldots, \underline{\phi}^{n-1}\underline{h}] \ . \tag{7.58}$$

Ist sie regulär, so ist das System steuerbar. Für die (p,n)-Reglermatrix, die wegen $p = 1$ in einen Zeilenvektor übergeht, folgt aus (7.56)

$$\underline{r}^T = \underline{k}_o^T \underline{\phi}^n \ , \tag{7.59}$$

wobei $\underline{k}_o^T$ die letzte Zeile der inversen Steuerbarkeitsmatrix ist. Wegen

$$\underline{Q}_S^{-1}\underline{Q}_S = \underline{I} \ ,$$

also

$$\begin{bmatrix} \vdots \\ \\ \underline{k}_o^T \end{bmatrix} [\,\underline{h}, \underline{\phi}\,\underline{h}, \ldots, \underline{\phi}^{n-1}\underline{h}\,] = \begin{bmatrix} \vdots \\ \\ 0 \ldots 0 \quad 1 \end{bmatrix}$$

gilt daher:

$$\underline{k}_0^T\underline{h} = 0,\ldots,\underline{k}_0^T\underline{\phi}^{n-2}\underline{h} = 0 , \quad \underline{k}_0^T\underline{\phi}^{n-1}\underline{h} = 1 .$$

Das sind n Gleichungen für die n Komponenten von $\underline{k}_0^T$. Man wird sie benutzen, wenn man bei höherer Systemordnung die Inversion von $\underline{Q}_S$ vermeiden will.

Im Falle $\mu p > n$ versagt die oben gebrachte Herleitung des Regelungsgesetzes, weil die Steuerfolge, die von $\underline{x}_0$ nach $\underline{x}_e$ führt, nicht mehr eindeutig ist. Man kann sich dadurch helfen, daß man die gegebene Strecke in ein steuerbares System der Ordnung

$$\mu p = n + r$$

einbettet. Hierzu fügen wir zu den realen Zustandsvariablen $x_1,\ldots,x_n$ die fiktiven Zustandsvariablen $\xi_1,\ldots,\xi_r$ hinzu, deren Vektor $\underline{\xi}$ der Gleichung

$$\underline{\xi}_{k+1} = \underset{(r,n)}{\underline{F}}\,\underline{x}_k + \underset{(r,p)}{\underline{E}}\,\underline{u}_k$$

genügen soll. Die Matrizen $\underline{F}$ und $\underline{E}$ sind vorerst beliebig. Die so erweiterte Strecke hat die Gleichung

$$\begin{matrix} n\{ \\ r\{ \end{matrix}\begin{bmatrix} \underline{x}_{k+1} \\ \underline{\xi}_{k+1} \end{bmatrix} = \begin{bmatrix} \underbrace{\begin{matrix}\underline{\phi} \\ \underline{F}\end{matrix}}_{n} & \underbrace{\begin{matrix}\underline{O} \\ \underline{O}\end{matrix}}_{r} \end{bmatrix} \cdot \begin{bmatrix} \underline{x}_k \\ \underline{\xi}_k \end{bmatrix} + \begin{bmatrix} \underbrace{\begin{matrix}\underline{H} \\ \underline{E}\end{matrix}}_{p} \end{bmatrix} \cdot \underline{u}_k$$

oder kürzer geschrieben:

$$\hat{\underline{x}}_{k+1} = \hat{\underline{\phi}}\,\hat{\underline{x}}_k + \hat{\underline{H}}\,\underline{u}_k .$$

Dann ist

$$\underline{\hat{\phi}}^k \underline{\hat{H}} = \begin{bmatrix} \underline{\phi}^k \underline{H} \\ \\ \underline{F}\, \underline{\phi}^{k-1} \underline{H} \end{bmatrix} .$$

Für die erweiterte Strecke erhält man daher

$$\underline{\hat{Q}}_\mu = \left[\underline{\hat{H}}, \underline{\hat{\phi}}\,\underline{\hat{H}}, \ldots, \underline{\hat{\phi}}^{\mu-1}\underline{\hat{H}}\right] = \begin{bmatrix} \underline{H} & \underline{\phi}\,\underline{H} & \ldots & \underline{\phi}^{\mu-1}\underline{H} \\ \\ \underline{E} & \underline{F}\,\underline{H} & \ldots & \underline{F}\,\underline{\phi}^{\mu-2}\underline{H} \end{bmatrix} \begin{matrix} \}\, n \\ \\ \}\, r \end{matrix} .$$

Es handelt sich bei $\underline{\hat{Q}}_\mu$ um eine quadratische Matrix mit der Reihenzahl $\mu p = n+r$, wobei im Realfall $r < p$ sein wird.

Man hat nun die Elemente von $\underline{F}$ und $\underline{E}$ so zu wählen, daß $\underline{\hat{Q}}_\mu$ regulär wird. Diese Bedingung ist im konkreten Fall unschwer zu erfüllen, da an die $\underline{F}$- und $\underline{E}$-Elemente keine weiteren Anforderungen gestellt sind. Ist beispielsweise

$$n = 8\ , \quad p = 3\ , \quad \mu = 3\ ,$$

so ist

$$\mu p = 9 \quad \text{und damit} \quad r = 1\ .$$

Infolgedessen hat die (8,9)-Matrix

$$\underline{Q}_3 = [\underline{H}, \underline{\phi}\,\underline{H}, \underline{\phi}^2\underline{H}] = [\underline{q}_1, \underline{q}_2, \ldots, \underline{q}_9]$$

den Höchstrang 8. Daher gilt

$$c_1\underline{q}_1 + \ldots + c_9\underline{q}_9 = \underline{0}\ ,$$

wobei die c_ν bis auf einen konstanten Faktor eindeutig bestimmt sind. Hier ist $\underline{E} = [e_1, e_2, e_3]$ und $\underline{F} = \underline{f}^T$ eine (1,8)-Matrix. Für die (9,9)-Matrix $\hat{Q}_3$ erhält man

$$\underline{\hat{Q}}_3 = \begin{bmatrix} \underline{q}_1 & \underline{q}_2 & \underline{q}_3 & \underline{q}_4 & \cdots & \underline{q}_9 \\ \\ e_1 & e_2 & e_3 & \tilde{q}_4 & \cdots & \tilde{q}_9 \end{bmatrix},$$

wobei die Elemente von $\underline{F}\,\underline{H}$ und $\underline{F}\,\underline{\phi}\,\underline{H}$ abkürzend mit $\tilde{q}_4,\ldots,\tilde{q}_9$ bezeichnet sind. Dann muß also

$$c_1e_1 + c_2e_2 + c_3e_3 + c_4\tilde{q}_4 +\ldots+ c_9\tilde{q}_9 \neq 0$$

gelten, wobei es sich um die obigen c_ν handelt.

Sofern mindestens einer der Koeffizienten $c_1, c_2, c_3 \neq 0$ ist, etwa $c_1 \neq 0$, genügt es, $\underline{F} = \underline{O}$ zu setzen und $e_1 = 1$, $e_2 = 0$, $e_3 = 0$ zu wählen, damit die letzte Ungleichung erfüllt ist.

Ist $c_1 = c_2 = c_3 = 0$, so muß

$$c_4\tilde{q}_4 +\ldots+ c_9\tilde{q}_9 \neq 0$$

sein. Dabei ist

$$[\tilde{q}_4,\ldots,\tilde{q}_9] = [\underline{F}\,\underline{H}, \underline{F}\,\underline{\phi}\,\underline{H}] = [\underline{f}^T\underline{q}_1,\ldots,\underline{f}^T\underline{q}_6] ,$$

so daß

$$\underline{f}^T[c_4\underline{q}_1+\ldots+c_9\underline{q}_6] \neq 0$$

werden muß. Der Vektor $\underline{f}$ braucht also lediglich die Bedingung zu erfüllen, nicht orthogonal zum festen Vektor $c_4\underline{q}_1+\ldots+c_9\underline{q}_6$ zu sein.

Wie man schon aus diesem Beispiel sieht, kann man $\underline{F}$ und $\underline{E}$ praktisch beliebig annehmen und darf erwarten, daß $\underline{\hat{Q}}_\mu$ Höchstrang hat.

Den Regler zur erweiterten Strecke erhält man nun gemäß (7.56):

$$\underline{u}_k = -\underline{R}\,\hat{\underline{x}}_k = -\underline{K}_o\hat{\underline{\phi}}^{\mu}\hat{\underline{x}}_k \; ,$$

wobei $\underline{K}_o$ die letzten p Zeilen von $\hat{\underline{Q}}_{\mu}^{-1}$ umfaßt. Es gilt also

$$\underline{u}_k = -\underline{K}_o \begin{bmatrix} \underline{\phi}^{\mu} & \underline{O} \\ \underline{F}\,\underline{\phi}^{\mu-1} & \underline{O} \end{bmatrix} \begin{bmatrix} \underline{x}_k \\ \underline{\xi}_k \end{bmatrix} ,$$

$$\underline{u}_k = -\underline{K}_o \begin{bmatrix} \underline{\phi}^{\mu}\underline{x}_k + \underline{O}\cdot\underline{\xi}_k \\ \underline{F}\,\underline{\phi}^{\mu-1}\underline{x}_k + \underline{O}\cdot\underline{\xi}_k \end{bmatrix} ,$$

$$\underline{u}_k = -\underline{K}_o \begin{bmatrix} \underline{\phi} \\ \underline{F} \end{bmatrix} \underline{\phi}^{\mu-1}\underline{x}_k \; . \tag{7.60}$$

Bemerkenswerterweise fallen also die fiktiven Zustandsvariablen wieder heraus. Sie werden lediglich zur Berechnung des Reglers benötigt.

Betrachten wir zum Schluß ein Beispiel! Die Strecke, ein 3-Tank-System, ist im Bild 7/6 wiedergegeben.*) Nach Linearisierung um den stationären Betriebszustand $h_{1S} = 9$ m, $h_{2S} = 8$ m, $h_{3S} = 7$ m; $q_{1S} = 0{,}87\ m^3 sec^{-1}$, $q_{2S} = 0{,}63\ m^3 sec^{-1}$ werde sie durch die Zustandsdifferentialgleichung

*) Entnommen aus O. FÖLLINGER - D. FRANKE: Einführung in die Zustandsbeschreibung dynamischer Systeme, mit einer Anleitung zur Matrizenrechnung. R. Oldenbourg Verlag, 1982. Die Zustandsgleichungen des nichtlinearen Systems findet man im Abschnitt 1.3, die Ermittlung des stationären Zustandes (Ruhezustandes) im Abschnitt 2.1, die linearisierten Gleichungen (allerdings mit anderer Zeittransformation) im Abschnitt 2.2.

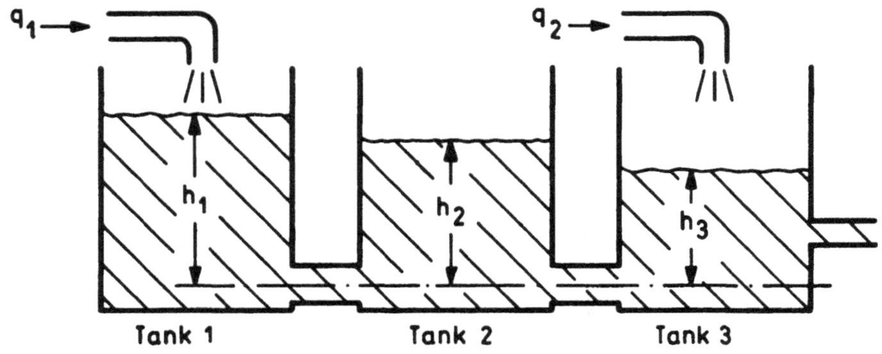

Bild 7/6 3-Tank-System

$$\underline{\dot{x}} = \underbrace{\begin{bmatrix} -0.555 & 0.555 & 0 \\ 0.555 & -1.11 & 0.555 \\ 0 & 0.555 & -0.875 \end{bmatrix}}_{\underline{A}} \underline{x} + \underbrace{\begin{bmatrix} 1.27 & 0 \\ 0 & 0 \\ 0 & 1.27 \end{bmatrix}}_{\underline{B}} \underline{u}$$

beschrieben. Dabei sind

$$x_1 = \Delta h_1 \;, \quad x_2 = \Delta h_2 \;, \quad x_3 = \Delta h_3$$

und

$$u_1 = \Delta q_1 \;, \quad u_2 = \Delta q_2$$

die Abweichungen der Flüssigkeitsstände bzw. Zuflüsse von ihren stationären Werten. Um bequemere Zahlenwerte zu erhalten, wurde überdies die Zeittransformation $\tau = t/100\,\text{sec}$ durchgeführt.

Für die Abtastperiode T = 6, welche also einer Echtzeit von 10 min entspricht, ergibt sich

$$\underline{\phi}(T) = \begin{bmatrix} 0.303609 & 0.255283 & 0.172944 \\ 0.255283 & 0.221270 & 0.155567 \\ 0.172944 & 0.155567 & 0.114197 \end{bmatrix}$$

und daraus wegen

$$\underline{H}(T) = \underline{A}^{-1}[\underline{\phi}(T)-\underline{I}]\underline{B}\ :$$

$$\underline{H}(T) = \begin{bmatrix} 3.66721 & 1.06428 \\ 2.07366 & 1.46002 \\ 1.06428 & 2.21175 \end{bmatrix}.$$

Die Berechnung von $\underline{\phi}(T)$ erfolgte mittels des modifizierten (oder abgekürzten) Verfahrens von PLANT.*)

Um den Steuerbarkeitsindex μ zu bestimmen, hat man die kleinste natürliche Zahl m zu finden, für die

$$\underline{Q}_m = [\underline{H}, \underline{\phi}\,\underline{H}, \ldots, \underline{\phi}^{m-1}\underline{H}]$$

den Höchstrang $n = 3$ hat. Wegen $\mu \geqq \frac{n}{p} = \frac{3}{2}$ muß $\mu \geqq 2$ sein. In

$$\underline{Q}_2 = [\underline{H}, \underline{\phi}\,\underline{H}] = \begin{bmatrix} 3.66721 & 1.06428 & 1.82683 & 1.07835 \\ 2.07366 & 1.46002 & 1.56058 & 0.938827 \\ 1.06428 & 2.21175 & 1.07835 & 0.663767 \end{bmatrix}$$

hat die Determinante der ersten drei Spalten den Wert -1,95635. Somit hat $\underline{Q}_2$ den Höchstrang 3, und daher ist $\mu = 2$. Für die Spaltenvektoren von $\underline{Q}_2$ gilt die lineare Beziehung

$$c_1\underline{q}_1 + c_2\underline{q}_2 + c_3\underline{q}_3 + c_4\underline{q}_4 = 0$$

mit

$$c_1 = 1\ ;\quad c_2 = -0{,}7163\ ;\quad c_3 = -50{,}029\ ;$$

$$c_4 = 82{,}065\ .$$

*) NOISSER, R.: Ein Beitrag zur rechenzeitsparenden digitalen Simulation von dynamischen Vorgängen in linearen zeitinvarianten Systemen. Regelungstechnik 27 (1979), Seite 87-92.

Da $\mu p = 4 > n$ ist, wird die gegebene Strecke in ein steuerbares System der Ordnung

$$\mu p = 4 = n + r$$

eingebettet. Da somit $r = 1$ ist, benötigt man nur eine fiktive Zustandsvariable ξ, damit die Matrix $\underline{Q}_2$ des erweiterten Systems quadratisch wird:

$$\xi_k = \underline{f}^T \underline{x}_k + \underline{e}^T \underline{u}_k .$$

Da im vorliegenden Fall $c_1 \neq 0$ ist, erhält man eine reguläre Matrix $\hat{\underline{Q}}_2$ dadurch, daß man $\underline{f}^T = \underline{0}^T$ und $\underline{e}^T = [1, 0]$ setzt:

$$\hat{\underline{Q}}_2 = \begin{bmatrix} & \underline{Q}_2 & & \\ 1 & 0 & 0 & 0 \end{bmatrix} .$$

Berechnet man hieraus $\hat{\underline{Q}}_2^{-1}$ und nimmt hiervon die letzten beiden Zeilen, so hat man

$$\underline{K}_0 = \begin{bmatrix} 46,87132 & -71,05197 & 24,34863 & -50,46311 \\ -79,45802 & 122,44733 & -42,59521 & 82,80837 \end{bmatrix} .$$

Nach (7.60) ergibt sich so das Regelungsgesetz

$$\underline{u}_k = -\begin{bmatrix} 0,71283 & 0,58454 & 0,38312 \\ 0,52894 & 0,50182 & 0,38933 \end{bmatrix} \cdot 10^{-1} \underline{x}_k .$$

Bild 7/7 und 7/8 zeigen Schriebe des Regelungsvorgangs, der durch die Anfangsstörung

$\underline{x}(0) = \underline{\Delta h}(0) = \begin{bmatrix} -1,0 \\ -0,6 \\ -0,3 \end{bmatrix}$ m in Gang gesetzt wird.

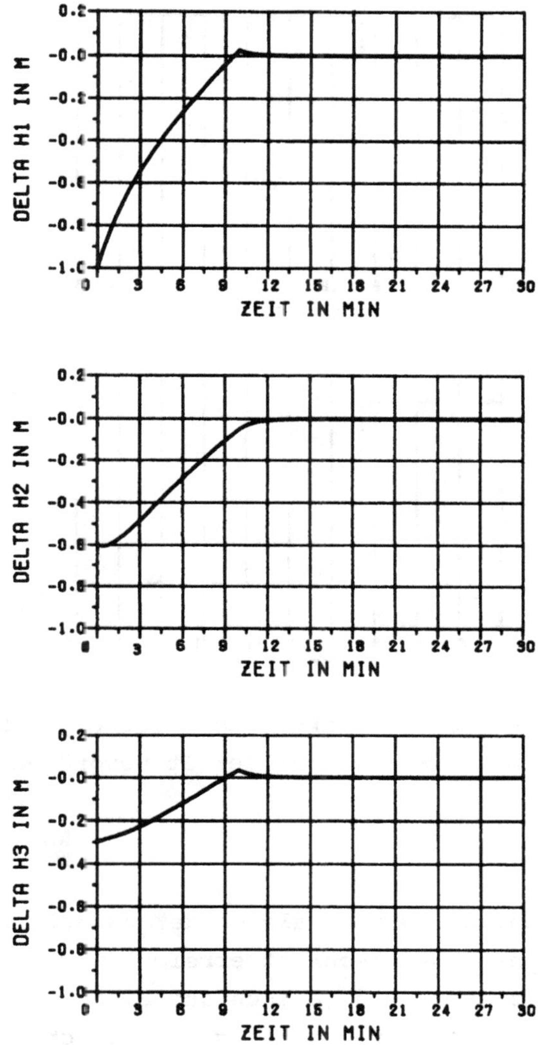

Bild 7/7 Regelung des 3-Tank-Systems auf endliche Einstellzeit: Verlauf der Zustandsvariablen x_1, x_2, x_3

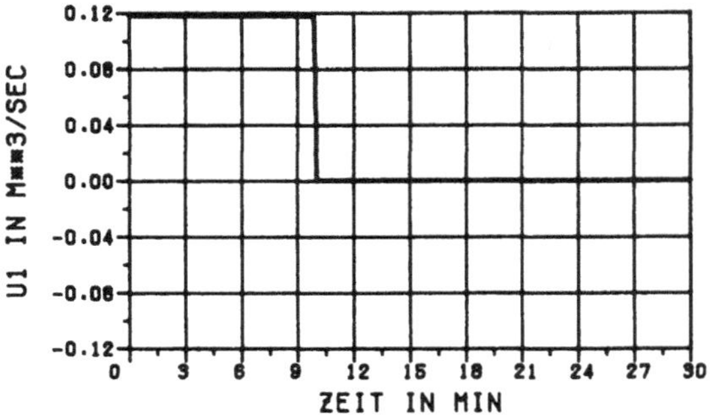

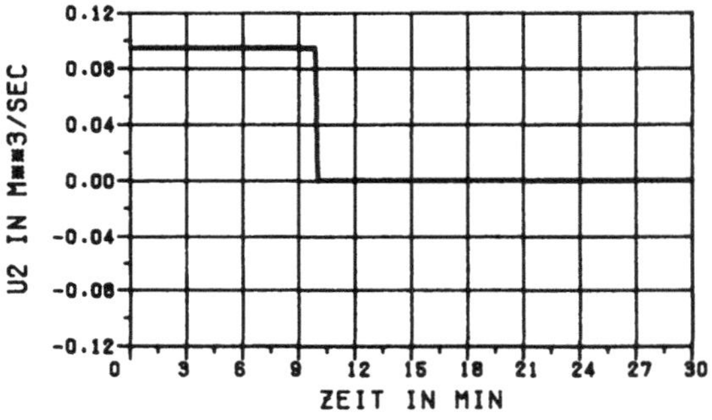

Bild 7/8 Regelung des 3-Tank-Systems auf endliche Einstellzeit: Verlauf der Steuergrößen u_1, u_2

Im Bild 7/8 sieht es so aus, als ob der endgültige Zustand bereits nach einem Abtastschritt erreicht wäre. Dieser Eindruck täuscht aber, wie ja auch aus Bild 7/7 hervorgeht. Beim zweiten Abtastschritt ist lediglich die Abweichung vom Endzustand bereits so klein geworden, daß sie im Bild 7/8 nicht mehr zu erkennen ist.

7.6 Entwurf durch Eigenwertvorgabe (Polvorgabe)

Das dynamische Verhalten eines Abtastsystems wird weitgehend durch seine Eigenwerte bestimmt. Das ist unmittelbar aus der Formel (7.23) für die allgemeine Lösung der homogenen Zustandsdifferenzengleichung des Abtastsystems zu erkennen. Insbesondere ist das Abtastsystem gewiß stabil, wenn alle Eigenwerte im Innern des Einheitskreises der z-Ebene liegen.

Von hier aus liegt der Gedanke nicht fern, günstiges dynamisches Verhalten einer Abtastregelung (Bild 7/4) dadurch zu erreichen, daß man ihre Eigenwerte an gewünschte Stellen der z-Ebene plaziert, und zwar durch geeignete Wahl der Reglermatrix $\underline{R}$. Man spricht dann von Eigenwertvorgabe oder auch von Eigenwertverschiebung, insofern die Eigenwerte der Strecke durch die Regelung in neue Positionen verschoben werden. Da bei Eingrößensystemen die Eigenwerte, abgesehen von Ausnahmefällen, mit den Polen zusammenfallen, spricht man auch von Polvorgabe.

Als erstes erhebt sich die Frage, wohin die Eigenwerte $z_1,\ldots,z_n$ der geschlossenen Abtastregelung zweckmäßigerweise zu legen sind. Zunächst liegt auf der Hand, daß sie innerhalb des Einheitskreises der z-Ebene liegen müssen. Gemäß (7.23) sind die Zeitvorgänge der Abtastregelung durch

$$\underline{x}(k) = \sum_{\nu=1}^{n} c_\nu \underline{v}_\nu z_\nu^k , \quad k = 0,1,2,\ldots, \tag{7.61}$$

gegeben, wobei also $\underline{v}_\nu$ die Eigenvektoren des geschlossenen Kreises und c_ν Parameter sind, die vom Anfangszustand $\underline{x}_0$ abhängen. Dabei ist angenommen, daß die Abtastregelung einfache Eigenwerte hat, was aber für das Weitere unwesentlich ist. Kürzer können wir für (7.61) mit $\underline{m}_\nu = c_\nu \underline{v}_\nu$

auch

$$\underline{x}(k) = \sum_{\nu=1}^{n} \underline{m}_\nu z_\nu^k , \quad k = 0,1,2,\ldots, \tag{7.62}$$

schreiben. Betrachten wir eine beliebige Komponente des ν-ten Teilvorganges $\underline{m}_\nu z_\nu^k$, so ist deren Betrag proportional zu

$$|z_\nu|^k , \quad k = 0,1,2,\ldots .$$

Der Teilvorgang wird daher um so schneller abklingen, je kleiner $|z_\nu|$ ist. Man wird deshalb einen Kreis K mit dem Radius $r_0 < 1$ vorschreiben, in dem alle Eigenwerte des geschlossenen Kreises liegen sollen (Bild 7/9).

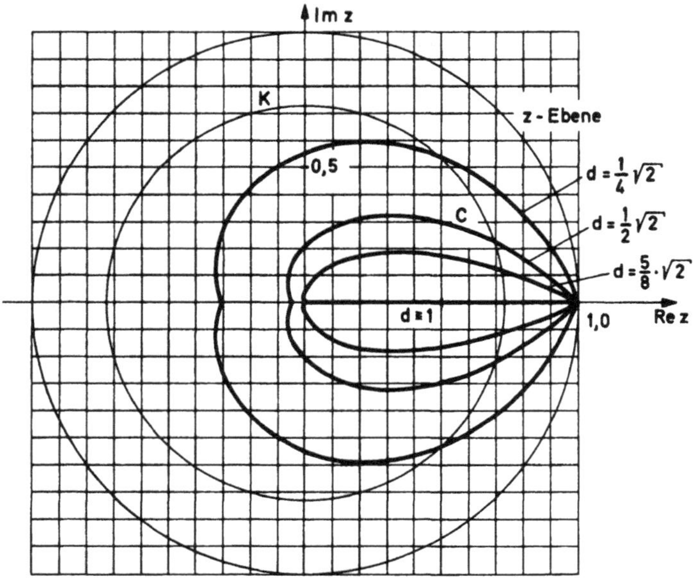

Bild 7/9 Zur Vorgabe der Eigenwerte einer Abtastregelung

Wenn eine Schwingung schnell abklingt, also ihre Einhüllende schnell gegen Null geht, kann sie dennoch stark oszillieren. Um die Oszillation in Grenzen zu halten, muß man eine genügende Dämpfung vorschreiben. Ist

$$z = re^{j\varphi} \,, \quad \bar{z} = re^{-j\varphi} \,, \quad 0 < \varphi < \pi \,,$$

ein konjugiert komplexes Eigenwertpaar des geschlossenen Kreises, so gehört zu ihm nach (7.62) die Teilschwingung

$$\underline{m}z^k + \bar{\underline{m}}\bar{z}^k \,, \qquad k = 0,1,2,\ldots \,.$$

Für die i-te Komponente dieses Vektors erhält man

$$m_i z^k + \bar{m}_i \bar{z}^k = |m_i| e^{j\angle m_i} \cdot r^k e^{jk\varphi} + |m_i| e^{-j\angle m_i} \cdot r^k e^{-jk\varphi} =$$

$$= |m_i| r^k \left[e^{j(k\varphi + \angle m_i)} + e^{-j(k\varphi + \angle m_i)} \right] =$$

$$= 2|m_i| e^{k \ln r} \cos\left(k\varphi + \angle m_i\right).$$

Hieraus wird, wenn man die diskrete Zeit kT einführt:

$$2|m_i| e^{\frac{\ln r}{T} \cdot kT} \cos\left(\frac{\varphi}{T} \cdot kT + \angle m_i\right) .$$

Ersetzt man kT durch die kontinuierliche Zeit t, so entsteht die Zeitfunktion

$$2|m_i| e^{\frac{\ln r}{T} t} \cos\left(\frac{\varphi}{T} t + \angle m_i\right) . \tag{7.63}$$

Sie ist vom Typ der Gewichtsfunktion eines Schwingungsgliedes (VZ_2-Gliedes, $P\text{-}T_2$-Gliedes)*):

*) Siehe etwa [51], Unterabschnitt 2.3.11.

$$C_1 e^{-\frac{d}{T_S}t} \cos\left(\frac{\sqrt{1-d^2}}{T_S}t + C_2\right), \tag{7.64}$$

wobei d die Dämpfung und T_S die Zeitkonstante des Schwingungsgliedes ist, während C_1, C_2 Parameter sind, die hier nicht interessieren. Vergleicht man die Koeffizienten von t in (7.63) und (7.64), so erhält man die Beziehungen

$$\frac{\ln r}{T} = -\frac{d}{T_S}, \quad \frac{\varphi}{T} = \frac{\sqrt{1-d^2}}{T_S}. \tag{7.65}$$

Hieraus kann man also die Dämpfung d und Zeitkonstante T_S des Einschwingvorganges erhalten, zu dem das Eigenwertpaar z, $\bar{z}$ durch irgendeine Anfangsbedingung angeregt wird.

Andererseits folgt aus (7.65)

$$\ln r = -\frac{d}{\sqrt{1-d^2}}\varphi$$

oder

$$r = e^{-\frac{d}{\sqrt{1-d^2}}\varphi}, \quad 0 < \varphi < \pi. \tag{7.66}$$

Gibt man daher eine gewünschte Dämpfung $d < 1$ der Einschwingvorgänge vor, die eingehalten werden soll, so muß zwischen dem Betrag r und dem Argument φ des Eigenwertpaares z, $\bar{z}$ der Zusammenhang (7.66) bestehen. Bild 7/9 zeigt die Kurven (7.66), ergänzt durch ihr Spiegelbild an der reellen Achse, für einige d-Werte.

Wählt man etwa den vielfach üblichen Dämpfungswert

$$d = \frac{1}{2}\sqrt{2} = \frac{1}{\sqrt{2}},$$

der eine Überschwingweite der Sprungantwort von 5 % garantiert, so wird

$$r = e^{-\varphi}, \quad 0 < \varphi < \pi . \tag{7.67}$$

Die zugehörige Kurve im Bild 7/9 ist mit C bezeichnet. Legt man die Eigenwerte der Abtastregelung in das vom Kreis K und der herzförmigen Kurve C umschlossene Gebiet, wobei man aber mindestens einen Eigenwert bzw. ein Paar konjugiert komplexer Eigenwerte auf den Rand verlegen wird, so darf man hinreichend schnell abklingende und genügend gedämpfte Einschwingvorgänge erwarten. Es ist bemerkenswert, daß die Kurve C die negative reelle Achse im wesentlichen ausspart. Das wird verständlich, wenn man sich daran erinnert, daß bei einem Abtastsystem negativ reelle Pole - im Unterschied zu kontinuierlichen Systemen - oszillierende Zeitvorgänge verursachen (Bild 3/6).

Hat man sich für eine bestimmte Eigenwertkonfiguration entschieden, so besteht die Aufgabe darin, die Reglermatrix $\underline{R}$ so zu wählen, daß die Abtastregelung in der Tat die gewünschten Eigenwerte $z_1,\ldots,z_n$ besitzt. Aus der Zustandsdifferenzengleichung (7.41) folgt als <u>charakteristisches Polynom der Abtastregelung</u>

$$\det[z\underline{I}-(\underline{\phi}-\underline{H}\,\underline{R})] \; .$$

Die Eigenwerte der Abtastregelung sind die Nullstellen dieses Polynoms. Sollen sie gleich $z_1,\ldots,z_n$ sein, so muß sich das charakteristische Polynom in der Form

$$(z-z_1)(z-z_2)\ldots(z-z_n)$$

darstellen lassen. Es muß somit gelten

$$\det[z\underline{I}-\underline{\phi}+\underline{H}\,\underline{R}] = \prod_{\nu=1}^{n}(z-z_\nu) . \tag{7.68}$$

Denkt man sich die Determinante ausgerechnet, so erhält man das Polynom in Summendarstellung, wobei seine Koeffizienten a_ν von den $\underline{R}$-Elementen abhängen. Durch Ausmultiplizieren des Produktes in (7.68) erhält man ebenfalls eine Summendarstellung des charakteristischen Polynoms, deren Koeffizienten p_ν aber durch die vorgegebenen z_ν bekannt sind. Aus (7.68) wird so

$$z^n+a_{n-1}(\underline{R})z^{n-1}+\ldots+a_0(\underline{R}) = z^n+p_{n-1}z^{n-1}+\ldots+p_0 \; . \qquad (7.69)$$

Durch Koeffizientenvergleich folgt:

$$\left.\begin{aligned} a_{n-1}(\underline{R}) &= p_{n-1} \, , \\ &\vdots \\ a_0(\underline{R}) &= p_0 \; . \end{aligned}\right\} \qquad (7.70)$$

Das sind n Gleichungen für die p·n gesuchten Elemente von $\underline{R}$, die wir im folgenden als Synthesegleichungen bezeichnen wollen.

In einfachen Fällen kann man $\underline{R}$ unmittelbar aus den Synthesegleichungen bestimmen. Hat man beispielsweise ein System 2. Ordnung mit nur einer Eingangsgröße, so ist

$$\underline{H}\;\underline{R} = \begin{bmatrix} h_1 \\ h_2 \end{bmatrix} [r_1 r_2] = \begin{bmatrix} h_1 r_1 & h_1 r_2 \\ h_2 r_1 & h_2 r_2 \end{bmatrix} ,$$

und damit wird aus (7.68):

$$\det[z\underline{I}-\underline{\phi}+\underline{H}\;\underline{R}] = \begin{vmatrix} z-\phi_{11}+h_1 r_1 & -\phi_{12}+h_1 r_2 \\ -\phi_{21}+h_2 r_1 & z-\phi_{22}+h_2 r_2 \end{vmatrix} =$$

$$= (z-z_1)(z-z_2) = z^2-(z_1+z_2)z+z_1 z_2 \; .$$

Ausrechnen der Determinante und Koeffizientenvergleich liefert die Beziehungen

$$h_1r_1+h_2r_2 = -(z_1+z_2)+\phi_{11}+\phi_{22} ,$$

$$(\phi_{12}h_2-\phi_{22}h_1)r_1+(\phi_{21}h_1-\phi_{11}h_2)r_2 = z_1z_2-(\phi_{11}\phi_{22}-\phi_{12}\phi_{21}) .$$

Dies ist ein lineares Gleichungssystem zur Bestimmung der Reglerparameter r_1 und r_2.

In komplizierteren Fällen ist diese direkte Berechnung der Reglermatrix jedoch nicht durchführbar. Aus den Synthesegleichungen kann man aber sofort erkennen, daß zwei Fälle zu unterscheiden sind:

(I) $p = 1$, d.h. auf die Strecke wirkt genau eine Steuergröße. Dann ist die Anzahl der Unbekannten gleich der Anzahl der Gleichungen. Wie am obigen Beispiel zu sehen, sind die Synthesegleichungen überdies linear. Man wird daher erwarten, daß sie eindeutig lösbar sind. Wie wir sogleich sehen werden, ist das in der Tat der Fall, sofern die Strecke steuerbar ist.

(II) $p > 1$, d.h. es sind mehrere Steuergrößen vorhanden. Dann ist die Anzahl der Unbekannten größer als die Anzahl der Gleichungen, so daß die Synthesegleichungen unterbestimmt sind. Man wird deshalb unendlich viele Lösungen vermuten. Ihre Berechnung wird aber jetzt dadurch erschwert, daß im allgemeinen Produkte und Potenzen der $\underline{R}$-Elemente auftreten und die Synthesegleichungen dadurch nichtlinear werden. Doch läßt sich auch hier die Lösbarkeit der Synthesegleichungen nachweisen, sofern die Strecke steuerbar ist. Die Ermittlung einer Reglermatrix $\underline{R}$ ist aber schwieriger geworden, vor allem dann, wenn man verlangt, daß die vorhandenen Freiheitsgrade technisch sinnvoll ausgenutzt werden.

Wir wollen hier nur den Fall I behandeln, und zwar nach einem von J. ACKERMANN gemachten Lösungsvorschlag.*) Auf die Eigenwertvorgabe bei Systemen mit mehreren Eingangsgrößen kommen wir im nächsten Abschnitt zurück, wo in Gestalt der modalen Regelung ein Entwurfsverfahren hierfür angegeben wird.

Beim Eingrößensystem ist die Systemmatrix der Abtastregelung

$$\underline{F} = \underline{\phi} - \underline{h}\,\underline{r}^T .$$

Ihr charakteristisches Polynom ist

$$\det(z\underline{I}-\underline{F}) = \prod_{\nu=1}^{n}(z-z_\nu) = z^n + p_{n-1}z^{n-1} + \ldots + p_0 := p(z) .$$

Nach dem Theorem von CAYLEY-HAMILTON ([50a], Abschnitt 14.3, Satz 6) gilt daher:

$$p_0\underline{I} + p_1\underline{F} + \ldots + p_{n-1}\underline{F}^{n-1} + \underline{F}^n = \underline{O} . \tag{7.71}$$

Hierin ist

$$\underline{F}^2 = (\underline{\phi} - \underline{h}\,\underline{r}^T)\underline{F} = \underline{\phi}\,\underline{F} - \underline{h}\,\underline{r}^T\underline{F} = \underline{\phi}^2 - \underline{\phi}\,\underline{h}\,\underline{r}^T - \underline{h}\,\underline{r}^T\underline{F} ,$$

$$\underline{F}^3 = \underline{F}^2\cdot\underline{F} = \underline{\phi}^2\underline{F} - \underline{\phi}\,\underline{h}\,\underline{r}^T\underline{F} - \underline{h}\,\underline{r}^T\underline{F}^2 =$$

$$= \underline{\phi}^3 - \underline{\phi}^2\underline{h}\,\underline{r}^T - \underline{\phi}\,\underline{h}\,\underline{r}^T\underline{F} - \underline{h}\,\underline{r}^T\underline{F}^2 ,$$

$$\vdots$$

$$\underline{F}^n = \underline{\phi}^n - \underline{\phi}^{n-1}\underline{h}\,\underline{r}^T - \ldots - \underline{\phi}\,\underline{h}\,\underline{r}^T\underline{F}^{n-2} - \underline{h}\,\underline{r}^T\underline{F}^{n-1} .$$

*) J. ACKERMANN: Der Entwurf linearer Regelungssysteme im Zustandsraum. Regelungstechnik 20 (1972), Seite 297-300.

Das gibt, in (7.71) eingesetzt:

$$
\begin{aligned}
&p_0\underline{I} + \\
&+ p_1\underline{\phi} - p_1\underline{h}\,\underline{r}^T \\
&+ p_2\underline{\phi}^2 - p_2\underline{\phi}\,\underline{h}\,\underline{r}^T - p_2\underline{h}\,\underline{r}^T\underline{F} \\
&+ p_3\underline{\phi}^3 - p_3\underline{\phi}^2\underline{h}\,\underline{r}^T - p_3\underline{\phi}\,\underline{h}\,\underline{r}^T\underline{F} - p_3\underline{h}\,\underline{r}^T\,\underline{F}^2 \qquad (7.72)\\
&\;\vdots \\
&+ \quad \underline{\phi}^n - \underline{\phi}^{n-1}\underline{h}\,\underline{r}^T - \ldots \qquad \ldots - \underline{\phi}\,\underline{h}\,\underline{r}^T\underline{F}^{n-2} - \underline{h}\,\underline{r}^T\underline{F}^{n-1} = \underline{O}\ .
\end{aligned}
$$

Die Summanden der ersten Spalte bilden in ihrer Gesamtheit gerade das charakteristische Polynom der Abtastregelung, angewandt auf die Streckenmatrix $\underline{\phi}$:

$$p_0\underline{I} + p_1\underline{\phi} + p_2\underline{\phi}^2 + \ldots + \underline{\phi}^n = p(\underline{\phi})\ .$$

Da die p_ν durch die vorgeschriebenen Eigenwerte $z_1, \ldots, z_n$ der Abtastregelung bekannt sind, stellt es eine bekannte Matrix dar. Faßt man die restlichen Summanden in (7.72) diagonal zusammen, so kann man für diese Gleichung schreiben:

$$
\begin{aligned}
p(\underline{\phi}) &= \underline{h}(p_1\underline{r}^T + p_2\underline{r}^T\underline{F} + \ldots + \underline{r}^T\underline{F}^{n-1}) + \\
&+ \underline{\phi}\,\underline{h}\,(p_2\underline{r}^T + \ldots + \underline{r}^T\underline{F}^{n-2}) + \\
&\;\vdots \\
&+ \underline{\phi}^{n-1}\underline{h}\cdot\underline{r}^T\ .
\end{aligned}
$$

Auf der rechten Seite dieser Gleichung steht eine Summe, die aus dyadischen Produkten der Spaltenvektoren $\underline{h}$, $\underline{\phi}\,\underline{h}, \ldots, \underline{\phi}^{n-1}\underline{h}$ und der Zeilenvektoren $p_1\underline{r}^T + \ldots + \underline{r}^T\underline{F}^{n-1}$, $\ldots, \underline{r}^T$ besteht. Daher kann man sie als Matrizenprodukt schreiben ([50a], Abschnitt 2.5):

$$p(\phi) = [\underline{h}, \underline{\phi}\,\underline{h}, \ldots, \underline{\phi}^{n-1}\underline{h}] \begin{bmatrix} p_1\underline{r}^T + p_2\underline{r}^T\underline{F} + \ldots + \underline{r}^T\underline{F}^{n-1} \\ p_2\underline{r}^T + \ldots + \underline{r}^T\underline{F}^{n-2} \\ \vdots \\ \underline{r}^T \end{bmatrix} \qquad (7.74)$$

Der linke Faktor dieses Produktes ist aber nach (7.46) gerade die Steuerbarkeitsmatrix $\underline{Q}_S$. Ist die Strecke steuerbar, so existiert ihre Inverse, und (7.74) hat die eindeutige Lösung

$$\begin{bmatrix} \vdots \\ \underline{r}^T \end{bmatrix} = \underline{Q}_S^{-1} p(\underline{\phi}) \ .$$

Daraus folgt insbesondere

$$\underline{r}^T = \underline{q}_n^T p(\underline{\phi}) = p_o\underline{q}_n^T + p_1\underline{q}_n^T\underline{\phi} + \ldots + \underline{q}_n^T\underline{\phi}^n \ , \qquad (7.75)$$

wobei $\underline{q}_n^T$ die letzte Zeile der inversen Steuerbarkeitsmatrix ist. Für diese erhält man aus der Definitionsgleichung

$$\underline{Q}_S^{-1}\underline{Q}_S = \underline{I}$$

der Inversen:

$$\begin{bmatrix} \vdots \\ \underline{q}_n^T \end{bmatrix} [\underline{h}, \underline{\phi}\,\underline{h}, \ldots, \underline{\phi}^{n-1}\underline{h}] = \begin{bmatrix} & \vdots & \\ 0 \ldots 0 & & 1 \end{bmatrix} \ , \qquad (7.76)$$

also

$$\underline{q}_n^T\underline{h} = 0 \ , \quad \underline{q}_n^T\underline{\phi}\,\underline{h} = 0, \ldots, \underline{q}_n^T\underline{\phi}^{n-2}\underline{h} = 0 \ , \quad \underline{q}_n^T\underline{\phi}^{n-1}\underline{h} = 1 \ .$$

Das ist ein System von n linearen Gleichungen zur Berechnung der n Elemente von $\underline{q}_n^T$. Die so gebildete Reglermatrix

(7.75) garantiert, daß die Eigenwerte der Abtastregelung die vorgegebenen Positionen $z_1, \ldots, z_n$ der z-Ebene einnehmen.

Abschließend werde noch ein interessanter Spezialfall der Eigenwertvorgabe betrachtet. Der Gedanke liegt nahe, sämtliche Eigenwerte der Regelung in den Ursprung der z-Ebene zu legen: $z_1 = 0, \ldots, z_n = 0$. Das charakteristische Polynom ist dann einfach $p(z) = z^n$. Nach (7.75) ist daher der Regler durch

$$\underline{r}^T = \underline{q}_n^T \underline{\phi}^n$$

gegeben, wobei also $\underline{q}_n^T$ die letzte Zeile der inversen Steuerbarkeitsmatrix ist. Wie der Vergleich mit (7.59) zeigt, ist dies genau der Regler für endliche Einstellzeit. Das Ergebnis ist nicht überraschend. Aus Abschnitt 6.5 ist ja bereits bekannt, daß beim Entwurf auf endliche Einstellzeit die Abtastregelung lediglich einen (mehrfachen) Pol in $z = 0$ besitzt.

Die eben angegebene einfache Herleitung des Reglers für endliche Einstellzeit ist nicht auf Mehrgrößensysteme übertragbar, da die zum Formelausdruck (7.75) führende Schlußweise für Systeme mit mehr als einer Eingangsgröße nicht mehr stichhaltig ist.

Zum Vergleich des Reglers für endliche Einstellzeit und des Polvorgabe-Reglers ist zu sagen, daß der erstgenannte Regler, wie schon im Abschnitt 6.5 bemerkt, an Parameterempfindlichkeit leidet, die - ebenso wie die Stellbeträge - unter Umständen dadurch verringert werden kann, daß man nicht sämtliche Eigenwerte der Regelung in $z = 0$ konzentriert, sondern sie auf eine Umgebung des Ursprungs verteilt.

7.7 Modale Regelung

Um den Regelungsentwurf im Zustandsraum möglichst einfach durchführen zu können, ist es naheliegend, zunächst die gegebene Zustandsbeschreibung der Strecke durch eine geeignete Transformation zu vereinfachen und erst dann den Regler zu berechnen. Im folgenden soll die Modaltransformation hergeleitet werden, durch welche die Zustandsdifferenzengleichung auf eine besonders einfache Form gebracht wird. Danach ist es nicht schwierig, einen zweckmäßigen Reglerentwurf vorzunehmen.

Wir setzen die Transformation

$$\underline{x} = \underline{V}\,\hat{\underline{x}} = [\underline{v}_1,\ldots,\underline{v}_n]\,\hat{\underline{x}} \tag{7.77}$$

an, durch welche die gegebenen Zustandsvariablen $x_1,\ldots,x_n$ in neue Zustandsvariablen $\hat{x}_1,\ldots,\hat{x}_n$ überführt werden. Die Transformationsmatrix $\underline{V}$ ist zunächst frei, soll aber auf jeden Fall regulär sein, damit die Transformation eindeutig umkehrbar ist. Es wird sich für die folgende Rechnung als günstig erweisen, $\underline{V}$ durch die Spaltenvektoren $\underline{v}_1,\ldots,$ $\underline{v}_n$ zu charakterisieren.

Wendet man die Transformation auf die Zustandsdifferenzengleichung

$$\underline{x}_{k+1} = \underline{\Phi}\,\underline{x}_k + \underline{H}\,\underline{u}_k$$

an, so wird aus ihr

$$\underline{V}\,\hat{\underline{x}}_{k+1} = \underline{\Phi}\,\underline{V}\,\hat{\underline{x}}_k + \underline{H}\,\underline{u}_k$$

oder

$$\hat{\underline{x}}_{k+1} = \underline{V}^{-1}\underline{\Phi}\,\underline{V}\,\hat{\underline{x}}_k + \underline{V}^{-1}\underline{H}\,\underline{u}_k\ . \tag{7.78}$$

Nun wollen wir versuchen, $\underline{V}$ so zu bestimmen, daß die neue Dynamikmatrix $\underline{V}^{-1}\underline{\phi}\ \underline{V}$ Diagonalform hat:

$$\underline{V}^{-1}\underline{\phi}\ \underline{V} = \underline{\Lambda} = \begin{bmatrix} \lambda_1 & \cdots & 0 \\ \vdots & \ddots & \vdots \\ 0 & \cdots & \lambda_n \end{bmatrix}, \qquad (7.79)$$

wobei die Zahlen $\lambda_1,\ldots,\lambda_n$ von vornherein nicht festgelegt sind. Gelingt es nämlich, ein solches $\underline{V}$ zu finden, so wird aus (7.78)

$$\hat{\underline{x}}_{k+1} = \underline{\Lambda}\ \hat{\underline{x}}_k + \hat{\underline{H}}\ \underline{u}_k \qquad (7.80)$$

mit

$$\hat{\underline{H}} = \underline{V}^{-1}\underline{H}\ , \qquad (7.81)$$

oder komponentenweise geschrieben:

$$\hat{x}_{\nu,k+1} = \lambda_\nu \hat{x}_{\nu,k} + \hat{h}_{\nu 1}u_{1,k} + \ldots + \hat{h}_{\nu p}u_{p,k}\ ,\ \nu = 1,\ldots,n. \qquad (7.82)$$

D.h. aber doch: In der ν-ten Zustandsdifferenzengleichung tritt nur die Zustandsvariable $\hat{x}_\nu$ auf, jedoch keine andere Zustandsvariable. Die einzelnen Zustandsdifferenzengleichungen sind daher entkoppelt, was den Umgang mit ihnen erheblich erleichtert. Beispielsweise können sie unabhängig voneinander gelöst werden.

Um nun $\underline{V}$ aus der Gleichung (7.79) zu bestimmen, multiplizieren wir von links mit $\underline{V}$:

$$\underline{\phi}\ \underline{V} = \underline{V}\ \underline{\Lambda}\ , \qquad (7.83)$$

$$\underline{\phi}[\underline{v}_1,\ldots,\underline{v}_n] = [\underline{v}_1,\ldots,\underline{v}_n]\cdot\begin{bmatrix} \lambda_1 & \cdots & 0 \\ \vdots & \ddots & \vdots \\ 0 & \cdots & \lambda_n \end{bmatrix},$$

$$[\underline{\phi}\,\underline{v}_1,\ldots,\underline{\phi}\,\underline{v}_n] = [\lambda_1\underline{v}_1,\ldots,\lambda_n\underline{v}_n] \,. \tag{7.84}$$

Somit folgt aus (7.84) durch Spaltenvergleich:

$$\underline{\phi}\,\underline{v}_\nu = \lambda_\nu\underline{v}_\nu$$

oder

$$(\lambda_\nu\underline{I}-\underline{\phi})\underline{v}_\nu = \underline{O}\,, \qquad \nu = 1,\ldots,n. \tag{7.85}$$

Das ist eine homogene Vektorgleichung für $\underline{v}_\nu$ bzw. ein System von homogenen skalaren Gleichungen für die Komponenten von $\underline{v}_\nu$. Da $\underline{V} = [\underline{v}_1,\ldots,\underline{v}_n]$ regulär sein muß, scheidet die triviale Lösung $\underline{v}_\nu = \underline{O}$ aus. Damit (7.85) eine Lösung $\underline{v}_\nu \neq \underline{O}$ hat, muß

$$\det(\lambda_\nu\underline{I}-\underline{\phi}) = 0 \tag{7.86}$$

sein. Das ist aber gemäß (7.22) gerade die charakteristische Gleichung von $\underline{\phi}$. Die bisher nicht festgelegten Zahlen $\lambda_1,\ldots,\lambda_n$ müssen daher die Eigenwerte von $\underline{\phi}$ sein. Gemäß (7.85) stellen dann die $\underline{v}_\nu$ die Eigenvektoren von $\underline{\phi}$ dar.

Wie bereits im Abschnitt 7.2 erwähnt, sind die Eigenvektoren $\underline{v}_1,\ldots,\underline{v}_n$ linear unabhängig, wenn die Eigenwerte $\lambda_1,\ldots,\lambda_n$ einfach (voneinander verschieden) sind ([50a], Abschnitt 13.2). Dies wollen wir voraussetzen. Damit ist die Regularität von $\underline{V}$ gesichert.

Um die Transformation auf Diagonalform zu ermitteln, hat man dann also zunächst die Eigenwerte $\lambda_1,\ldots,\lambda_n$ der Strecke zu berechnen. Darauf löst man für jedes λ_ν die Gleichung (7.85) und erhält so die <u>Eigenvektoren</u> $\underline{v}_\nu$. Damit <u>sind die Spaltenvektoren von</u> $\underline{V}$ gefunden. Die so bestimmte Transformation $\underline{x} = \underline{V}\,\hat{\underline{x}}$ bezeichnet man als <u>Modaltransformation</u>, die neu eingeführten Koordinaten $\hat{x}_\nu$ als <u>Modalkoordinaten</u>.

Die Transformationsgleichung kann man auch so schreiben:

$$\underline{x} = [\underline{v}_1, \ldots, \underline{v}_n] \begin{bmatrix} \hat{x}_1 \\ \vdots \\ \hat{x}_n \end{bmatrix} = \underline{v}_1 \hat{x}_1 + \ldots + \underline{v}_n \hat{x}_n \tag{7.87}$$

Daraus ergibt sich die geometrische Bedeutung der Modalkoordinaten: Sie bilden die Zustandsvariablen in dem von den Eigenvektoren des Systems aufgespannten Zustandsraum.

Es ist noch erforderlich, etwas zur inversen Matrix $\underline{V}^{-1}$ zu sagen. Multipliziert man (7.83) von links und rechts mit $\underline{V}^{-1}$, so wird daraus

$$\underline{V}^{-1} \underline{\phi} = \underline{\Lambda}\, \underline{V}^{-1} \ . \tag{7.88}$$

Setzt man hierin

$$\underline{V}^{-1} = \begin{bmatrix} \underline{w}_1^T \\ \vdots \\ \underline{w}_n^T \end{bmatrix} \tag{7.89}$$

ein, so kann man (7.88) ganz entsprechend wie (7.83) umformen und erhält so

$$\underline{w}_\nu^T (\lambda_\nu \underline{I} - \underline{\phi}) = \underline{o}^T \ , \qquad \nu = 1, \ldots, n. \tag{7.90}$$

Man nennt deshalb die Vektoren $\underline{w}_\nu$ Links-Eigenvektoren von $\underline{\phi}$. Im Unterschied dazu heißen die $\underline{v}_\nu$ auch Rechts-Eigenvektoren von $\underline{\phi}$. $\underline{V}^{-1}$ besteht infolgedessen aus den transponierten Links-Eigenvektoren der Matrix $\underline{\phi}$.

Hat man die Modaltransformation durchgeführt, so erhält man als Zustandsdifferenzengleichung der Strecke die Gleichung (7.80) oder

$$\hat{\underline{x}}_{k+1} = \underline{\Lambda}\ \hat{\underline{x}}_k + \hat{\underline{u}}_k \tag{7.91}$$

mit

$$\hat{\underline{u}}_k = \hat{\underline{H}}\ \underline{u}_k = \underline{V}^{-1}\underline{H}\ \underline{u}_k\ . \tag{7.92}$$

Komponentenweise geschrieben wird aus (7.91)

$$\hat{x}_{\nu,k+1} = \lambda_\nu \hat{x}_{\nu,k} + \hat{u}_{\nu,k}\ , \quad \nu = 1,\ldots,n. \tag{7.93}$$

Hierin ist also ν der laufende Index für die Komponenten des Zustandsvektors, während k wie stets die diskrete Zeit kennzeichnet.

Die Darstellung (7.93) legt nun - fast zwingend - die folgende Vorgehensweise nahe: Will man den Streckeneigenwert λ_ν durch den gewünschten Eigenwert z_ν ersetzen, so wählt man ganz einfach

$$\hat{u}_{\nu,k} = -\lambda_\nu \hat{x}_{\nu,k} + z_\nu \hat{x}_{\nu,k} = (z_\nu - \lambda_\nu)\hat{x}_{\nu,k}\ . \tag{7.94}$$

Dann ist nämlich

$$\hat{x}_{\nu,k+1} = z_\nu \hat{x}_{\nu,k}\ ,$$

d.h. die Abtastregelung hat den Eigenwert z_ν.

Nun sind aber die Komponenten $\hat{u}_{\nu,k}$ des Vektors $\hat{\underline{u}}_k$ lediglich Rechengrößen, die mittels der Beziehung (7.92) eingeführt wurden. Es fragt sich, ob man sie tatsächlich aus dem real vorhandenen Steuervektor $\underline{u}_k$ erzeugen kann (etwa in einem Mikrorechner). Um das zu erkennen, gehen wir von dem Zusammenhang (7.92) aus und setzen $\underline{H} = [\underline{h}_1,\ldots,\underline{h}_p]$ ein:

$$\underline{V}^{-1}[\underline{h}_1,\ldots,\underline{h}_p]\underline{u}_k = \underline{\hat{u}}_k \ ,$$

$$[\underline{V}^{-1}\underline{h}_1,\ldots,\underline{V}^{-1}\underline{h}_p]\begin{bmatrix} u_{1,k} \\ \vdots \\ u_{p,k} \end{bmatrix} = \underline{\hat{u}}_k \ ,$$

$$\underline{V}^{-1}\underline{h}_1 u_{1,k} + \ldots + \underline{V}^{-1}\underline{h}_p u_{p,k} = \underline{\hat{u}}_k \ .$$

Da $\underline{V}^{-1}\underline{h}_\nu$ n-dimensionale Vektoren sind, ist dies bei gegebenem $\underline{\hat{u}}_k$ ein System von n Gleichungen für die gesuchten Komponenten $u_{1,k},\ldots,u_{p,k}$ von $\underline{u}_k$. Da von Ausnahmefällen abgesehen die Anzahl p der Steuergrößen kleiner als die Systemordnung n ist, liegt ein überbestimmtes Gleichungssystem vor, und es gibt deshalb im allgemeinen keine Lösung.

Jedoch bietet sich ein Ausweg an: Man macht aus dem überbestimmten Gleichungssystem ein System mit gleicher Anzahl von Unbekannten und Gleichungen, indem man nur noch p Eigenwerte verschiebt, also so viele, wie Steuergrößen vorhanden sind.

Allerdings erhebt sich dann die Frage, welche der n Eigenwerte zu verschieben sind. Man kann etwa an die Eigenwerte denken, welche der Peripherie des Einheitskreises am nächsten liegen, oder auch an solche, deren zugehörige Modalkoordinaten stärker gestört sind. Eine allgemeingültige Antwort läßt sich kaum geben, Simulationen des konkret vorliegenden Systems werden erforderlich sein. Hat man sich für p Eigenwerte entschieden, so kann man sie so numerieren, daß es gerade die ersten p sind: $\lambda_1,\ldots,\lambda_p$. Mit ihnen sind die zugehörigen Eigenvektoren und Links-Eigenvektoren umzuordnen. Damit werden dann auch die Modalkoordinaten und Komponenten von $\hat{\underline{u}}$ umgeordnet. Im folgenden sind stets die so umgestellten Gleichungen gemeint.

Aus (7.92) folgt dann wegen (7.89):

$$\begin{bmatrix} \underline{w}_1^T \\ \vdots \\ \underline{w}_n^T \end{bmatrix} \underline{H}\,\underline{u}_k = \hat{\underline{u}}_k \,, \tag{7.95}$$

also

$$\left.\begin{aligned} \underline{w}_1^T\underline{H}\,\underline{u}_k &= \hat{u}_{1,k} \,, \\ &\vdots \\ \underline{w}_p^T\underline{H}\,\underline{u}_k &= \hat{u}_{p,k} \,. \end{aligned}\right\} \tag{7.96}$$

Das sind p Gleichungen für die p gesuchten Komponenten $u_{1,k},\dots,u_{p,k}$ von $\underline{u}_k$. Die Matrix des Gleichungssystems ist

$$\hat{\underline{H}}_p = \begin{bmatrix} \underline{w}_1^T\,\underline{H} \\ \vdots \\ \underline{w}_p^T\,\underline{H} \end{bmatrix} . \tag{7.97}$$

Sie setzt sich aus den ersten p Zeilen der Matrix $\hat{\underline{H}} = \underline{V}^{-1}\underline{H}$ zusammen. Man darf annehmen, daß die (n,p)-Matrix $\underline{H}$ den Höchstrang p hat, da andernfalls (mindestens) eine Steuergröße aus den anderen linear kombiniert werden könnte und deshalb überflüssig wäre. Damit hat auch $\hat{H}$ den Höchstrang p, besitzt also p linear unabhängige Zeilenvektoren. Sind die ersten p linear unabhängig, so ist $\hat{\underline{H}}_p$ regulär. Andernfalls muß man Zeilen von $\hat{\underline{H}}_p$ gegen andere $\hat{\underline{H}}$-Zeilen austauschen, bis sämtliche Zeilen von $\hat{\underline{H}}_p$ linear unabhängig sind und $\underline{\hat{H}}_p$ somit regulär wird. Da ein solcher Zeilenaustausch auch einen Austausch der zugehörigen Eigenwerte bedeutet, hat er allerdings zur Folge, daß gewisse Eigenwerte, die bisher unter den ersten p waren, herausgenommen werden und deshalb auf ihre Verschiebung verzichtet werden muß.

Für (7.95) kann man nun kürzer schreiben:

$$\underline{\hat{H}}_p \underline{u}_k = \underline{\hat{u}}_{p,k} \quad \text{bzw.} \quad \underline{u}_k = \underline{\hat{H}}_p^{-1} \underline{\hat{u}}_{p,k} \, , \tag{7.98}$$

wobei also $\underline{\hat{u}}_{p,k}$ die ersten p Komponenten von $\underline{\hat{u}}_k$ umfaßt. Wegen (7.94) gilt dann

$$\underline{\hat{u}}_{p,k} = \begin{bmatrix} (z_1-\lambda_1)\hat{x}_{1,k} \\ \vdots \\ (z_p-\lambda_p)\hat{x}_{p,k} \end{bmatrix} = \begin{bmatrix} z_1-\lambda_1 & \dots & 0 \\ \vdots & \ddots & \vdots \\ 0 & \dots & z_p-\lambda_p \end{bmatrix} \begin{bmatrix} \hat{x}_{1,k} \\ \vdots \\ \hat{x}_{p,k} \end{bmatrix}$$

oder kurz

$$\underline{\hat{u}}_{p,k} = -(\underline{\Lambda}_p - \underline{Z}_p)\underline{\hat{x}}_{p,k} \, . \tag{7.99}$$

Wegen (7.98) folgt daraus

$$\underline{u}_k = -\underline{\hat{H}}_p^{-1} (\underline{\Lambda}_p - \underline{Z}_p)\underline{\hat{x}}_{p,k} \, . \tag{7.100}$$

Dabei ist also $\underline{Z}_p$ bzw. $\underline{\Lambda}_p$ eine Diagonalmatrix, die durch die ersten p Eigenwerte der Abtastregelung bzw. der Strecke charakterisiert ist, während der Vektor $\underline{\hat{x}}_{p,k}$ aus den ersten p Komponenten des Zustandsvektors $\underline{\hat{x}}_k$ besteht. Weiterhin folgt aus

$$\underline{\hat{x}} = \underline{V}^{-1}\underline{x} = \begin{bmatrix} \underline{w}_1^T \\ \vdots \\ \underline{w}_n^T \end{bmatrix} \underline{x} = \begin{bmatrix} \underline{w}_1^T\,\underline{x} \\ \vdots \\ \underline{w}_n^T\,\underline{x} \end{bmatrix} :$$

$$\underline{\hat{x}}_{p,k} = \begin{bmatrix} \underline{w}_1^T\,\underline{x}_k \\ \vdots \\ \underline{w}_p^T\,\underline{x}_k \end{bmatrix} = \begin{bmatrix} \underline{w}_1^T \\ \vdots \\ \underline{w}_p^T \end{bmatrix} \underline{x}_k\ . \tag{7.101}$$

Setzt man (7.101) in (7.100) ein, so erhält man den Zusammenhang zwischen dem Zustandsvektor $\underline{x}_k$ und dem Steuervektor $\underline{u}_k$:

$$\underline{u}_k = -\underbrace{\begin{bmatrix} \underline{w}_1^T\,\underline{H} \\ \vdots \\ \underline{w}_p^T\,\underline{H} \end{bmatrix}^{-1} \cdot \begin{bmatrix} \lambda_1 - z_1 & \dots & 0 \\ \vdots & \ddots & \vdots \\ 0 & \dots & \lambda_p - z_p \end{bmatrix} \begin{bmatrix} \underline{w}_1^T \\ \vdots \\ \underline{w}_p^T \end{bmatrix}}_{\underline{R}} \underline{x}_k\ . \tag{7.102}$$

Durch diesen Regler werden die ersten p Eigenwerte $\lambda_1,\dots,\lambda_p$ der Abtaststrecke in die gewünschten Positionen $z_1,\dots,z_p$ verschoben. Treten konjugiert komplexe Eigenwertpaare der Strecke auf und verschiebt man diese in konjugiert komplexe Eigenwertpaare oder auch in reelle Doppeleigenwerte des geschlossenen Kreises, so bleibt die Reglermatrix $\underline{R}$ reell. Dies folgt aus der Tatsache, daß das zu einem konjugiert komplexen Eigenwertpaar gehörige Paar der Links-Eigenvektoren ebenfalls konjugiert komplex ist.

Was geschieht aber mit den restlichen Eigenwerten $\lambda_{p+1},\dots,\lambda_n$ der Strecke, die nicht gezielt verschoben werden? Besteht bei ihnen doch die Gefahr, daß sie sich in unkontrollierter Weise verlagern und vielleicht sogar Instabilität hervorrufen. Wenn das im vorhergehenden beschriebene Verfahren verwendbar sein soll, muß diese Befürchtung zerstreut werden.

Dazu betrachtet man die über den Regler (7.100) bzw. (7.102) geschlossene Regelung und ermittelt deren Eigenwerte. Die Rechnungen vereinfachen sich, wenn man dies in den Modalkoordinaten durchführt. Hierzu zerlegt man den gesamten Zustandsvektor $\underline{\hat{x}}$ in zwei Teilvektoren, die aus den ersten p und den letzten n-p Koordinaten bestehen:

$$\underline{\hat{x}} = \begin{bmatrix} \underline{\hat{x}}_p \\ \underline{\hat{x}}_{n-p} \end{bmatrix} .$$

Damit wird aus (7.91/92):

$$\begin{bmatrix} \underline{\hat{x}}_{p,k+1} \\ \underline{\hat{x}}_{n-p,k+1} \end{bmatrix} = \begin{bmatrix} \underline{\Lambda}_p & \underline{0} \\ \underline{0} & \underline{\Lambda}_{n-p} \end{bmatrix} \begin{bmatrix} \underline{\hat{x}}_{p,k} \\ \underline{\hat{x}}_{n-p,k} \end{bmatrix} + \begin{bmatrix} \underline{\hat{H}}_p \\ \underline{\hat{H}}_{n-p} \end{bmatrix} \underline{u}_k , \quad (7.103)$$

wobei $\underline{\Lambda}_p$ bzw. $\underline{\Lambda}_{n-p}$ die Diagonalmatrix ist, welche durch die ersten p bzw. letzten n-p Eigenwerte der Strecke bestimmt wird, und $\underline{\hat{H}}_p$ bzw. $\underline{\hat{H}}_{n-p}$ aus den ersten p bzw. letzten n-p Zeilen von $\underline{\hat{H}}$ besteht. In zwei Gleichungen zerlegt, wird aus (7.103):

$$\underline{\hat{x}}_{p,k+1} = \underline{\Lambda}_p \underline{\hat{x}}_{p,k} + \underline{\hat{H}}_p \underline{u}_k ,$$

$$\underline{\hat{x}}_{n-p,k+1} = \underline{\Lambda}_{n-p} \underline{\hat{x}}_{n-p,k} + \underline{\hat{H}}_{n-p} \underline{u}_k .$$

Hierin setzt man die Rückführung (7.100) ein:

$$\underline{\hat{x}}_{p,k+1} = \underline{\Lambda}_p \underline{\hat{x}}_{p,k} - \underline{\hat{H}}_p \cdot \underline{\hat{H}}_p^{-1} (\underline{\Lambda}_p - \underline{Z}_p) \underline{\hat{x}}_{p,k} = \underline{Z}_p \underline{\hat{x}}_{p,k} ,$$

$$\underline{\hat{x}}_{n-p,k+1} = \underbrace{-\underline{\hat{H}}_{n-p}\cdot\underline{\hat{H}}_p^{-1}(\underline{\Lambda}_p-\underline{Z}_p)}_{\underline{M}}\underline{\hat{x}}_{p,k} + \underline{\Lambda}_{n-p}\underline{\hat{x}}_{n-p,k} \; .$$

Nun faßt man wieder zusammen:

$$\underline{\hat{x}}_{k+1} = \begin{bmatrix} \underline{Z}_p & \underline{O} \\ \underline{M} & \underline{\Lambda}_{n-p} \end{bmatrix} \underline{\hat{x}}_k \; .$$

Das ist die Zustandsdifferenzengleichung der über den obigen Regler (7.101) geschlossenen Abtastregelung, beschrieben in Modalkoordinaten.

Ihre charakteristische Gleichung lautet demgemäß

$$\det\left[\begin{array}{ccc|ccc} z-z_1 & \cdots & 0 & & & \\ \vdots & \ddots & \vdots & & \underline{O} & \\ 0 & \cdots & z-z_p & & & \\ \hline & & & z-\lambda_{p+1} & \cdots & 0 \\ & -\underline{M} & & \vdots & \ddots & \vdots \\ & & & 0 & \cdots & z-\lambda_n \end{array}\right] = 0$$

oder

$$(z-z_1)\ldots(z-z_p)\cdot(z-\lambda_{p+1})\ldots(z-\lambda_n) = 0 \; .$$

Daraus liest man ab: Die Abtastregelung hat zunächst die gezielt verschobenen Eigenwerte $z_1,\ldots,z_p$, die zu erreichen ja der Zweck der Regelung war. Ihre restlichen Eigenwerte sind gleich den ursprünglichen Streckeneigenwerten $\lambda_{p+1}, \ldots,\lambda_n$. D.h. also:

Die Eigenwerte der Strecke, welche bei der modalen Regelung nicht gezielt verschoben werden, bleiben unverändert. (7.104)

Damit ist das Verfahren endgültig legitimiert.

Bisher wurde einfachheitshalber vorausgesetzt, daß sämtliche Eigenwerte von $\underline{\phi}$ einfach sind. Diese Voraussetzung ist aber nicht notwendig. Um die Transformation auf Diagonalform durchführen zu können, genügt es, daß $\underline{\phi}$ "diagonalähnlich" ist (siehe etwa [50a], Abschnitt 14.1). Der Fall einfacher Eigenwerte ist hierin enthalten. Aber auch Matrizen mit mehrfachen Eigenwerten können diagonalähnlich sein. Das gilt beispielsweise für symmetrische Matrizen. Bei einem durch sein Strukturbild gegebenen dynamischen System wird die Systemmatrix trotz mehrfacher Eigenwerte diagonalähnlich sein, wenn die zum gleichen Eigenwert gehörenden Blöcke nicht unmittelbar hintereinander liegen (und nicht nur durch ein Proportionalglied getrennt sind). Das ist beispielsweise dann der Fall, wenn zum gleichen Eigenwert nur Blöcke in den Wirkungslinien verschiedener Ausgangsgrößen gehören.

Ist die Matrix $\underline{\phi}$ nicht diagonalähnlich, so kann man nicht mehr auf Diagonalform, sondern nur noch auf die allgemeinere Jordansche Normalform ("Kästchenform") transformieren. Der Entwurf der modalen Regelung läßt sich sinngemäß hierauf übertragen, wobei $\underline{V}$ jetzt die Transformationsmatrix auf Jordansche Normalform ist.

Einen gewissen Nachteil der modalen Regelung kann man darin erblicken, daß es nicht möglich ist, <u>sämtliche</u> Eigenwerte der Strecke zu verschieben. Er läßt sich dadurch beheben, daß man das Verfahren mehrmals anwendet, wobei der soeben hergeleitete Satz (7.104) eine entscheidende Rolle spielt. Ausgangspunkt ist wiederum die Streckengleichung

$$\underline{x}_{k+1} = \underline{\Phi}\,\underline{x}_k + \underline{H}\,\underline{u}_k\,, \quad k = 0,1,2,\ldots, \qquad (7.105)$$

mit den Eigenwerten $\lambda_1,\ldots,\lambda_n$ und dem p-dimensionalen Steuervektor $\underline{u}_k$. Er wird jetzt als Summe zweier Vektoren angesetzt:

$$\underline{u}_k = \underline{u}_{1,k} + \underline{u}_{2,k} = -\underline{R}_1\underline{x}_k + \underline{u}_{2,k}\,. \qquad (7.106)$$

Während $\underline{u}_{2,k}$ zunächst offengelassen wird, wählt man $\underline{R}_1$ gemäß (7.102) so, daß die ersten p Eigenwerte der Strecke in gewünschter Weise verschoben werden:

$$\lambda_1 \to z_1,\ldots,\lambda_p \to z_p.$$

Die so erhaltene Abtastregelung wird nach (7.105/106) durch die Gleichung

$$\underline{x}_{k+1} = \underbrace{(\underline{\Phi} - \underline{H}\,\underline{R}_1)}_{\underline{\Phi}_1}\underline{x}_k + \underline{H}\,\underline{u}_{2,k}$$

beschrieben und hat die Eigenwerte

$$z_1,\ldots,z_p;\ \lambda_{p+1},\ldots,\lambda_n.$$

Nunmehr wählt man zu der neuen Streckengleichung

$$\underline{x}_{k+1} = \underline{\Phi}_1\underline{x}_k + \underline{H}\,\underline{u}_{2,k}$$

die Rückführung

$$\underline{u}_{2,k} = -\underline{R}_2\underline{x}_k$$

so, daß $\lambda_{p+1} \to z_{p+1},\ldots,\lambda_{2p} \to z_{2p}$ verschoben wird. Die bereits verschobenen Eigenwerte $z_1, \ldots, z_p$ bleiben dabei nach (7.104) liegen. Der so erhaltene geschlossene Kreis hat die Zustandsdifferenzengleichung

$$\underline{x}_{k+1} = (\underline{\Phi}_1 - \underline{H}\,\underline{R}_2)\underline{x}_k$$

und besitzt die Eigenwerte

$$z_1, \ldots, z_p;\ z_{p+1}, \ldots, z_{2p};\ \lambda_{2p+1}, \ldots, \lambda_n.$$

Insgesamt werden also durch die Rückführung

$$\underline{u}_k = -\underline{R}_1\underline{x}_k - \underline{R}_2\underline{x}_k = -(\underline{R}_1 + \underline{R}_2)\underline{x}_k$$

die ersten 2p Eigenwerte verschoben. Dabei kann $\underline{R}_2$ erst dann berechnet werden, wenn $\underline{R}_1$ bereits vorliegt. Die Teilregler können also nur sukzessive ermittelt werden.

Es liegt auf der Hand, wie das Verfahren fortzusetzen ist, um alle Eigenwerte der Strecke zu verändern. Ist n kein Vielfaches von p, so hat man beim letzten Schritt weniger als p Eigenwerte zu verlegen. Man verschiebt dann einfach vorher festgelegte Eigenwerte formal nochmals - aber an den Platz, auf dem sie sich bereits befinden. Ist beispielsweise n = 5 und p = 2, so hat die Regelung nach dem 2. Schritt die Eigenwerte $z_1, z_2;\ z_3, z_4;\ \lambda_5$. Im 3. und letzten Schritt nimmt man dann die Verschiebung $z_4 \to z_4$, $\lambda_5 \to z_5$ vor.

Wir wollen nun ein Beispiel zur modalen Regelung betrachten und gehen dazu von dem in Bild 7/10 skizzierten Gleichstrommotor aus, der über Feld und Anker geregelt werden soll.*) Sofern man eine lineare Magnetisierungs-

*) Die Motordaten sind entnommen aus G. PFAFF: Regelung elektrischer Antriebe I. R. Oldenbourg Verlag, 3. Auflage, 1987. Abschnitt 2.4 und 2.5.

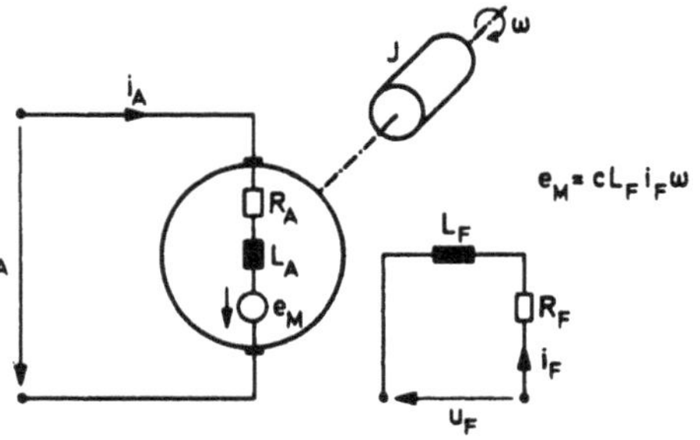

Bild 7/10 Gleichstrommotor

kennlinie für das Erregerfeld zugrunde legt, lautet die Zustandsdifferentialgleichung

$$\underline{\dot{x}} = \begin{bmatrix} -a_1 x_1 \\ -a_{21} x_2 - a_{22} x_1 x_3 \\ a_3 x_1 x_2 \end{bmatrix} + \begin{bmatrix} 0 & b_2 \\ b_1 & 0 \\ 0 & 0 \end{bmatrix} \underline{u}$$

mit den Zustandsvariablen

$x_1 = i_F$ (Feldstrom),

$x_2 = i_A$ (Ankerstrom),

$x_3 = \omega$ (Winkelgeschwindigkeit),

den Steuergrößen

$u_1 = u_A$ (Ankerspannung),

$u_2 = u_F$ (Feldspannung)

und den Koeffizienten (auf die jeweilige Einheit normiert)

$$a_1 = \frac{R_F}{L_F} = 0.3969 \quad , \quad b_1 = \frac{1}{L_A} = 333.3333 \; ,$$

$$a_{21} = \frac{R_A}{L_A} = 16.6667 \; , \quad b_2 = \frac{1}{L_F} = 0.0158 \; ,$$

$$a_{22} = \frac{cL_F}{L_A} = 351.3667 ,$$

$$a_3 = \frac{cL_F}{J} = 0.0703 .$$

Wegen der Produkte x_1x_2 und x_1x_3 ist dieses System nichtlinear. Die Linearisierung um den stationären Betriebspunkt

$$\underline{x}_{st} = \begin{bmatrix} 3 \\ 0 \\ 100 \end{bmatrix} , \quad \underline{u}_{st} = \begin{bmatrix} 316.23 \\ \\ 75.36 \end{bmatrix}$$

liefert, wenn für die Abweichungen $\underline{\Delta x}$, $\underline{\Delta u}$ wieder $\underline{x}$, $\underline{u}$ geschrieben wird, die lineare Zustandsdifferentialgleichung

$$\dot{\underline{x}} = \underbrace{\begin{bmatrix} -0.3969 & 0 & 0 \\ -35136.67 & -16.667 & -1054.1001 \\ 0 & 0.2109 & 0 \end{bmatrix}}_{\underline{A}} \underline{x} + \underbrace{\begin{bmatrix} 0 & 0.0158 \\ 333.3333 & 0 \\ 0 & 0 \end{bmatrix}}_{\underline{B}} \underline{u} .$$

Wird dieses System durch einen Rechner angesteuert und wählt man die Abtastzeit zu T = 0,2 sec, so lautet seine Zustandsdifferenzengleichung

$$\underline{x}_{k+1} = \underline{\Phi}\, \underline{x}_k + \underline{H}\, \underline{u}_k$$

mit

$$\underline{\Phi} = \begin{bmatrix} 9.23689-01 & 0.00000 & 0.00000 \\ -2.68431+02 & -2.27118-01 & -9.98475+00 \\ -3.42171+01 & 1.99771-03 & -6.92465-02 \end{bmatrix}^{*)}$$

*) Hier und im folgenden sind die Elemente der Zahlenmatrizen so geschrieben, wie sie vom Rechner ausgegeben werden. Beispielsweise ist also 9,23689-01 gleich $9{,}23689 \cdot 10^{-1}$

$$\underline{H} = \begin{bmatrix} 0.00000 & 3.03783\text{-}03 \\ 3.15743\text{+}00 & -2.56344\text{+}00 \\ 3.38123\text{-}01 & -5.67062\text{-}02 \end{bmatrix}.$$

Die beiden Matrizen werden in der gleichen Weise berechnet wie im Beispiel am Schluß von Abschnitt 7.5.

Die Eigenwerte zu $\underline{\phi}$ ergeben sich zu

$$\lambda_1 = 0.923690 \; ,$$

$$\lambda_2 = -0.148183 + j\;0.117113 \; ,$$

$$\lambda_3 = -0.148183 - j\;0.117113 \; .$$

Für die inverse Transformationsmatrix erhält man

$$\underline{V}^{-1} = \begin{bmatrix} \underline{w}_1^T \\ \underline{w}_2^T \\ \underline{w}_3^T \end{bmatrix} =$$

$$= \left[\begin{array}{c|c|c} 1 & 0 & 0 \\ -7.57776\text{-}01 + j\;3.38197\text{+}01 & 1.17292\text{-}02 + j\;7.90575\text{-}03 & +j \\ -7.57776\text{-}01 - j\;3.38197\text{+}01 & 1.17292\text{-}02 - j\;7.90575\text{-}03 & -j \end{array}\right].$$

Nun soll ein modaler Regler so entworfen werden, daß die Regelung in der z-Ebene Eigenwerte besitzt, die den Eigenwerten

$$s_1 = -1.5 \; , \quad s_2 = -8.0 \; , \quad s_3 = -10.0$$

in der s-Ebene entsprechen.*) Mit $z = e^{Ts}$ wird aus diesen

---

*) Diese Vorgabewerte wie auch der hier zugrunde gelegte stationäre Zustand sind der Dissertation "Synthese nichtlinearer, zeitvarianter Systeme mit Hilfe einer

$$z_1 = 0.740818,$$

$$z_2 = 0.201897,$$

$$z_3 = 0.135335.$$

Da die Strecke Anker- <u>und</u> Feldspannung als Steuergrößen besitzt, können bei einmaliger Anwendung der modalen Regelung zwei Eigenwerte verschoben werden. Soll der Regler dabei reell bleiben, muß das konjugiert komplexe Eigenwertpaar gemeinsam verschoben werden, und zwar entweder wiederum in ein konjugiert komplexes Paar oder in einen reellen Doppeleigenwert. Wir wählen den letzteren Fall mit z_3 als doppeltem Eigenwert. Die Reglermatrix lautet dann

$$\underline{R}_1 = \underline{\hat{H}}_p^{-1} \begin{bmatrix} \lambda_2 - z_3 & 0 \\ 0 & \lambda_3 - z_3 \end{bmatrix} \begin{bmatrix} \underline{w}_2^T \\ \underline{w}_3^T \end{bmatrix}.$$

Die Inversion von

$$\underline{\hat{H}}_p = \begin{bmatrix} \underline{w}_2^T \\ \underline{w}_3^T \end{bmatrix} \underline{H} =$$

$$= \left[\begin{array}{c|c} 3.70341\text{-}02 \quad +j\ 3.63085\text{-}01 & -3.23691\text{-}02 \quad +j\ 2.57664\text{-}02 \\ 3.70341\text{-}02 \quad -j\ 3.63085\text{-}01 & -3.23691\text{-}02 \quad -j\ 2.57664\text{-}02 \end{array}\right]$$

ergibt mit

$$\frac{1}{\det \underline{\hat{H}}_p} = j\ 39.34848 :$$

---

kanonischen Form" von R. SOMMER (Fortschritt-Berichte der VDI-Zeitschriften, 1981) entnommen, wo eine nichtlineare Regelung des kontinuierlichen Systems entworfen wird.

$$\hat{\underline{H}}_p^{-1} = \left[\begin{array}{cc|cc} 1.01387 & -j\ 1.27368 & 1.01387 & +j\ 1.27368 \\ -14.28684 & -j\ 1.45724 & -14.28684 & +j\ 1.45724 \end{array}\right].$$

Damit wird

$$\underline{R}_1 = \begin{bmatrix} -3.22470+01 & -1.08311-02 & -9.59694-01 \\ 7.88295+01 & 1.18946-01 & 2.52005+00 \end{bmatrix}.$$

Der über diesen Regler geschlossene Kreis wird durch die Gleichung

$$\underline{x}_{k+1} = \underline{\Phi}_1 \underline{x}_k + \underline{H}\ \underline{u}_{2,k}$$

beschrieben, wobei

$$\underline{\Phi}_1 = \underline{\Phi} - \underline{H}\,\underline{R}_1 = \begin{bmatrix} 6.84218-01 & -3.61338-04 & -7.65548-03 \\ 3.54613+01 & 1.11991-01 & -4.94586-01 \\ -1.88435+01 & 1.24049-02 & 3.98151-01 \end{bmatrix}$$

ist. Die Eigenwerte dieser Matrix sind λ_1 und der doppelte Eigenwert z_3.

Im zweiten Schritt wird nunmehr die Rückführung

$$\underline{u}_{2,k} = -\underline{R}_2 \underline{x}_k$$

eingesetzt, um den Eigenwert λ_1 in die gewünschte Position z_1 und den einen der beiden gleichen Eigenwerte z_3 in die gewünschte Position z_2 zu bringen. Daß es sich um einen doppelten Eigenwert handelt, stört nicht, da man nur einen der beiden gleichen Eigenwerte verschieben will. Die zu den Eigenwerten λ_1 und z_3 gehörenden Links-Eigenvektoren von $\underline{\Phi}_1$ ergeben sich aus

$$\underline{w}_1^T(\lambda_1 \underline{I} - \underline{\Phi}_1) = \underline{o}^T ,$$

$$\underline{w}_3^T(z_3\underline{I}-\underline{\Phi}_1) = \underline{o}^T$$

zu

$$\underline{w}_1^T = [-4.77454{+}01 \quad 3.14315{-}02 \quad 6.65922{-}01] \ ,$$

$$\underline{w}_3^T = [2.99624{+}01 \quad 2.44055{-}02 \quad 9.18689{-}01] \ .$$

Damit ist

$$\hat{\underline{H}}_2 = \begin{bmatrix} \underline{w}_1^T \\ \underline{w}_3^T \end{bmatrix} \underline{H} = \begin{bmatrix} 3.24406{-}01 & -2.63377{-}01 \\ 3.87689{-}01 & -2.36367{-}02 \end{bmatrix} ,$$

also

$$\det \hat{\underline{H}}_2 = 0.0944403 \quad \text{und damit}$$

$$\hat{\underline{H}}_2^{-1} = \begin{bmatrix} -2.50281{-}01 & 2.78881{+}00 \\ -4.10511{+}00 & 3.43503{+}00 \end{bmatrix} .$$

Mit der gewünschten Verschiebung

$$\lambda_1 = 0.923690 \rightarrow z_1 = 0.740818$$

$$z_3 = 0.135335 \rightarrow z_2 = 0.201897$$

erhält man für den zweiten Regler

$$\underline{R}_2 = \hat{\underline{H}}_2^{-1} \begin{bmatrix} \lambda_1 - z_1 & 0 \\ 0 & z_3 - z_2 \end{bmatrix} \begin{bmatrix} \underline{w}_1^T \\ \underline{w}_3^T \end{bmatrix} =$$

$$= \begin{bmatrix} -3.37656{+}00 & -5.96870{-}03 & -2.00993{-}01 \\ 2.89923{+}01 & -2.91757{-}02 & -7.09964{-}01 \end{bmatrix} .$$

Der Regler, der die gewünschte Verschiebung aller drei Eigenwerte bewirkt, ergibt sich nun durch Addition der beiden Teilregler:

$$\underline{R} = \underline{R}_1 + \underline{R}_2 = \begin{bmatrix} -3.56236+01 & -1.67998-02 & -1.16069+00 \\ 1.07822+02 & 8.97703-02 & 1.81009+00 \end{bmatrix} .$$

Um das dynamische Verhalten des so geregelten Motors durch Simulation zu überprüfen, wurde davon ausgegangen, daß sich die Maschine zum Zeitpunkt t = 0 im Anfangszustand

$$\underline{x}(0) = \begin{bmatrix} 5 \\ 0 \\ 50 \end{bmatrix}$$

befindet. Gegenüber dem stationären Betriebspunkt, um den linearisiert wurde, bedeutet das eine Abweichung von

$$\underline{\Delta x}(0) = \begin{bmatrix} 2 \\ 0 \\ -50 \end{bmatrix} .$$

Wird nun der zum stationären Betriebspunkt gehörende Steuervektor $\underline{u}_{St}$ aufgeschaltet, so muß das System diesen Zustand nach einiger Zeit wieder einnehmen. Das Übergangsverhalten der ungeregelten Maschine geht aus den gestrichelten Kurven im Bild 7/11 hervor. Die durchgezogenen Kurven zeigen, wie das Verhalten durch die modale Regelung verbessert wird. Bild 7/12 bringt die zugehörigen Steuerverläufe. In beiden Bildern sind die Abweichungen vom stationären Zustand dargestellt.

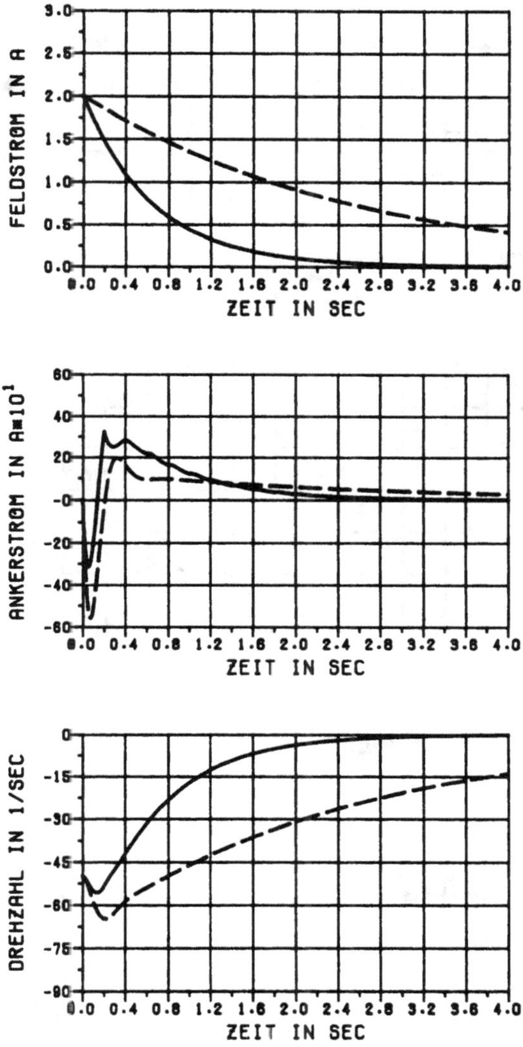

Bild 7/11 Übergangsverhalten des modal geregelten Gleichstrommotors

--- ungeregelter Motor

—— geregelter Motor

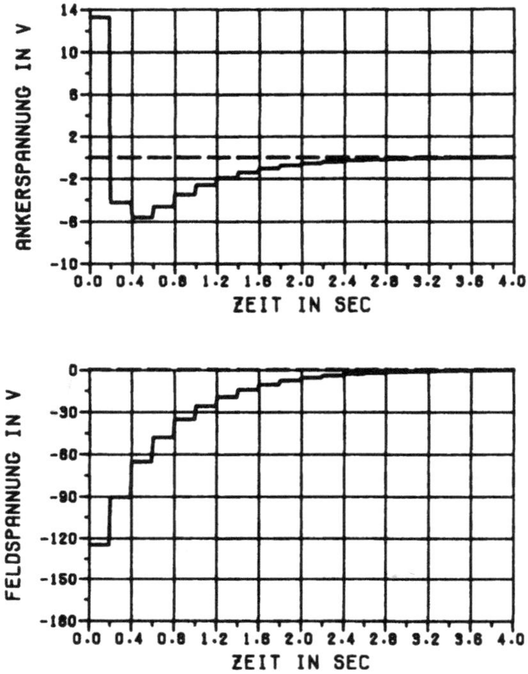

Bild 7/12 Steuergrößen des modal geregelten Gleichstrommotors

7.8 Zustandsbeobachter und Beobachtbarkeit von Abtastsystemen

In den vorhergehenden Abschnitten wurden mehrere Verfahren beschrieben, um den Zustandsregler

$$\underline{u}_k = -\underline{R}\ \underline{x}_k$$

zu entwerfen. Es gibt noch zahlreiche weitere Entwurfsverfahren. Zum überwiegenden Teil zielen sie auf Eigenwertvorgabe ab. Einige nützen zusätzlich die restlichen Freiheitsgrade, die beim Entwurf von Mehrgrößensystemen noch vorhanden sind, beispielsweise zur Systementkopplung. Daneben gibt es eine ganz andere Entwurfsmethode, die nicht die Vorgabe der Eigenwerte zum Ziel hat, sondern den Regler so wählt, daß ein quadratisches Gütemaß zum Minimum gemacht wird. Auf die Darstellung dieser Methode, bei welcher der Regler in ganz anderer Weise als bisher berechnet wird, müssen wir aus Raumgründen leider verzichten.*)

Wie immer man beim Reglerentwurf aber auch vorgehen mag, allen Zustandsreglern ist gemeinsam, daß sie den gesamten Zustand $\underline{x}_k$ benötigen, daß also sämtliche Zustandsvariablen $x_{1k},\ldots,x_{nk}$ zur Verfügung stehen müssen. Diese Voraussetzung ist aber im allgemeinen nicht erfüllt. Zwar werden die bei der physikalischen Modellbildung der Strecke anfallenden Zustandsvariablen als physikalische Größen grundsätzlich meßbar sein - die tatsächliche Messung aller Zustandsvariablen aber wäre viel zu aufwendig. Tatsächlich gemessen werden normalerweise die Ausgangs- oder Aufgabengrößen. Außerdem dürfte noch die eine oder andere Zustandsvariable ohne allzu großen Aufwand meßbar sein. Die Gesamtheit dieser <u>Meßgrößen</u>, also der Streckengrößen, die mit vertretbarem Aufwand meßtechnisch erfaßt werden können, werde im folgenden als <u>Meßvektor</u> $\underline{y}$ bezeichnet. Er kann den bisher so bezeichneten Ausgangsvektor umfassen oder mit ihm zusammenfallen. Da es nicht unbedingt erforderlich ist, wollen wir für ihn keine neue Bezeichnung einführen, wollen vielmehr <u>im folgenden Ausgangsvektor und Meßvektor</u> als <u>identisch</u> ansehen. Man darf annehmen, daß die einzelnen Meßgrößen Linearkombinationen der Zustandsvariablen sind (im speziellen Fall auch mit ihnen zusammenfallen), was durch die Beziehung $\underline{y} = \underline{C}\,\underline{x}$ ausgedrückt werden soll. Speziell für die Abtastzeitpunkte lautet diese Gleichung

$$\underline{y}_k = \underline{C}\,\underline{x}_k\,, \quad k = 0,1,2,\ldots\,.$$

*) Hierüber kann man nachlesen bei O. FÖLLINGER: Optimierung dynamischer Systeme - Eine Einführung für Ingenieure. R. Oldenbourg Verlag, 2. Auflage, 1988. Abschnitt 7.5

Sie werde von nun an als Meßgleichung bezeichnet und tritt an die Stelle der bisherigen Ausgangsgleichung.

Die Aufgabe besteht nun darin, aus den Meßwerten $\underline{y}_k$, $k = 0,1,2,\ldots$, den jeweiligen Zustand $\underline{x}_k$ zumindest näherungsweise zu bestimmen.

Da die Zustandsgleichungen der Strecke als bekannt angesehen werden dürfen, liegt der Gedanke nahe, die Zustandsdifferenzengleichung der Strecke nachzubilden, z.B. in einem Mikrorechner, sodann den Steuervektor $\underline{u}_k$, der auf die Strecke wirkt, auch auf dieses Modell zu schalten und so den Streckenzustand $\underline{x}_k$ aus dem Modell zu bekommen. Indessen erhält man aus dem Modell nur dann den tatsächlichen Streckenzustand, wenn es den gleichen Anfangswert $\underline{x}_0$ erhält wie die Strecke. Da man aber den Anfangszustand der Strecke nicht kennt, ist das nicht möglich und der vom Modell gelieferte Zustand $\hat{\underline{x}}_k$ vom wahren Wert $\underline{x}_k$ verschieden. Bild 7/13 veranschaulicht die Situation.

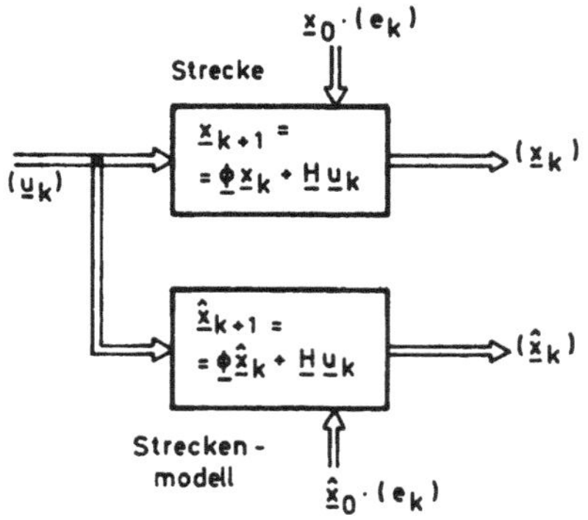

Bild 7/13 Parallelmodell zur Strecke.

$\underline{x}_0$ unbekannt, deshalb $\hat{\underline{x}}_0 \neq \underline{x}_0$ gewählt, etwa $\hat{\underline{x}}_0 = \underline{0}$.

Dennoch lohnt es sich, diesen Gedanken weiter zu verfolgen. Bildet man nämlich im Modell aus $\hat{\underline{x}}_k$ den Wert

$$\hat{\underline{y}}_k = \underline{C}\,\hat{\underline{x}}_k \,,$$

wie das im Bild 7/14 dargestellt ist, so kann man ihn mit dem Meßvektor $\underline{y}_k$ vergleichen und erhält dadurch eine Fehlergröße

$$\tilde{\underline{y}}_k = \underline{y}_k - \hat{\underline{y}}_k = \underline{C}(\underline{x}_k - \hat{\underline{x}}_k) = \underline{C}\,\tilde{\underline{x}}_k \;.$$

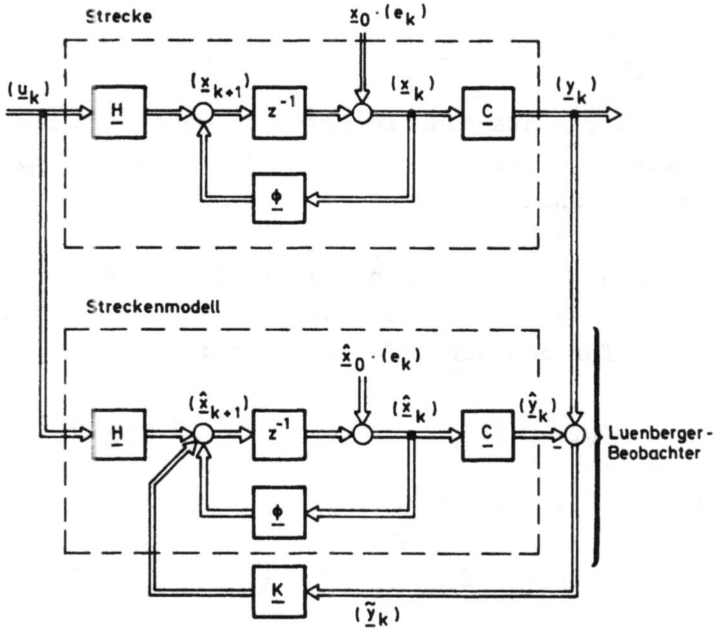

Bild 7/14 Struktur des Luenberger-Beobachters

Diese führt man über eine noch zu bestimmende Matrix $\underline{K}$ auf das Modell zurück und hat so eine Rückführung geschaffen, die bestrebt ist, $\hat{\underline{y}}_k$ an $\underline{y}_k$ anzugleichen (Bild 7/14). Das Streckenmodell samt Rückführung bezeichnet man als <u>Luenberger-Beobachter</u>, manchmal auch schlechthin als <u>Zustandsbeobachter</u> (D.G. LUENBERGER 1964/66). $\hat{\underline{x}}_k$ wird <u>Schätzwert</u> von $\underline{x}_k$ genannt,

$$\tilde{\underline{x}}_k = \underline{x}_k - \hat{\underline{x}}_k \qquad (7.107)$$

<u>Schätzfehler</u>.

Aus Bild 7/14 läßt sich die Gleichung des Luenberger-Beobachters ablesen:

$$\underline{\hat{x}}_{k+1} = \underline{\Phi}\,\underline{\hat{x}}_k + \underline{H}\,\underline{u}_k + \underline{K}(\underline{y}_k - \underline{\hat{y}}_k)\ . \tag{7.108}$$

Wegen $\underline{\hat{y}}_k = \underline{C}\,\underline{\hat{x}}_k$ kann man dafür auch schreiben:

$$\underline{\hat{x}}_{k+1} = (\underline{\Phi} - \underline{K}\,\underline{C})\underline{\hat{x}}_k + \underline{H}\,\underline{u}_k + \underline{K}\,\underline{y}_k\ . \tag{7.109}$$

Dies ist die Zustandsdifferenzengleichung des Beobachters, der somit ein dynamisches System darstellt und nicht nur ein Proportionalglied wie der Zustandsregler.

Wie ist nun $\underline{K}$ zu bestimmen, damit für $k \to \infty$ $\underline{\hat{x}}_k \to \underline{x}_k$ strebt? Um das zu erkennen, stellt man eine Differenzengleichung für den Schätzfehler $\underline{\tilde{x}}_k$ auf. Wegen

$$\underline{x}_{k+1} = \underline{\Phi}\,\underline{x}_k + \underline{H}\,\underline{u}_k$$

und (7.108) ist

$$\underline{\tilde{x}}_{k+1} = \underline{x}_{k+1} - \underline{\hat{x}}_{k+1} = \underline{\Phi}\,\underline{x}_k + \underline{H}\,\underline{u}_k - \underline{\Phi}\,\underline{\hat{x}}_k - \underline{H}\,\underline{u}_k - \underline{K}(\underline{C}\,\underline{x}_k - \underline{C}\,\underline{\hat{x}}_k)\ ,$$

$$\underline{\tilde{x}}_{k+1} = \underline{\Phi}(\underline{x}_k - \underline{\hat{x}}_k) - \underline{K}\,\underline{C}(\underline{x}_k - \underline{\hat{x}}_k)\ ,$$

also

$$\underline{\tilde{x}}_{k+1} = \underline{F}\,\underline{\tilde{x}}_k \tag{7.110}$$

mit

$$\underline{F} = \underline{\Phi} - \underline{K}\,\underline{C}\ . \tag{7.111}$$

Das ist eine homogene Differenzengleichung, die nach (7.18) die Lösung

$$\underline{\tilde{x}}_k = \underline{F}^k \underline{\tilde{x}}_o\ , \qquad k = 0,1,2,\ldots,$$

aufweist. Diese Lösung strebt somit für einen beliebigen Anfangszustand $\tilde{\underline{x}}_o = \underline{x}_o - \hat{\underline{x}}_o$ gegen Null, wenn die Eigenwerte von $\underline{F}$ innerhalb des Einheitskreises der z-Ebene liegen. So ist $\underline{K}$ zu wählen. Darüber hinaus wird man die Eigenwerte des Beobachters nach Möglichkeit innerhalb der Eigenwerte der Abtastregelung wählen, damit die Beobachtungsvorgänge schneller abklingen als die Systemvorgänge. Der Schätzwert $\hat{\underline{x}}_k$ wird dann praktisch nach einiger Zeit den wahren Wert $\underline{x}_k$ annehmen und festhalten, solange keine Störungen auf die Strecke einwirken. Nach jeder Störung wird er versuchen, den wahren Wert wieder zu erreichen.

Denken wir uns nun die Eigenwerte $\beta_1,\ldots,\beta_n$ des Beobachters vorgeschrieben! Damit es sich in der Tat um die Eigenwerte handelt, muß sein charakteristisches Polynom die Werte $\beta_1,\ldots,\beta_n$ als Nullstellen besitzen. Nach (7.111) ist das charakteristische Polynom des Beobachters

$$\det(z\underline{I}-\underline{F}) = \det(z\underline{I}-\underline{\phi}+\underline{K}\,\underline{C}) \ .$$

Daher muß gelten:

$$\det(z\underline{I}-\underline{\phi}+\underline{K}\,\underline{C}) = \prod_{\nu=1}^{n}(z-\beta_\nu) = z^n + f_{n-1}z^{n-1} + \ldots + f_o := f(z) \ , \tag{7.112}$$

wobei die Koeffizienten f_ν durch die gegebenen β_ν eindeutig festgelegt sind.

Die Aufgabe, aus dieser Gleichung die Matrix $\underline{K}$ zu ermitteln, ist aber genau das Problem, welches beim Reglerentwurf zur Polvorgabe bereits behandelt wurde. Um das zu erkennen, transponieren wir die Determinante in (7.112), wobei ihr Wert ja erhalten bleibt:

$$\det(z\underline{I}-\underline{\phi}^T+\underline{C}^T\underline{K}^T) = f(z) \ . \tag{7.113}$$

Die entsprechende Gleichung zur Bestimmung des Reglers $\underline{R}$ beim Polvorgabeverfahren lautet gemäß (7.68):

$$\det(z\underline{I}-\underline{\phi}+\underline{H}\,\underline{R}) = p(z) \tag{7.114}$$

Die Berechnung von $\underline{K}^T$ kann daher genau wie die Berechnung von $\underline{R}$ erfolgen, wobei lediglich $\underline{\phi}$ durch $\underline{\phi}^T$ und $\underline{H}$ durch $\underline{C}^T$ zu ersetzen ist.

Für Systeme mit nur einer Meßgröße y kann man daher $\underline{K}$ durch Übertragung der Formel (7.75) erhalten, beim Vorhandensein mehrerer Meßgrößen das Verfahren der modalen Regelung sinngemäß verwenden.

Wie im Abschnitt 7.6 bemerkt und für Eingrößensysteme auch bewiesen, lassen sich sämtliche Eigenwerte vorgeben, wenn die Strecke steuerbar ist, also die Steuerbarkeitsmatrix

$$[\underline{H},\ \underline{\phi}\,\underline{H},\ldots,\underline{\phi}^{n-1}\underline{H}] \tag{7.115}$$

den Höchstrang n hat. Beim Beobachter kann man demgemäß alle Eigenwerte vorschreiben, wenn die aus (7.115) hervorgehende (n,nq)-Matrix

$$[\underline{C}^T,\underline{\phi}^T\underline{C}^T,\ldots,(\underline{\phi}^T)^{n-1}\underline{C}^T]$$

den Höchstrang n besitzt. Durch Transposition folgt aus ihr die (nq,n)-Matrix

$$\underline{Q}_B = \begin{bmatrix} \underline{C} \\ \underline{C}\,\underline{\phi} \\ \vdots \\ \underline{C}\,\underline{\phi}^{n-1} \end{bmatrix}. \tag{7.116}$$

Da sich bei Transposition der Rang einer Matrix nicht ändert, <u>läßt sich</u> also der <u>Luenberger-Beobachter in der beschriebenen Weise entwerfen, wenn die Matrix $\underline{Q}_B$ den Höchstrang n aufweist</u>.

Die Matrix $\underline{Q}_B$ erinnert in ihrer Struktur an die im Abschnitt 7.5 eingeführte Steuerbarkeitsmatrix. Sie hat auch eine analoge inhaltliche Bedeutung. Das soll jetzt für Systeme mit nur einer Meßgröße gezeigt werden. Für diese gilt

$$\underline{x}_{k+1} = \underline{\Phi}\,\underline{x}_k + \underline{H}\,\underline{u}_k\,, \quad y_k = \underline{c}^T\underline{x}_k\,.$$

Nach (7.43) ist

$$\underline{x}_k = \underline{\Phi}^k\underline{x}_0 + \underline{\Phi}^{k-1}\underline{H}\,\underline{u}_0 + \ldots + \underline{H}\,\underline{u}_{k-1}\,,$$

also

$$y_k = \underline{c}^T\underline{\Phi}^k\underline{x}_0 + \underline{c}^T\underline{\Phi}^{k-1}\underline{H}\,\underline{u}_0 + \ldots + \underline{c}^T\underline{H}\,\underline{u}_{k-1}\,.$$

Für k = 0,1,...,n-1 folgt daraus:

$$\begin{aligned}
\underline{c}^T\underline{x}_0 &= y_0\,,\\
\underline{c}^T\underline{\Phi}\,\underline{x}_0 &= y_1 - \underline{c}^T\underline{H}\,\underline{u}_0\,,\\
&\;\vdots\\
\underline{c}^T\underline{\Phi}^{n-1}\underline{x}_0 &= y_{n-1} - \underline{c}^T\underline{\Phi}^{n-2}\underline{H}\,\underline{u}_0 - \ldots - \underline{c}^T\underline{H}\,\underline{u}_{n-2}\,.
\end{aligned}$$

Das sind n lineare Gleichungen, um bei bekanntem Steuervektor $(\underline{u}_k)$ aus den gemessenen Werten $y_0, y_1, \ldots, y_{n-1}$ den unbekannten Anfangszustand $\underline{x}_0$ zu ermitteln. Dieses Gleichungssystem ist genau dann eindeutig nach den n Komponenten von $\underline{x}_0$ auflösbar, wenn die (n,n)-Matrix

$$\underline{Q}_B = \begin{bmatrix} \underline{c}^T \\ \underline{c}^T \underline{\phi} \\ \vdots \\ \underline{c}^T \underline{\phi}^{n-1} \end{bmatrix}$$

regulär ist. Anders ausgedrückt: Wenn sie den Höchstrang n hat.

Die letzte Aussage gilt auch für den Fall mehrerer Meßgrößen, wie sich ganz entsprechend zu den Untersuchungen über die Steuerbarkeit von Mehrgrößensystemen im Abschnitt 7.5 zeigen läßt.

Nun kann man als Gegenstück zur Steuerbarkeit den Begriff der Beobachtbarkeit einführen:

Das Abtastsystem

$$\underline{x}_{k+1} = \underline{\phi}\,\underline{x}_k + \underline{H}\,\underline{u}_k\,, \quad \underline{y}_k = \underline{C}\,\underline{x}_k\,, \quad k = 0,1,2,\ldots, \tag{7.117}$$

heißt beobachtbar, wenn man durch Messung von $\underline{y}_k$ in endlich vielen Zeitpunkten den Anfangszustand $\underline{x}_o$ eindeutig bestimmen kann ($\underline{u}_k$ als bekannt vorausgesetzt).

Aufgrund der vorangegangenen Betrachtung haben wir dann sofort das folgende Kriterium (R.E. KALMAN, 1960):

Das Abtastsystem

$$\underline{x}_{k+1} = \underset{(n,n)}{\underline{\Phi}}\,\underline{x}_k + \underline{H}\,\underline{u}_k\,, \quad \underline{y}_k = \underset{(q,n)}{\underline{C}}\,\underline{x}_k$$

ist genau dann beobachtbar, wenn die (qn,n)-Matrix

$$\underline{Q}_B = \begin{bmatrix} \underline{C} \\ \underline{C}\,\underline{\Phi} \\ \vdots \\ \underline{C}\,\underline{\Phi}^{n-1} \end{bmatrix}$$

den Höchstrang n besitzt. (7.118)

$\underline{Q}_B$ heißt <u>Beobachtbarkeitsmatrix</u> des Abtastsystems.

Auf unseren Ausgangspunkt, den Beobachterentwurf, zurückkommend, können wir jetzt sagen: <u>Ist die Abtaststrecke beobachtbar, so läßt sich der Luenberger-Beobachter in der angegebenen Weise entwerfen</u>.

Für Systeme mit genau einer Meßgröße wollen wir nun die Berechnung von K durchführen, und zwar - wie schon erwähnt - durch Übertragung der Formel (7.75). Da q = 1 ist, handelt es sich bei der (n,q)-Matrix $\underline{K}$ hier um einen Spaltenvektor $\underline{k}$. In (7.75) ist $\underline{q}_n^T$ der letzte Zeilenvektor der inversen Steuerbarkeitsmatrix $\underline{Q}_S^{-1}$. Daher kann man schreiben:

$$\underline{q}_n^T = \underbrace{[0,\ldots,0,1]}_{\underline{e}_n^T}\underline{Q}_S^{-1} = \underline{e}_n^T\underline{Q}_S^{-1}\,,$$

wobei

$$\underline{Q}_S = [\underline{h}, \underline{\phi}\,\underline{h}, \ldots, \underline{\phi}^{n-1}\underline{h}] \ .$$

Damit wird aus (7.75)

$$\underline{R} := \underline{r}^T = \underline{e}_n^T \cdot [\underline{h}, \underline{\phi}\,\underline{h}, \ldots, \underline{\phi}^{n-1}\underline{h}]^{-1} \cdot p(\underline{\phi}) \ .$$

Die Übertragung ergibt wegen $\underline{C} = \underline{c}^T$:

$$\underline{K}^T := \underline{k}^T = \underline{e}_n^T \cdot [\underline{c}, \underline{\phi}^T\underline{c}, \ldots, (\underline{\phi}^T)^{n-1}\underline{c}]^{-1} \cdot f(\underline{\phi}^T) \ , \tag{7.119}$$

wobei f(s) das gewünschte charakteristische Polynom des Beobachters ist. Da Transposition und Inversion einer Matrix vertauschbar sind, folgt durch Transposition von (7.119):

$$\underline{k} = f(\underline{\phi}) \cdot \begin{bmatrix} \underline{c}^T \\ \underline{c}^T\underline{\phi} \\ \vdots \\ \underline{c}^T\underline{\phi}^{n-1} \end{bmatrix}^{-1} \cdot \underline{e}_n$$

oder kürzer

$$\underline{k} = f(\underline{\phi})\underline{Q}_B^{-1}\underline{e}_n = f(\underline{\phi})\underline{p}_n \ . \tag{7.120}$$

Dabei ist

$$\underline{p}_n = \underline{Q}_B^{-1}\underline{e}_n = \underline{Q}_B^{-1} \begin{bmatrix} 0 \\ \vdots \\ 0 \\ 1 \end{bmatrix} \tag{7.121}$$

die letzte Spalte der inversen Beobachtbarkeitsmatrix.

Wegen

$$\underline{Q}_B \underline{Q}_B^{-1} = \underline{I} \ ,$$

also

$$\begin{bmatrix} \underline{c}^T \\ \underline{c}^T \underline{\phi} \\ \vdots \\ \underline{c}^T \underline{\phi}^{n-1} \end{bmatrix} \cdot [\dots \underline{p}_n] = \begin{bmatrix} 1 & \dots & 0 \\ \cdot & \cdot & \vdots \\ \cdot & \cdot & \\ \cdot & & \cdot \ 0 \\ 0 & \dots & 1 \end{bmatrix} ,$$

erhält man die Komponenten von $\underline{p}_n$ aus dem Gleichungssystem

$$\underline{c}^T \underline{p}_n = 0 \ , \quad \underline{c}^T \underline{\phi}\, \underline{p}_n = 0, \dots, \underline{c}^T \underline{\phi}^{n-2} \underline{p}_n = 0, \ \underline{c}^T \underline{\phi}^{n-1} \underline{p}_n = 1 \ . \tag{7.122}$$

Wenden wir (7.120/122) noch auf das Beispiel (7.16) mit $T = 1$ an! Bei ihm ist

$$\underline{\phi} = \begin{bmatrix} 0{,}3679 & 0{,}2325 \\ 0 & 0{,}1353 \end{bmatrix} , \quad \underline{\phi}^2 = \begin{bmatrix} 0{,}1354 & 0{,}1170 \\ 0 & 0{,}0183 \end{bmatrix} ,$$

$$\underline{h} = \begin{bmatrix} 0{,}8319 \\ 0{,}4323 \end{bmatrix}$$

und gemäß (7.16)

$$\underline{c}^T = [1, 0] , \text{ also } \underline{c}^T \underline{\phi} = [0{,}3679 \quad 0{,}2325] \ .$$

Wir verlangen nun, daß die Eigenwerte des Beobachters im Ursprung der z-Ebene liegen, also $\beta_1 = \beta_2 = 0$ ist. Damit wird das charakteristische Polynom des Beobachters $f(z) = z^2$. Aus (7.120/122) folgt daher

$$\underline{k} = \underline{\phi}^2 \underline{p}_2 \ ,$$

wobei $\underline{p}_2 = \begin{bmatrix} p_1 \\ p_2 \end{bmatrix}$ aus den Gleichungen

$\underline{c}^T \underline{p}_2 = 0$, $\underline{c}^T \underline{\Phi}\, \underline{p}_2 = 1$ zu berechnen ist:

$$1 \cdot p_1 + 0 \cdot p_2 = 0 ,$$

$$0{,}3679\; p_1 + 0{,}2325\; p_2 = 1 .$$

Man erhält daraus

$$p_1 = 0 , \quad p_2 = 4{,}3011 .$$

Damit wird

$$\underline{k} = \begin{bmatrix} 0{,}5032 \\ 0{,}0787 \end{bmatrix} .$$

Nach (7.109) lautet daher die Gleichung des Luenberger-Beobachters

$$\hat{\underline{x}}_{k+1} = \begin{bmatrix} -0{,}1353 & 0{,}2325 \\ -0{,}0787 & 0{,}1353 \end{bmatrix} \hat{\underline{x}}_k + \begin{bmatrix} 0{,}8319 \\ 0{,}4313 \end{bmatrix} u_k + \begin{bmatrix} 0{,}5032 \\ 0{,}0787 \end{bmatrix} y_k .$$

Der bisher konstruierte Beobachter weist einen Schönheitsfehler auf: Er schätzt mehr Variable als unbedingt nötig ist. Denkt man sich nämlich die q Meßgrößen als Zustandsvariable eingeführt, so sieht man, daß es genügt, nur n-q statt sämtlicher n Zustandsvariablen zu schätzen. Man darf erwarten, daß man dann mit einem Beobachter (n-q)-ter Ordnung auskommt - was in der Tat der Fall ist. Hierdurch wird einmal der Realisierungsaufwand vermindert (was aber bei einer Mikrorechnerrealisierung nicht mehr so wichtig ist), zum anderen wird wegen der niedrigeren Ordnung die Einschwingzeit des Beobachters verringert. Dem stehen auch

Nachteile gegenüber. Während man z.B. beim vollständigen Beobachter, der also sämtliche Zustandsvariablen schätzt, durch den Vergleich der Meßgrößen mit ihren Schätzwerten das Beobachterverhalten überprüfen kann, fehlt eine solche Kontrollmöglichkeit beim Beobachter reduzierter Ordnung. Wir wollen ihn hier nicht weiter betrachten. Für seine Behandlung sei etwa auf [3] verwiesen.

7.9 Das Separationstheorem

Überschaut man rückblickend die Vorgehensweise beim Regelungsentwurf im Zustandsraum, so besteht sie aus zwei völlig getrennten Schritten:

(I) Zunächst wird der Regler in der Form $\underline{u}_k = -\underline{R}\,\underline{x}_k$ entworfen. Ganz gleich, nach welchem Verfahren man die Reglermatrix $\underline{R}$ bestimmt, auf jeden Fall wird der gesamte Zustandsvektor $\underline{x}_k$ benötigt. Daß in Wirklichkeit nur ein Teil der Zustandsvariablen gemessen vorliegt, wird bei diesem Entwurfsschritt ignoriert.

(II) Die Lösung dieser Aufgabe, also die (zumindest näherungsweise) Ermittlung des gesamten Zustandsvektors, wird im zweiten Entwurfsschritt erledigt, und zwar durch die Einführung des Luenberger-Beobachters.

Mit ihm aber hat man in den nach Schritt (I) bereits geschlossenen Regelkreis ein zusätzliches dynamisches System eingeführt. Muß man da nicht befürchten, daß hierdurch die zuvor durch den Reglerentwurf gezielt plazierten Eigenwerte der Regelung in unkontrollierter Weise verschoben, die Regelung hierdurch dynamisch verschlechtert, möglicherweise sogar instabil wird? Nur dann, wenn sich diese Befürchtung zerstreuen läßt und sich exakte Aussagen über den Einfluß des Beobachters auf das Verhalten der Regelung machen lassen, ist der bisher eingeschlagene Weg zum Entwurf von Zustandsregelungen überhaupt gangbar.

Um die Frage zu untersuchen, betrachten wir die über den Beobachter geschlossene Abtastregelung (Bild 7/15), stellen ihre Gleichungen auf und versuchen dann, ihre Eigenwerte zu ermitteln. Aus dem Bild 7/15 liest man ab:

$$\underline{y}_k = \underline{C}\,\underline{x}_k\,,$$

$$\underline{x}_{k+1} = \underline{\phi}\,\underline{x}_k + \underline{H}\,\underline{u}_k\,,$$

$$\underline{u}_k = -\underline{R}\,\hat{\underline{x}}_k\,,$$

$$\hat{\underline{x}}_{k+1} = (\underline{\phi} - \underline{K}\,\underline{C})\hat{\underline{x}}_k + \underline{H}\,\underline{u}_k + \underline{K}\,\underline{y}_k\,.$$

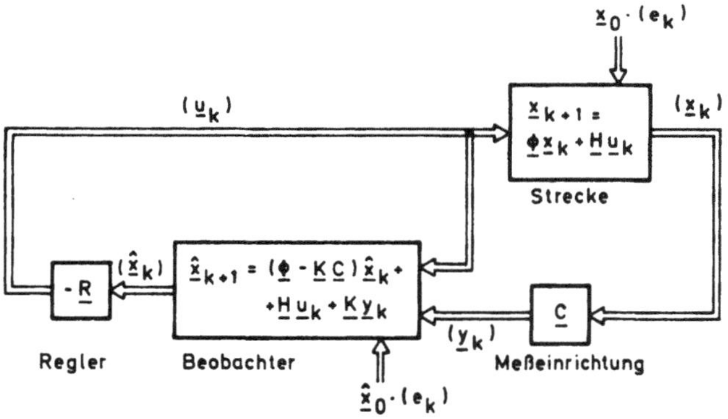

Bild 7/15 Der über den Beobachter geschlossene Regelkreis

Setzt man die Gleichungen von Meßeinrichtung und Regler in die Gleichungen von Strecke und Beobachter ein, so entsteht

$$\underline{x}_{k+1} = \underline{\phi}\,\underline{x}_k - \underline{H}\,\underline{R}\,\hat{\underline{x}}_k\,,$$

$$\hat{\underline{x}}_{k+1} = \underline{K}\,\underline{C}\,\underline{x}_k + (\underline{\phi} - \underline{K}\,\underline{C} - \underline{H}\,\underline{R})\hat{\underline{x}}_k$$

oder

$$\begin{bmatrix} \underline{x}_{k+1} \\ \hat{\underline{x}}_{k+1} \end{bmatrix} = \begin{bmatrix} \underline{\Phi} & -\underline{H}\,\underline{R} \\ \underline{K}\,\underline{C} & \underline{\Phi} - \underline{K}\,\underline{C} - \underline{H}\,\underline{R} \end{bmatrix} \begin{bmatrix} \underline{x}_{k} \\ \hat{\underline{x}}_{k} \end{bmatrix} .$$

Das ist die <u>Gleichung der über den Beobachter geschlossenen Abtastregelung</u>.

Ihre charakteristische Gleichung lautet

$$\left| \begin{array}{c|c} z\underline{I}_n - \underline{\Phi} & \underline{H}\,\underline{R} \\ \hline -\underline{K}\,\underline{C} & z\underline{I}_n - \underline{\Phi} + \underline{K}\,\underline{C} + \underline{H}\,\underline{R} \end{array} \right| = 0 .$$

Um zu erkennen, welche Nullstellen sie hat, vereinfacht man die Determinante. Dazu addiert man zunächst die letzten n Spalten zu den ersten n Spalten, d.h. die (n+1)-te Spalte zur ersten, die (n+2)-te Spalte zur zweiten,..., wodurch sich der Wert der Determinante nicht ändert:

$$\left| \begin{array}{c|c} z\underline{I}_n - \underline{\Phi} + \underline{H}\,\underline{R} & \underline{H}\,\underline{R} \\ \hline z\underline{I}_n - \underline{\Phi} + \underline{H}\,\underline{R} & z\underline{I}_n - \underline{\Phi} + \underline{K}\,\underline{C} + \underline{H}\,\underline{R} \end{array} \right| = 0 .$$

Nunmehr subtrahiert man die ersten n Zeilen von den letzten n Zeilen:

$$\left| \begin{array}{c|c} z\underline{I}_n - \underline{\Phi} + \underline{H}\,\underline{R} & \underline{H}\,\underline{R} \\ \hline \underline{0} & z\underline{I}_n - \underline{\Phi} + \underline{K}\,\underline{C} \end{array} \right| = 0 .$$

Die so entstandene Determinante, deren linke untere Ecke verschwindet, ist gleich dem Produkt der linken oberen und rechten unteren Unterdeterminante:*)

$$|z\underline{I}_n - \underline{\Phi} + \underline{H}\,\underline{R}| \cdot |z\underline{I}_n - \underline{\Phi} + \underline{K}\,\underline{C}| = 0 \,. \tag{7.123}$$

Dies ist also die charakteristische Gleichung des über den Beobachter geschlossenen Regelkreises. Der erste Faktor auf der linken Seite ist gerade das charakteristische Polynom des ohne Beobachter, also nur über den Regler, geschlossenen Regelkreises. Es hat die Nullstellen $z_1,\ldots,z_n$. Der zweite Faktor ist das charakteristische Polynom des Beobachters selbst, hat also die Nullstellen $\beta_1,\ldots,\beta_n$. Wie alle diese Nullstellen auch festgelegt sein mögen, eines steht aufgrund von (7.123) fest:

Die Eigenwerte des über den Beobachter geschlossenen Regelkreises erhält man durch Vereinigung der Eigenwerte des ohne Beobachter geschlossenen Kreises mit den Eigenwerten des Beobachters. (7.124)

Anders ausgedrückt: Die Eigenwerte des nur über den Regler $\underline{u}_k = -\underline{R}\,\underline{x}_k$ geschlossenen Regelkreises werden durch die nachträgliche Einführung des Beobachters nicht verändert, ganz

*) Wie man sich durch Ausmultiplizieren überzeugt, gilt allgemein die Matrizengleichung

$$\begin{bmatrix} \underline{A} & \underline{B} \\ \underline{O} & \underline{C} \end{bmatrix} = \begin{bmatrix} \underline{I} & \underline{O} \\ \underline{O} & \underline{C} \end{bmatrix} \cdot \begin{bmatrix} \underline{A} & \underline{B} \\ \underline{O} & \underline{I} \end{bmatrix} .$$

Sind $\underline{A}$, $\underline{C}$ quadratisch, so folgt daraus durch Übergang zu den Determinanten:

$$\det \begin{bmatrix} \underline{A} & \underline{B} \\ \underline{O} & \underline{C} \end{bmatrix} = \det \underline{C} \cdot \det \underline{A}$$

gleich, wie sie gewählt wurden und ob sie überhaupt gezielt plaziert wurden. Zu ihnen treten lediglich die Eigenwerte des Beobachters hinzu. Unsere bisherige Vorgehensweise, Regler und Beobachter getrennt voneinander zu entwerfen, ohne beim Entwurf des Reglers auf das Beobachtungsproblem Rücksicht zu nehmen und ohne uns beim Beobachterentwurf um die Auslegung des Reglers zu kümmern, wird durch den Satz (7.124) legitimiert. Man bezeichnet ihn als Separationstheorem.

Das Separationstheorem ist die Basis des im vorhergehenden beschriebenen Regelungsentwurfs im Zustandsraum. Aufgrund seiner Aussage ist es möglich, Regler- und Beobachterentwurf unabhängig voneinander durchzuführen. Hierdurch wird eine sowohl streng systematische als auch begrifflich einfache und durchsichtige Lösung des Entwurfsproblems ermöglicht.

Aufgaben zum Kapitel 7:

A16 Vergleich von komplexer Beschreibung und Zustandsdarstellung

A17 z-Transformation im Zustandsraum

A18 Steuerbarkeitsuntersuchung

A19 Endliche Einstellzeit im Zustandsraum

A20 Entwurf einer Regelung mit verschiedenen Methoden (endliche Einstellzeit, Eigenwertvorgabe, modale Regelung) und Berechnung eines Luenberger-Beobachters

Übungsaufgaben mit Lösungen

Aufgabe 1

Wie lautet die z-Transformierte der Zeitfunktion aus Bild A1 in geschlossener Form? Geben Sie eine möglichst einfache Darstellung an!

Hinweis: Ist kT eine Sprungstelle der Funktion f(t), so ist hier wie auch im folgenden als Abtastwert der rechtsseitige Grenzwert f(kT+0) zu nehmen.

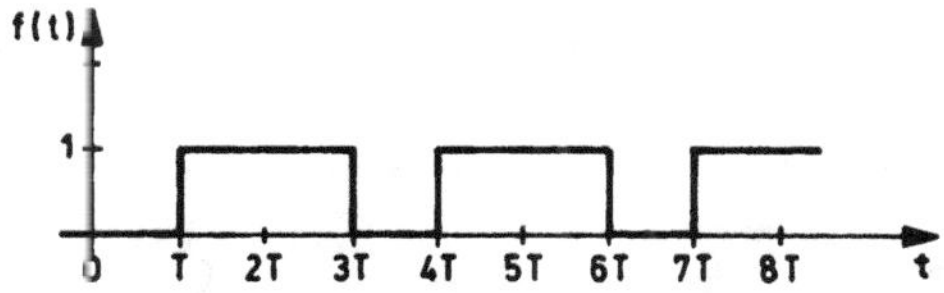

Bild A1

Aufgabe 2

Geben Sie die z-Transformierte der im Bild A2 grafisch gegebenen Funktion f(t) an, wobei Sie für $t \geqq 5T$ $f(t) = 0$ annehmen können!

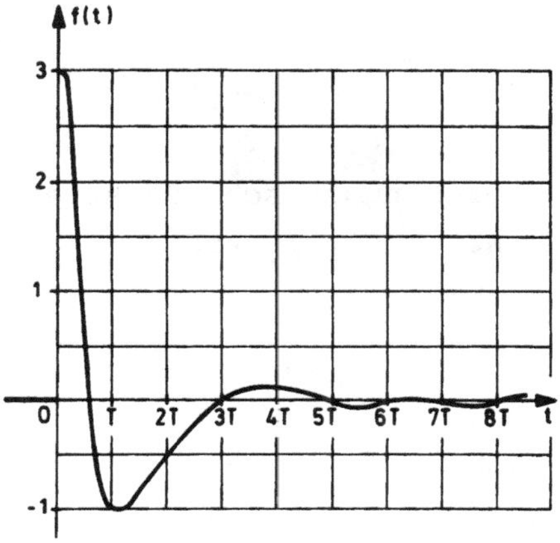

Bild A2

Aufgabe 3

Wie heißt die z-Transformierte zu

$$F(s) = \frac{(s-1)(1-e^{-Ts})}{s(s+1)^2(1+e^{-Ts})} \quad ?$$

Aufgabe 4

a) Skizzieren Sie den Verlauf der Ausgangsgröße x(t) im Bild A3!

b) Berechnen Sie die z-Transformierte von x(t)!

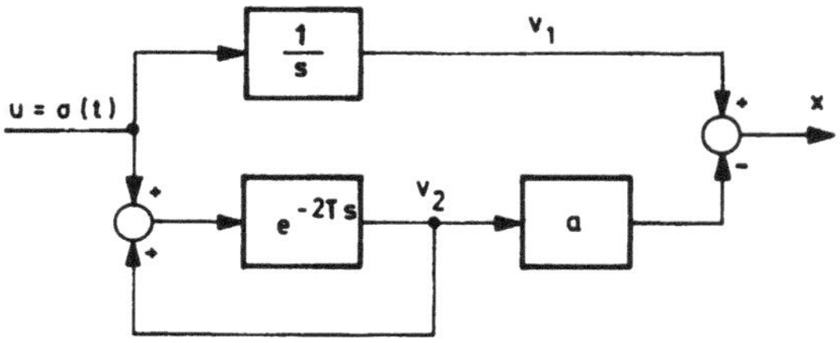

Bild A3

Aufgabe 5

a) Wie lautet die Originalfolge (f_k) zur z-Transformierten

$$F_z(z) = \frac{z^2}{(z-1)(z-\frac{1}{2})(z-\frac{1}{5})} \quad ?$$

b) Überprüfen Sie durch numerische Rücktransformation die Richtigkeit der Werte f_o, f_1 und f_2!

Aufgabe 6

In der Abtastregelung von Bild A4 sei $w = \sigma(t)$, $e^{T/T_1} = 2$ (und $x(t) = 0$ für $t < 0$). Berechnen Sie mit Hilfe der z-Transformation die Regelgröße x zu den Abtastzeitpunkten!

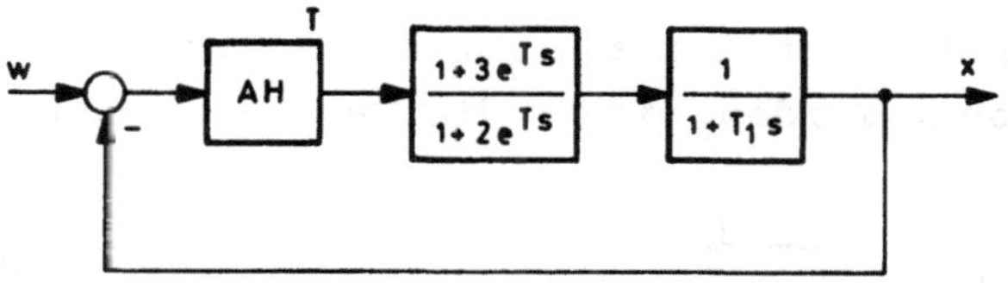

Bild A4

Aufgabe 7

Gegeben die Abtastregelung im Bild A5. Die z-Transformierte der Regelgröße x ist in Abhängigkeit von der Führungsgröße w und der Störgröße r darzustellen!

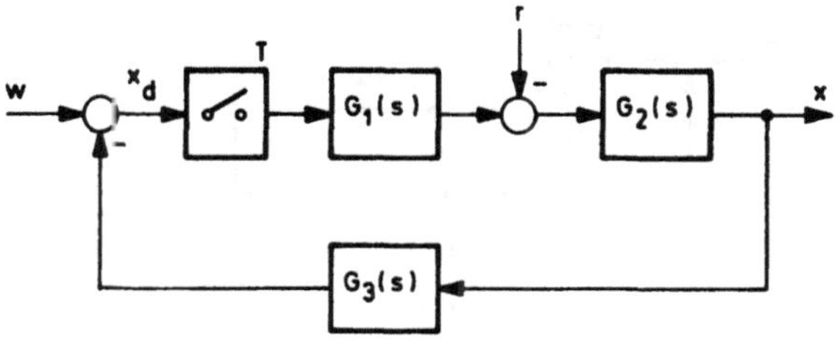

Bild A5

Aufgabe 8

Im Regelkreis von Bild A6 soll $T_R = T_S$ gewählt werden. Für welche Werte der Verstärkung $K_o = K_R K_S$ ist die Regelung stabil?

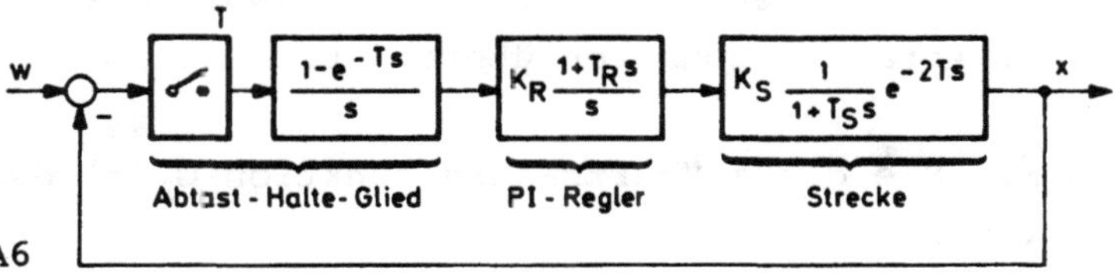

Bild A6

Aufgabe 9

In der Abtastregelung von Bild A7 sei

$$\mathcal{Z}\left\{\frac{G(s)}{s}\right\} = \frac{a_o}{(z-1)(z^2+z+a_1)} \; .$$

Aus welchem Bereich der a_o-a_1-Ebene müssen die Werte a_o und a_1 gewählt werden, damit die Regelung stabil ist?

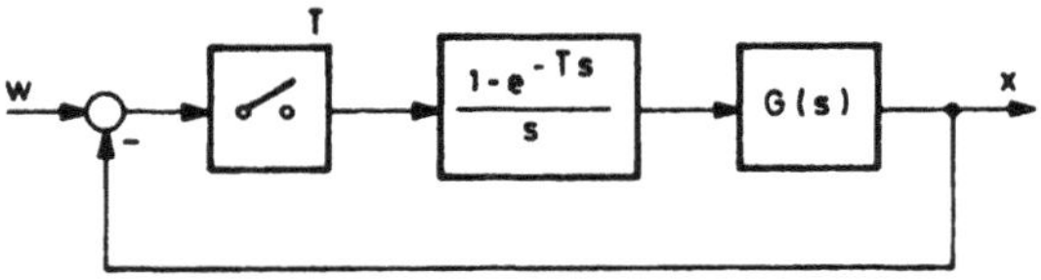

Bild A7

Aufgabe 10

Bei welchem Wert der Abtastperiode T wird der Regelkreis im Bild A8 instabil?

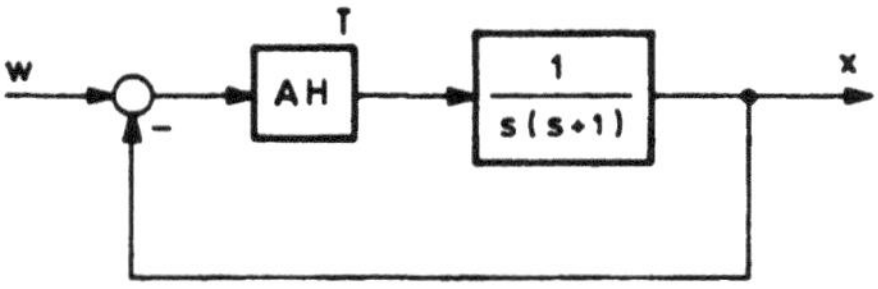

Bild A8

Aufgabe 11

Ein kontinuierliches Filter mit der Übertragungsgleichung

$Y(s) = G(s)U(s)$ bzw. $y(t) = g(t)*u(t)$ (Bild A9a)

soll gemäß Bild A9b durch einen Prozeßrechner realisiert werden. Dazu soll ein Algorithmus (Differenzengleichung) derart bestimmt werden, daß die Sprungantworten y(t) und v(t) in den Abtastzeitpunkten übereinstimmen.

a) Bestimmen Sie die z-Übertragungsfunktion $G_d(z)$ des Algorithmus!

b) Wie lautet der im Rechner zu programmierende Algorithmus (Differenzengleichung), wenn speziell

$$G(s) = \frac{1}{1+T_S s}$$

ist?

c) Ermitteln Sie im Fall b) zur Probe die Lösung der Differenzengleichung für $u = \sigma(t)$ und $v_o = 0$ und vergleichen Sie mit (y_k)!

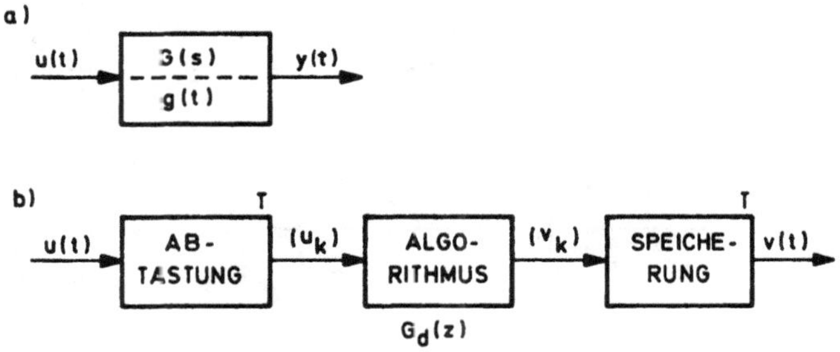

Bild A9

Aufgabe 12

Bild A10 zeigt einen Regelkreis mit Störgrößenkompensation. Welche Bedingung muß $G_r(s)$ erfüllen, um bei gegebener Störung $r(t)$ die Regelgröße $x(t)$ in den Abtastzeitpunkten unstörbar zu machen, d.h.

$$X_z(z) \equiv 0 \quad \text{für} \quad w \equiv 0$$

zu erreichen?

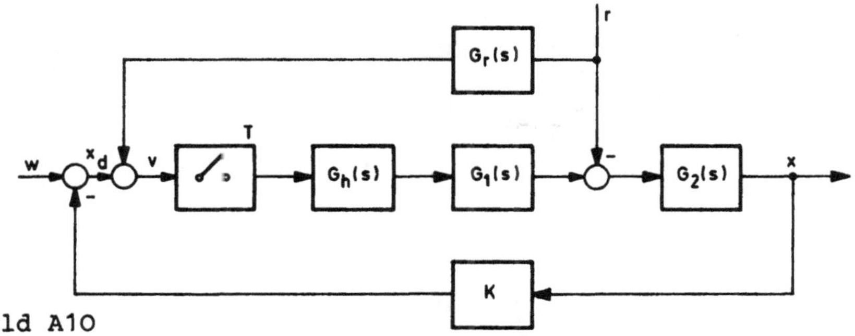

Bild A10

Aufgabe 13

a) Der kontinuierliche PID-Regler aus dem Bild A11a soll im Prozeßrechner durch einen Algorithmus entsprechend Bild A11b realisiert werden. Wie ist die z-Übertragungsfunktion $R_z(z)$ des Algorithmus zu wählen, damit für $x_d = \sigma(t)$ die Ausgangsfolge (v_k) des Algorithmus mit der Folge der Abtastwerte $u(kT) = u_k$ übereinstimmt?

b) Wie lautet die Differenzengleichung des Algorithmus für $K_R = 1$, $T_1 = 4$, $T_2 = 2$ und $T = 2$? Skizzieren Sie die Sprungantwort $\bar{v}(t)$! Welcher Pol der Funktion $R_z(z)$ ist für den Verlauf von $\bar{v}(t)$ für $t \to +\infty$ verantwortlich?

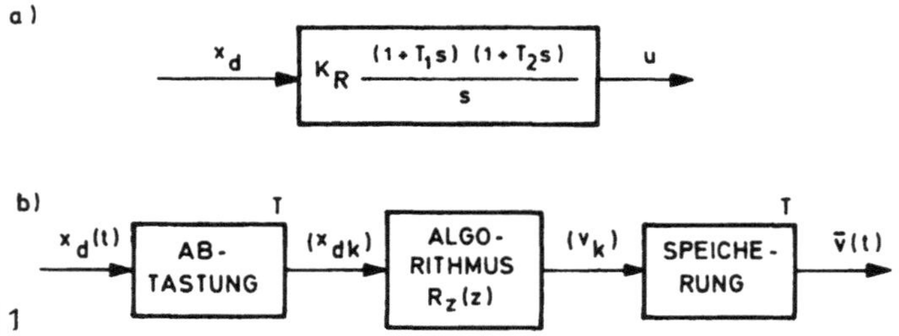

Bild A11

Aufgabe 14

Die Strecke im Bild A12 soll durch die Treppenfunktion $\bar{u}(t)$ so angesteuert werden, daß die Ausgangsgröße $x(t)$ nach endlicher Zeit mit der Führungsgröße $w(t) = W_0 t$, $t \geq 0$, identisch ist. Leiten Sie die Gleichungen her, aus denen die Sprunghöhen der Stellfunktion $\bar{u}(t)$ zu bestimmen sind, und lösen Sie diese!

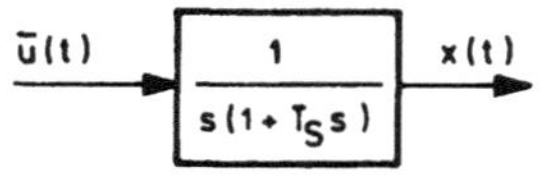

Bild A12

Aufgabe 15

Entwurf einer Regelung auf endliche Einstellzeit.

a) Im Bild A13 seien vorläufig die Störgrößen $z_1(t)$ und $z_2(t)$ identisch Null. Bestimmen Sie die z-Übertragungsfunktion des Reglers, der endliche Einstellzeit bewirkt!

b) Geben Sie den zugehörigen Algorithmus an und berechnen Sie mit ihm den Anfangsverlauf der Sprungantwort des Reglers!

c) $z_1(t)$ und $z_2(t)$ seien sprungförmige Störungen. Begründen Sie ohne Rechnung, daß diese Störungen ausgeregelt werden!

d) Es sei $z_1(t) = Z_0\sigma(t-T_z)$ mit $T_z > 2$ und $z_2(t) \equiv 0$. Läßt sich etwas über die Zeitspanne sagen, die bis zur Ausregelung der Störung höchstens verstreicht?

e) Wie steht es im umgekehrten Fall $z_1(t) \equiv 0$ und $z_2(t) = Z_0\sigma(t-T_z)$ mit $T_z > 2$?

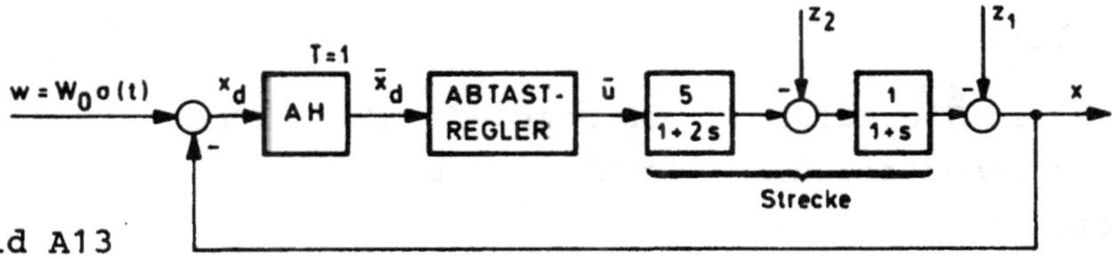

Bild A13

Aufgabe 16

Gegeben sei die im Bild A14a dargestellte Steuerkette, wobei $\bar{u}(t)$ durch Bild A14b gegeben ist und $y(t) \equiv 0$ sei für $t < 0$.

a) Berechnen Sie mit Hilfe der z-Transformation die Ausgangsgröße $y_k = y(kT)$ zu den Abtastzeitpunkten!

b) Beschreiben Sie die Steuerstrecke (einschließlich Steuereinrichtung) mittels Zustandsvariablen und berechnen Sie dann y_k !

Der Rechenaufwand verringert sich, wenn man die Zustandsvariablen mittels Partialbruchzerlegung der Strecken-Übertragungsfunktion einführt und so zur Diagonalform der Zustandsdifferentialgleichungen gelangt.

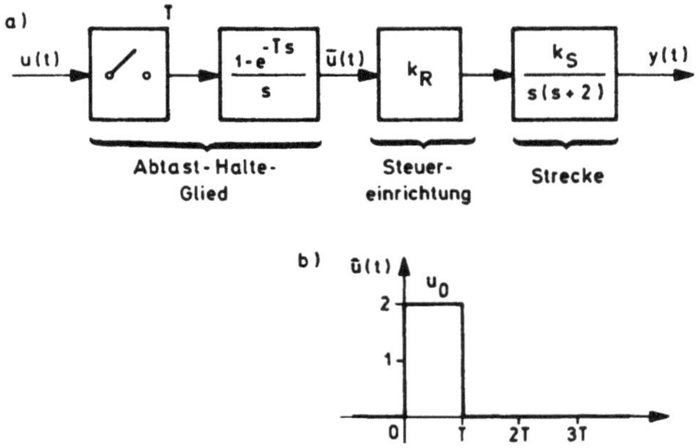

Bild A14

Aufgabe 17

a) Stellen Sie aufgrund von Bild 7/3 die z-Führungs-Übertragungsmatrix der allgemeinen Abtastregelung in Zustandsdarstellung auf!

b) Ermitteln Sie daraus das stationäre Führungsverhalten für $\underline{w}_k = \underline{w}_S$ = const!

Aufgabe 18

Gegeben die Zustandsdifferentialgleichung

$$\underline{\dot{x}} = \begin{bmatrix} 0 & -1 \\ 1 & 0 \end{bmatrix} \underline{x} + \begin{bmatrix} 0 \\ 1 \end{bmatrix} u$$

eines kontinuierlichen Systems.

a) Ist dieses steuerbar?

b) Ist das Abtastsystem steuerbar, das hieraus durch Ansteuerung mit der Treppenfunktion

$$u(t) = u_k \ , \quad kT \leqq t < (k+1)T \ , \quad k = 0,1,2,\ldots,$$

entsteht?

Aufgabe 19

Es liege die Zustandsrückführung von Bild A15 vor. Dabei sei $\underline{x}$ ein n-dimensionaler und $\underline{u}$ ein p-dimensionaler Vektor, wobei $1 \leqq p \leqq n$ gilt.

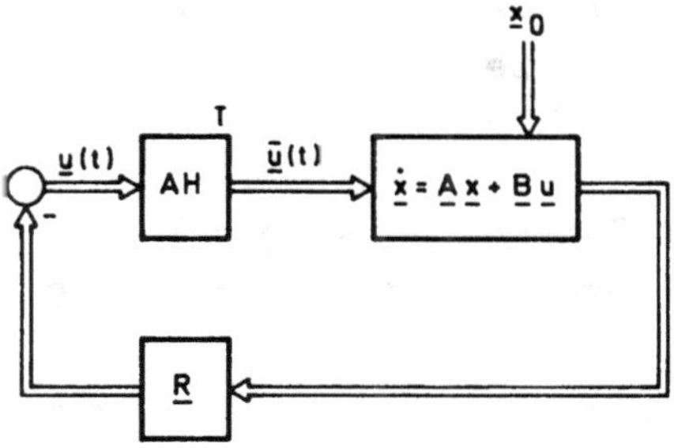

Bild A15

a) Durch welche Differenzengleichung wird diese Rückführung in den Abtastzeitpunkten kT beschrieben?

b) Welche Bedingung muß die Rückführmatrix $\underline{R}$ erfüllen, damit der Zustandspunkt $\underline{x}$ in m Schritten $(1 \leqq m \leqq n)$ aus dem beliebigen Anfangszustand $\underline{x}_0$ in den Endzustand $\underline{x}_e = \underline{0}$ überführt wird?

c) Untersuchen Sie die Erfüllbarkeit dieser Bedingung speziell für den Fall m = 1 ! Dabei werde wie immer vorausgesetzt, daß die (n,p)-Matrix $\underline{H}$ den Höchstrang p hat und $\underline{\phi}$ regulär ist.

Aufgabe 20

Gegeben sei die digitale Regelung im Bild A16 mit der Rückführung

$$u_k = -\underline{r}^T\underline{x}_k = -(r_1x_{1k}+r_2x_{2k}).$$

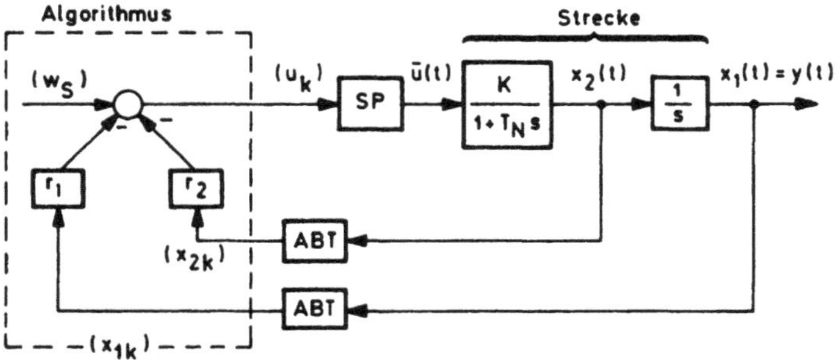

Bild A16

a) Durch welche Differenzengleichungen wird das Verhalten der Strecke zu den Zeitpunkten kT, k = 0,1,2,..., beschrieben?

b) Im stationären Zustand soll $y_S = 1$ sein. Wie ist die konstante Führungsgröße w_S der Regelung zu wählen?

Die folgenden Rechnungen können mit allgemeinen Parametern oder mit den speziellen Zahlenwerten T = 1, $T_S = 2$, K = 1 durchgeführt werden.

c) Entwerfen Sie einen Regler, der endliche Einstellzeit bewirkt!

d) Entwerfen Sie den Regler durch Vorgabe der Eigenwerte des geschlossenen Kreises bei $z_1 = z_2 = 0{,}5$!

e) Wenden Sie die modale Regelung an, und zwar so, daß der betragsgrößte Eigenwert nach $z_1 = 0{,}5$ verschoben wird!

f) Berechnen Sie einen Luenberger-Beobachter, und zwar unter der Annahme, daß nur y meßbar ist und die Beobachter-Eigenwerte bei $\beta_{1,2} = 0{,}1$ liegen sollen.

Lösung von Aufgabe 1

$$F_z(z) = 0\cdot z^0+1\cdot z^{-1}+1\cdot z^{-2}+0\cdot z^{-3}+1\cdot z^{-4}+1\cdot z^{-5}+0\cdot z^{-6}+\dots$$

$$= z^0+z^{-1}+z^{-2}+z^{-3}+\dots-(z^0+z^{-3}+z^{-6}+\dots)$$

$$= \frac{1}{1-z^{-1}} - \frac{1}{1-z^{-3}} = z\left[\frac{1}{z-1} - \frac{z^2}{z^3-1}\right].$$

Daraus wegen

$$(z^3-1):(z-1) = z^2 + z + 1 :$$

$$F_z(z) = z\,\frac{z^2+z+1-z^2}{z^3-1} = z\,\frac{z+1}{z^3-1} .$$

Lösung von Aufgabe 2

Aus dem Bild A2 liest man ab:

$f_0 = 3$, $f_1 = -1$, $f_2 = -0{,}5$, $f_3 = 0$, $f_4 = 0{,}1$.

Alle weiteren f_k sind = 0 zu setzen. Damit ist

$$F_z(z) = 3-z^{-1}-0{,}5z^{-2}+0\cdot z^{-3}+0{,}1z^{-4} ,$$

$$F_z(z) = \frac{3z^4-z^3-0{,}5z^2+0{,}1}{z^4} .$$

Lösung von Aufgabe 3

$$F_z(z) = \mathfrak{Z}\left\{\frac{s-1}{s(s+1)^2}\right\}\cdot\frac{1-z^{-1}}{1+z^{-1}} \tag{L1}$$

Hierin ist

$$\frac{s-1}{s(s+1)^2} = \frac{r_1}{s} + \frac{r_2}{s+1} + \frac{r_3}{(s+1)^2}\text{, also}$$

$$s - 1 = r_1(s+1)^2 + r_2 s(s+1) + r_3 s \ . \qquad \text{(L2)}$$

Hieraus folgt für

$$s = 0 : \quad -1 = r_1 \ ,$$

$$s = -1 : \quad -2 = -r_3 \ .$$

Damit wird aus (L2)

$$s - 1 = -(s+1)^2 + r_2 s(s+1) + 2s \ .$$

Für s = 1 ergibt sich daraus

$$0 = -4 + r_2 2 + 2 \ , \quad \text{also } r_2 = 1 \ .$$

Daher ist

$$\mathfrak{Z}\left\{\frac{s-1}{s(s+1)^2}\right\} = \mathfrak{Z}\left\{-\frac{1}{s} + \frac{1}{s+1} + \frac{2}{(s+1)^2}\right\} =$$

$$= -\frac{z}{z-1} + \frac{z}{z-e^{-T}} + \frac{2Tze^{-T}}{(z-e^{-T})^2} \ .$$

Dies gibt, in (L1) eingesetzt:

$$F_z(z) = z\,\frac{z(e^{-T}+2Te^{-T}-1)+e^{-T}-2Te^{-T}-e^{-2T}}{(z-e^{-T})^2(z+1)} \ .$$

Lösung von Aufgabe 4

a) Aus der Mitkopplung im Bild A3 erhält man zunächst den im Bild L1a skizzierten Verlauf von $v_2(t)$. Subtrahiert man ihn, nachdem er mit a multipliziert wurde, von der Rampenfunktion $v_1(t)$ (Bild L1b), so bekommt man den Verlauf x(t) im Bild L1c.

b) $X_z(z) = \mathfrak{Z}\{v_1(t)\} - a\,\mathfrak{Z}\{\sigma(t-2T)+\sigma(t-4T)+\ldots\}$,

$$X_z(z) = \frac{Tz}{(z-1)^2} - a \cdot \frac{z}{z-1} \underbrace{[z^{-2}+z^{-4}+\ldots]}_{\frac{z^{-2}}{1-z^{-2}} = \frac{1}{z^2-1}} ,$$

$$X_z(z) = \frac{Tz}{(z-1)^2} - \frac{az}{(z-1)^2(z+1)} ,$$

$$X_z(z) = z \frac{Tz+T-a}{(z-1)^2(z+1)} .$$

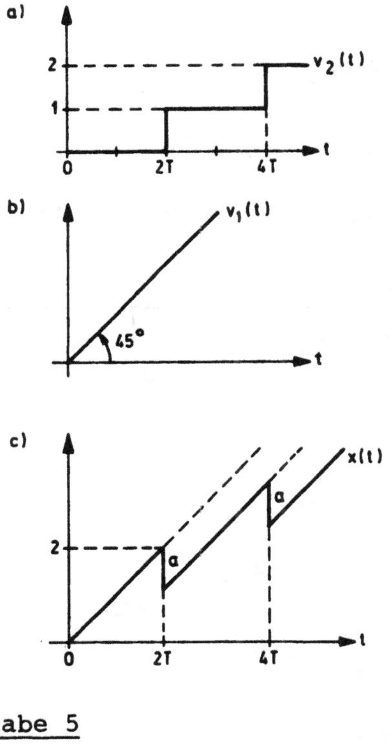

Bild L1

<u>Lösung von Aufgabe 5</u>

a) Durch Partialbruchzerlegung folgt

$$F_z(z) = \frac{5}{2} \frac{z}{z-1} - \frac{10}{3} \frac{z}{z-\frac{1}{2}} + \frac{5}{6} \frac{z}{z-\frac{1}{5}} . \qquad \text{(L3)}$$

Für $\alpha \neq 0$ folgt durch Entwicklung in die geometrische Reihe (falls $|z|$ genügend groß):

$$\frac{z}{z-\alpha} = \frac{1}{1-\alpha z^{-1}} = 1 + \alpha z^{-1} + \alpha^2 z^{-2} + \ldots ,$$

so daß

$$\frac{z}{z-\alpha} \bullet\!\!-\!\!\circ\ \alpha^k , \quad k = 0,1,2,\ldots .$$

Damit aus (L3):

$$f_k = \frac{5}{2} - \frac{10}{3}\left(\frac{1}{2}\right)^k + \frac{5}{6}\left(\frac{1}{5}\right)^k , \quad k = 0,1,2,\ldots .$$

Somit ist $f_o = 0,\ f_1 = 1,\ f_2 = \frac{17}{10}$. (L4)

b) Durch Ausmultiplizieren der Nennerfaktoren folgt:

$$F_z(z) = \frac{z^2}{z^3 - \frac{17}{10} z^2 + \frac{4}{5} z - \frac{1}{10}} = \frac{z^{-1}}{1 - \frac{17}{10} z^{-1} + \frac{4}{5} z^{-2} - \frac{1}{10} z^{-3}} =$$

$$\stackrel{!}{=} f_0 + f_1 z^{-1} + f_2 z^{-2} + \ldots .$$

Daraus folgt

$$\begin{aligned} z^{-1} = f_0 &+ f_1 z^{-1} + f_2 z^{-2} + \ldots \\ &- \frac{17}{10} f_0 z^{-1} - \frac{17}{10} f_1 z^{-2} - \ldots \\ &+ \frac{4}{5} f_0 z^{-2} + \ldots . \end{aligned}$$

Der Koeffizientenvergleich liefert das Resultat (L4).

Lösung von Aufgabe 6

$$F_0(s) = \frac{1-e^{-Ts}}{s} \cdot \frac{1+3e^{Ts}}{1+2e^{Ts}} \cdot \frac{1}{1+T_1 s}$$

$$F_{oz}(z) = (1-z^{-1}) \cdot \frac{1+3z}{1+2z} \cdot \mathcal{Z}\left\{\frac{1}{s(1+T_1 s)}\right\},$$

wobei

$$\mathcal{Z}\left\{\frac{1}{s(1+T_1 s)}\right\} = \mathcal{Z}\left\{\frac{1}{s} - \frac{1}{s+\frac{1}{T_1}}\right\} = \frac{z}{z-1} - \frac{z}{z-e^{-T/T_1}} .$$

Wegen $e^{-T/T_1} = \frac{1}{2}$ ist dies gleich $\frac{z}{2(z-1)(z-\frac{1}{2})}$.

Daraus folgt

$$F_{oz}(z) = \frac{1+3z}{(2z+1)(2z-1)} , \quad \text{also}$$

$$F_{wz}(z) = \frac{F_{oz}}{1+F_{oz}} = \frac{1+3z}{z(4z+3)} .$$

Damit wird wegen $w = \sigma(t)$:

$$X_z(z) = F_{wz}(z)W_z(z) = \frac{1+3z}{z(4z+3)} \cdot \frac{z}{z-1} ,$$

$$X_z(z) = \frac{5}{28}\,\frac{1}{z+\frac{3}{4}} + \frac{4}{7}\,\frac{1}{z-1} . \qquad \text{(L5)}$$

Nun ist für beliebiges $\alpha \neq 0$

$$\frac{1}{z-\alpha} = \frac{z^{-1}}{1-\alpha z^{-1}} = z^{-1}(1+\alpha z^{-1}+\alpha^2 z^{-2}+\ldots) ,$$

so daß also

$$\frac{1}{z-\alpha} \bullet\!\!-\!\!\circ \; (0,1,\alpha,\alpha^2,\ldots).$$

Damit folgt aus (L5)

$$x_o = 0 , \quad x_k = \frac{5}{28}\left(-\frac{3}{4}\right)^{k-1} + \frac{4}{7} , \qquad k = 1,2,\ldots .$$

Lösung der Aufgabe 7

Am besten geht man von den Faltungsgleichungen im Zeitbereich aus, wobei - wie stets bei uns - g(t) die Gewichtsfunktion eines Übertragungsgliedes, also die Originalfunktion zu G(s), und $f^*(t)$ eine δ-Impulsfolge bezeichnet:

$$x = g_2*[-r+g_1*x_d^*] = -g_2*r + g_1*g_2*x_d^* ,$$

$$x_d = w-g_3*g_2*[-r+g_1*x_d^*] = w + g_2*g_3*r - g_1*g_2*g_3*x_d^* .$$

Daraus wird durch z-Transformation:

$$X_z = -\mathfrak{Z}\{g_2*r\} + \mathfrak{Z}\{g_1*g_2\}X_{dz} , \quad \text{(L6)}$$

$$X_{dz} = W_z + \mathfrak{Z}\{g_2*g_3*r\} - \mathfrak{Z}\{g_1*g_2*g_3\}X_{dz} . \quad \text{(L7)}$$

Hierin ist

$$\mathfrak{Z}\{g_1*g_2*g_3\} = (G_1G_2G_3)_z = F_{oz} .$$

Man kann daher (L6), (L7) auch so schreiben:

$$X_z = -(G_2R)_z + (G_1G_2)_z X_{dz} , \quad \text{(L8)}$$

$$X_{dz} = W_z + (G_2G_3R)_z - F_{oz}X_{dz} . \quad \text{(L9)}$$

Löst man (L9) nach X_{dz} auf und setzt dies in (L8) ein, so erhält man

$$X_z(z) = \frac{(G_1G_2)_z}{1+F_{oz}(z)} W_z(z) + \frac{(G_1G_2)_z \cdot (G_2G_3R)_z}{1+F_{oz}(z)} - (G_2R)_z . \quad \text{(L10)}$$

Während also das Führungsverhalten ganz entsprechend wie bei der Standard-Abtastregelung im Bild 4/13 gegeben ist, wird die Abhängigkeit der Regelgröße von der Störgröße r(t) bzw. von deren Bildfunktion R(s) erheblich komplizierter. Es liegt dies daran, daß im Unterschied zur Führungsgröße unmittelbar hinter der Störgröße nicht abgetastet wird. Für $G_2(s) = G_3(s) = 1$ und demgemäß $F_0(s) = G_1(s)$ geht die Regelung im Bild A5 in die Standard-Abtastregelung von Bild 4/13 über. In der Tat wird dann aus (L10) die Gleichung (4.17) (wobei zu beachten ist, daß die Störgröße r dort mit z bezeichnet wurde).

Lösung von Aufgabe 8

$$F_0(s) = \frac{1-e^{-Ts}}{s} \cdot \frac{K_R}{s} \cdot K_S e^{-2Ts} \wedge$$

$$F_{oz}(z) = K_0(1-z^{-1})z^{-2} \cdot \mathfrak{Z}\left\{\frac{1}{s^2}\right\} = \frac{K_0 T}{z^2(z-1)} \wedge$$

Charakteristische Gleichung $F_{oz}(z) + 1 = 0$:

$$N(z) := z^3 - z^2 + K_0 T = 0 \ .$$

Nach Abschnitt 5.4.7 ist daher notwendig und hinreichend für die Stabilität der Regelung:

$$N(1) = K_0 T > 0 \ ; \qquad \text{(L11)}$$

$$N(-1) = -2 + K_0 T < 0 \ , \quad \text{d.h.} \quad K_0 T < 2 \ ; \qquad \text{(L12)}$$

$$1 > K_0 T \ , \quad \text{d.h.} \quad K_0 T < 1 \ , \qquad \text{(L13)}$$

$$0 \cdot 1 - K_0 T \cdot (-1) < 1^2 - (K_0 T)^2 \ , \quad \text{d.h.}$$

$$(K_0 T)^2 + K_0 T - 1 < 0 \ . \qquad \text{(L14)}$$

Setzen wir abkürzend $k = K_0 T$, so hat das Polynom $p(k) = k^2+k-1$ die Nullstellen $k_1 = \frac{1}{2}(\sqrt{5}-1) > 0$,

$k_2 = -\frac{1}{2}(\sqrt{5}+1) < 0$ und ist negativ für $k = 0$, also zwischen k_1 und k_2. Da $k = k_0T$ nach (L11) positiv sein muß, ist daher (L14) gleichbedeutend mit der Ungleichung

$$K_0T < \frac{1}{2}(1+\sqrt{5}) = 0{,}618 \ . \qquad \text{(L15)}$$

Von den drei Ungleichungen (L12), (L13) und (L15), denen K_0T genügen muß, ist (L15) die einschränkendste. Sie stellt daher die notwendige und hinreichende Stabilitätsbedingung dar:

$$K_0 < \frac{0{,}618}{T} \ .$$

<u>Lösung von Aufgabe 9</u>

$$F_{oz}(z) = (1-z^{-1})\,\mathfrak{Z}\left\{\frac{G(s)}{s}\right\} = \frac{a_0}{z(z^2+z+a_0)} \ \Lambda$$

Charakteristische Gleichung des Regelkreises:

$$z^3 + z^2 + a_1z + a_0 = 0 \ .$$

Notwendige und hinreichende Stabilitätsbedingungen für das Polynom 3. Grades gemäß Abschnitt 5.4.7:

$$N(1) = a_0 + a_1 + 2 > 0 \quad \text{bzw.} \quad a_0 + a_1 > -2 \ ; \qquad \text{(L16)}$$

$$N(-1) = a_0 - a_1 < 0 \quad \text{bzw.} \quad a_1 > a_0 \ ; \qquad \text{(L17)}$$

$$1 > |a_0| \quad \text{bzw.} \quad |a_0| < 1 \ ; \qquad \text{(L18)}$$

$$a_1 \cdot 1 - a_0 \cdot 1 < 1 - a_0^2 \quad \text{bzw.} \quad a_1 < 1 + a_0 - a_0^2 \ . \qquad \text{(L19)}$$

Jede dieser Ungleichungen bestimmt einen Bereich in der a_0-a_1-Ebene. Im Durchschnitt aller dieser Bereiche sind sämtliche Stabilitätsbedingungen erfüllt. Wegen (L18) und (L17) kommt von vornherein nur der schraffierte Bereich im

Bild L2 in Frage. Die Bedingung (L16) verkleinert diesen Bereich nicht. Denn die Gerade

$$g : a_o + a_1 = -2$$

geht durch seine linke untere Ecke. Auf der einen Seite von g muß $a_o + a_1 < -2$ gelten, auf der anderen Seite $a_o + a_1 > -2$. Setzt man $(a_o, a_1) = (0, 0)$ in die linke Seite ein, so sieht man, daß die Ungleichung $a_o + a_1 < -2$ oberhalb von g erfüllt ist.

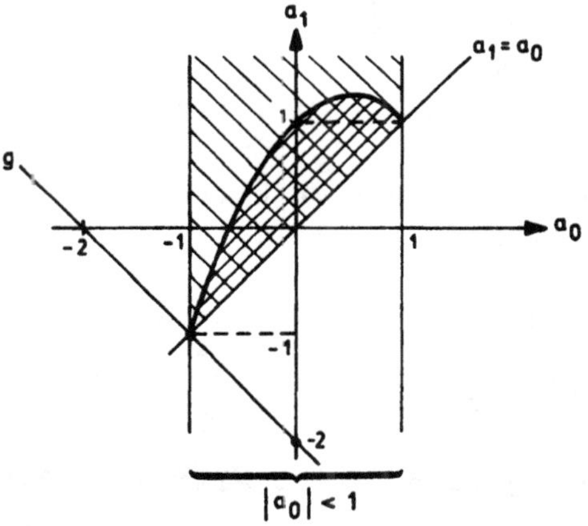

Bild L2

Es bleibt die Bedingung (L19). $a_1 = 1 + a_o - a_o^2$ stellt eine Parabel dar, die durch die Punkte $(-1, -1)$, $(0, 1)$ und $(1, 1)$ geht. Unterhalb von ihr ist (L19) erfüllt. Daher ist das kreuzschraffierte Gebiet der Stabilitätsbereich der Regelung.

Lösung von Aufgabe 10

$$F_o(s) = \frac{1 - e^{-Ts}}{s} \cdot \frac{1}{s(s+1)}$$

$$F_{oz}(z) = (1 - z^{-1}) \, \mathcal{Z}\left\{\frac{1}{s^2(s+1)}\right\} =$$

$$= (1 - z^{-1}) \, \mathcal{Z}\left\{-\frac{1}{s} + \frac{1}{s^2} + \frac{1}{s+1}\right\}$$

$$F_{oz}(z) = \frac{z(\varepsilon+T-1)+1-\varepsilon-T\varepsilon}{z^2-(\varepsilon+1)z+\varepsilon} \quad \text{mit} \quad \varepsilon = e^{-T} .$$

Charakteristische Gleichung des Regelkreises:

$$z^2 + (T-2)z + 1 - T\varepsilon = 0 .$$

Stabilitätsbedingungen:

$$N(1) = T(1-\varepsilon) > 0 ; \qquad (L20)$$

$$N(-1) = 4 - T(1+\varepsilon) > 0 ; \qquad (L21)$$

$$1 > |1-T\varepsilon| \quad \text{bzw.} \quad -1 < 1-T\varepsilon < 1 . \qquad (L22)$$

(L20) ist wegen $T > 0$ stets erfüllt. Aus (L22) folgen zwei einzelne Ungleichungen:

$$1-T\varepsilon < 1 \quad \text{bzw.} \quad T\varepsilon > 0 : \quad \text{stets erfüllt;}$$

$$1-T\varepsilon > -1 \text{ bzw.} \quad T\varepsilon < 2 .$$

Auch die letzte Ungleichung ist allemal erfüllt: Wegen

$e^T = 1 + T + \frac{T^2}{2!} + \ldots > T > \frac{T}{2}$ ist nämlich $T\varepsilon = \frac{T}{e^T} < T \cdot \frac{1}{T/2} = 2$.

Es bleibt somit als einzige einschränkende Bedingung (L21):

$$e^{-T} < \frac{4}{T} - 1 \quad \text{(Bild L3)}.$$

Die Stabilitätsgrenze T_g erhält man aus der Gleichung

$$1 - \frac{4}{T} + e^{-T} = 0$$

zu $\qquad T_g = 3{,}922 .$

Für $0 < T < T_g$ ist die Abtastregelung stabil.

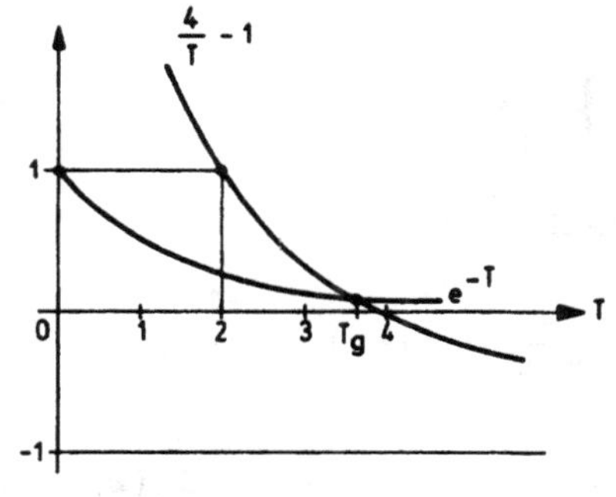

Bild L3

Lösung von Aufgabe 11

a) Forderung: $v_k = y_k = y(kT)$ für alle k ist gleichbedeutend mit

$$V_z(z) = Y_z(z). \tag{L23}$$

Nach Bild A9a: $Y_z(z) = \mathcal{Z}\left\{G(s)U(s)\right\}$ (L24)

Nach Bild A9b: $V_z(z) = G_d(z)U_z(z).$ (L25)

Da für $u = \sigma(t)$, also $U(s) = \frac{1}{s}$ und $U_z(z) = \frac{z}{z-1}$ (L23) gelten muß, folgt

$$G_d(z)\,\frac{z}{z-1} = \mathcal{Z}\left\{G(s)\,\frac{1}{s}\right\},$$

also

$$G_d(z) = \frac{z-1}{z}\,\mathcal{Z}\left\{\frac{G(s)}{s}\right\}. \tag{L26}$$

b) Für $G(s) = \frac{1}{1+T_S s}$ ist

$$\mathcal{Z}\left\{\frac{G(s)}{s}\right\} = \mathcal{Z}\left\{\frac{1}{s} - \frac{1}{s + \frac{1}{T_S}}\right\},$$

$$\mathcal{Z}\left\{\frac{G(s)}{s}\right\} = z\,\frac{1-\varepsilon}{(z-1)(z-\varepsilon)} \quad \text{mit} \quad \varepsilon = e^{-\frac{T}{T_S}} \,. \tag{L27}$$

Daraus folgt nach (L26)

$$G_d(z) = \frac{1-\varepsilon}{z-\varepsilon} = (1-\varepsilon)\,\frac{z^{-1}}{1-\varepsilon z^{-1}} \,. \tag{L28}$$

Wegen (L28) folgt aus $V_z(z) = G_d(z)U_z(z)$:

$$V_z(z) - \varepsilon z^{-1} V_z(z) = (1-\varepsilon) z^{-1} U_z(z) \,.$$

Mit der Rechtsverschiebungsregel der z-Transformation folgt daraus die Differenzengleichung

$$v_k = (1-\varepsilon)u_{k-1} + \varepsilon v_{k-1} \,, \quad k = 1,2,\ldots \,. \tag{L29}$$

Das ist der gesuchte Algorithmus.

c) Aus (L29) erhält man für $(u_k) = (1)$:

$$1 - v_k = \varepsilon(1-v_{k-1})$$

oder mit $y_k = 1 - v_k$:

$$y_k = \varepsilon y_{k-1}.$$

Daraus folgt sukzessive die Lösung $y_k = \varepsilon^k y_o$, also für $v_o = 0$ und somit $y_o = 1$:

$$v_k = 1 - \varepsilon^k \,, \quad k = 0,1,2,\ldots \,.$$

Andererseits folgt aus $Y(s) = \frac{1}{1+T_S s} \cdot \frac{1}{s}$

$$y(t) = 1 - e^{-\frac{t}{T_S}}$$ und damit

$$y_k = 1 - e^{-k\frac{T}{T_S}} = 1 - \varepsilon^k , \quad k = 0,1,2,\ldots .$$

Lösung von Aufgabe 12

Im Zeitbereich folgt aus dem Bild A10

$$x = g_2*[-r+g_1*g_h*v^*] = -g_2*r + g_1*g_2*g_h*v^* ,$$

$v = g_r*r - Kx$, wenn $w = 0$ ist.

Durch z-Transformation folgt aus diesen Gleichungen

$$X_z = -\mathfrak{Z}\{g_2*r\} + \mathfrak{Z}\{g_1*g_2*g_h\}\cdot V_z ,$$

$$V_z = \mathfrak{Z}\{g_r*r\} - KX_z .$$

Schreibt man kürzer

$$\mathfrak{Z}\{g_1*g_2\} = \mathfrak{Z}\{G_1G_2\} = (G_1G_2)_z$$

und setzt $X_z = 0$, so wird aus diesen Gleichungen:

$$0 = -(G_2R)_z + (G_1G_2G_h)_z\cdot V_z , \qquad \text{(L30)}$$

$$V_z = (G_rR)_z . \qquad \text{(L31)}$$

Setzt man (L31) in (L30) ein und berücksichtigt noch

$G_k(s) = \dfrac{1-e^{-Ts}}{s}$, so erhält man

$$(1-z^{-1})\left(\frac{G_1G_2}{s}\right)_z\cdot(G_rR)_z = (G_2R)_z .$$

Diese Bedingung muß von $G_r(s)$ erfüllt werden. Aus ihr folgt beispielsweise für beliebig konstantes r, also $R(s) = c/s$:

$$\mathcal{Z}\left\{\frac{G_r(s)}{s}\right\} = \frac{z}{z-1} \cdot \frac{\mathcal{Z}\left\{\frac{G_2(s)}{s}\right\}}{\mathcal{Z}\left\{\frac{G_1(s)G_2(s)}{s}\right\}} \; .$$

Lösung von Aufgabe 13

a) Die Forderung lautet: $v_k = u_k$ für alle k, das heißt:

$$V_z(z) = U_z(z) . \qquad \text{(L32)}$$

Aus Bild A11a liest man wegen $x_d = \sigma(t)$ ab:

$$U_z(z) = \mathcal{Z}\left\{K_R \frac{(1+T_1 s)(1+T_2 s)}{s} \cdot \frac{1}{s}\right\} =$$

$$= K_R \mathcal{Z}\left\{\frac{1}{s^2} + \frac{T_1+T_2}{s} + T_1 T_2\right\} ,$$

$$U_z(z) = K_R \left[\frac{Tz}{(z-1)^2} + (T_1+T_2) \frac{z}{z-1} + T_1 T_2 \cdot 1\right] . \qquad \text{(L33)}$$

Aus Bild A11b ergibt sich, wieder mit $x_d = \sigma(t)$:

$$V_z(z) = R_z(z) X_{dz}(z) = R_z(z) \cdot \frac{z}{z-1} \; . \qquad \text{(L34)}$$

Setzt man (L33) und (L34) in (L32) ein, so erhält man daraus

$$R_z(z) = K_R \frac{z^2 (T_1+T_2+T_1T_2) - z(T_1+T_2+2T_1T_2-T) + T_1T_2}{z(z-1)} \; .$$

b) Für die angegebenen Zahlenwerte ist

$$R_z(z) = \frac{14z^2-20z+8}{z(z-1)} = \frac{14-20z^{-1}+8z^{-2}}{1-z^{-1}}$$

Wegen $V_z = R_z X_{dz}$ folgt daraus

$$V_z - z^{-1}V_z = 14X_{dz} - 20z^{-1}X_{dz} + 8z^{-2}X_{dz} \;.$$

Mit der Rechtsverschiebungsregel der z-Transformation erhält man hieraus die den Algorithmus charakterisierende Differenzengleichung:

$$v_k = v_{k-1} + 14x_{dk} - 20x_{d,k-1} + 8x_{d,k-2} \;. \tag{L35}$$

Für $x_d(t) = \sigma(t)$, also $x_{dk} = 1$ für $k \geqq 0$ folgt daraus

$$v_o = 14 \;, \quad v_1 = 8 \;,$$

$$v_k = v_{k-1} + 2 \quad \text{für} \quad k = 2,3,\ldots \;.$$

Für die Treppenfunktion $\bar{v}(t)$ ergibt sich so das Bild L4. Für den unbegrenzt steigenden Verlauf von $\bar{v}(t)$ mit wachsendem t ist der Pol z = 1 von $R_z(z)$ verantwortlich, da er auf dem Rand des Stabilitätsgebietes in der z-Ebene liegt.

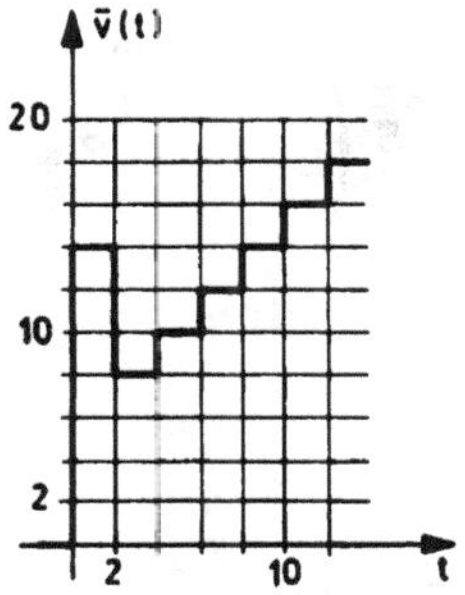

Bild L4

<u>Lösung von Aufgabe 14</u>

Bestimmung der Sprungantwort h(t) der Strecke:

$$H(s) = \frac{1}{s(1+T_S s)} \cdot \frac{1}{s} = \frac{1}{s^2} - \frac{T_S}{s} + \frac{T_S}{s + \frac{1}{T_S}} \quad \wedge$$

$$h(t) = t - T_S + T_S e^{-\frac{t}{T_S}} \;. \tag{L36}$$

Da die Strecke von 2. Ordnung ist, gilt

$$\bar{u}(t) = U_o\sigma(t) + U_1\sigma(t-T) + U_2\sigma(t-2T) \ .$$

Die zugehörige Ausgangsgröße wird

$$x(t) = U_o h(t) + U_1 h(t-T) + U_2 h(t-2T) \ .$$

Wegen (L36) gilt daher für $t \geqq 2T$:

$$x(t) = U_o \left[t-T_S+T_S e^{-\frac{t}{T_S}}\right] + U_1 \left[t-T-T_S+T_S e^{-\frac{t-T}{T_S}}\right] + U_2 \left[t-2T-T_S+T_S e^{-\frac{t-2T}{T_S}}\right] =$$

$$= (U_o+U_1+U_2)t - \left[(U_o+U_1+U_2)T_S+TU_1+2TU_2\right] + T_S e^{-\frac{t}{T_S}}\left(U_o+U_1 e^{\frac{T}{T_S}} + U_2 e^{2\frac{T}{T_S}}\right) .$$

Damit diese Zeitfunktion identisch mit $w = W_o t$ ist, muß gelten:

$$U_o + U_1 + U_2 = W_o \ , \qquad \text{(L37)}$$

$$(U_o+U_1+U_2)T_S + TU_1 + 2TU_2 = 0 \ , \qquad \text{(L38)}$$

$$U_o + U_1\varepsilon + U_2\varepsilon^2 = 0 \ , \qquad \text{(L39)}$$

wobei $e^{T/T_S} = \varepsilon$ gesetzt ist. Setzt man (L37) in (L38) ein, so folgt

$$U_1 + 2U_2 = -\frac{T_S}{T} W_o \ . \qquad \text{(L40)}$$

Weiter liefert die Subtraktion (L39)-(L37):

$$(\varepsilon-1)U_1 + (\varepsilon^2-1)U_2 = -W_0 \ . \qquad \text{(L41)}$$

Aus (L4O) und (L41) bekommt man

$$U_1 = \frac{2 - \frac{T_S}{T}(\varepsilon^2-1)}{(\varepsilon-1)^2} W_0 \ ,$$

$$U_2 = \frac{\frac{T_S}{T}(\varepsilon-1)-1}{(\varepsilon-1)^2} W_0 \ .$$

Damit bestimmt man U_0 aus (L37).

<u>Lösung von Aufgabe 15</u>

a) Sprungantwort der Strecke:

$$H(s) = \frac{5}{1+2s} \cdot \frac{1}{1+s} \cdot \frac{1}{s} = \frac{5}{s} - \frac{10}{s+\frac{1}{2}} + \frac{5}{s+1}$$

$$h(t) = 5 - 10e^{-\frac{t}{2}} + 5e^{-t} \ . \qquad \text{(L42)}$$

Demgemäß ist

$$r_0 = 5 \ , \quad \alpha_1 = -\frac{1}{2} \ , \quad \alpha_2 = -1 \ , \quad \text{also}$$

$$\gamma_1 = e^{-\alpha_1 T} = e^{\frac{1}{2}} = 1{,}6487 \ ,$$

$$\gamma_2 = e^{-\alpha_2 T} = e = 2{,}7183 \ .$$

Weiterhin ist die Stellfunktion, welche x(t) nach 2 Abtastperioden auf den Wert W_o bringt:

$$\bar{u}(t) = U_o\sigma(t) + U_1\sigma(t-T) + U_2\sigma(t-2T) \ ,$$

die zugehörige Ausgangsgröße x der Strecke somit

$$x(t) = U_oh(t) + U_1h(t-T) + U_2h(t-2T)$$

und daher die Regeldifferenz

$$x_d(t) = W_o - U_oh(t) - U_1h(t-T) - U_2h(t-2T). \quad \text{(L43)}$$

Darin ist nach (6.7) und (6.9):

$$U_o = 0{,}8040\ W_o \ ,$$

$$U_1 = -0{,}7836\ W_o \ ,$$

$$U_2 = 0{,}1794\ W_o \ .$$

Nach (6.16) gilt allgemein für den Regler auf endliche Einstellzeit bei einer totzeitfreien Strecke 2. Ordnung (mit $z = e^{Ts}$):

$$G_d(z) = \frac{U_o+U_1z^{-1}+U_2z^{-2}}{x_{do}+(x_{d1}-x_{do})z^{-1}+(x_{d2}-x_{d1})z^{-2}} \ . \quad \text{(L44)}$$

Darin ist nach (L43)

$$x_{do} = x_d(+0) = W_o - U_oh(+0) = W_o \ ,$$

$$x_{d1} = x_d(T) = W_o - U_oh(T) \ ,$$

$$x_{d2} = x_d(2T) = 0 \ ,$$

da zum Zeitpunkt $t = 2T$ ja bereits $x(t) = W_o$, also $x_d(t) = 0$ ist.

Aus (L42) erhält man mit $T = 1$:

$$h(T) = 0{,}7741 \quad \text{und damit} \quad x_{d1} = 0{,}3776\, W_o \ .$$

Aus (L44) wird so

$$G_d(z) = \frac{b_o + b_1 z^{-1} + b_2 z^{-2}}{1 + a_1 z^{-1} + a_2 z^{-2}} \qquad \text{(L45)}$$

mit $b_o = 0{,}8040$; $b_1 = -0{,}7836$; $b_2 = 0{,}1794$;

$a_1 = -0{,}6224$; $a_2 = -0{,}3776$.

b) Aus (L45) folgt wegen $U_z(z) = G_d(z)X_{dz}(z)$:

$$U_z + a_1 z^{-1} U_z + a_2 z^{-2} U_z = b_o X_{dz} + b_1 z^{-1} X_{dz} + b_2 z^{-2} X_{dz} \ ,$$

also

$$u_k = b_o x_{dk} + b_1 x_{d,k-1} + b_2 x_{d,k-2} - a_1 u_{k-1} - a_2 u_{k-2} \ ,$$

$$k = 0,1,2,\ldots \ .$$

Dies ist der <u>Algorithmus des Abtastreglers</u>.

Die Sprungantwort erhält man für

$x_d = \sigma(t)$, also $x_{dk} = 1$ für $k = 0,1,2,\ldots$:

$$u_o = b_o \ ,$$

$$u_1 = b_o + b_1 - a_1 u_o \ ,$$

$$u_k = b_o + b_1 + b_2 - a_1 u_{k-1} - a_2 u_{k-2}$$

für $k = 2, 3, \ldots$.

In unserem Fall ergibt sich so die im Bild L5 dargestellte Treppenfunktion $\bar{u}(t)$ als Sprungantwort des Reglers auf endliche Einstellzeit. Wie man sieht, ist sie ähnlich aufgebaut wie die Sprungantwort eines PID-Reglers.

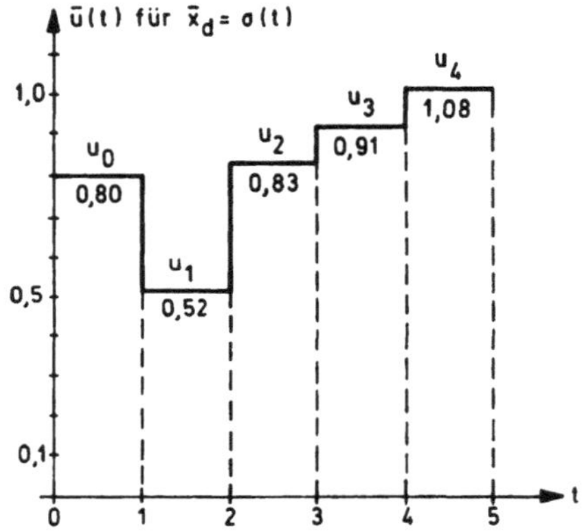

Bild L5

c) Die beiden Störungen werden ausgeregelt. Andernfalls bliebe eine konstante Regeldifferenz, die nach Bild L5 eine unbegrenzt ansteigende Stellfunktion $\bar{u}(t)$ und hierdurch auch eine unbegrenzt zunehmende Regelgröße $x(t)$ verursachen würde. Das widerspricht aber der Tatsache, daß der auf endliche Einstellzeit entworfene Regelkreis nach (6.30) stabil ist.

d) Verlegung der Eingriffsstelle von z_1 über die nachfolgende Verzweigungsstelle führt zu Bild L6: Die Störung kann als sprungförmige Führungsgrößenänderung interpretiert werden. Nach Erfassung des konstanten Störwertes Z_o durch den Regler wird innerhalb von zwei Abtastperioden $\hat{x}$ auf den neuen Wert $W_o + Z_o$ und damit x wieder auf den Wert W_o gebracht. Bis die Störung vom Regler erfaßt wird, kann aber maximal eine Abtastperiode vergehen. Die Störung wird daher in maximal drei Abtastperioden ausgeregelt.

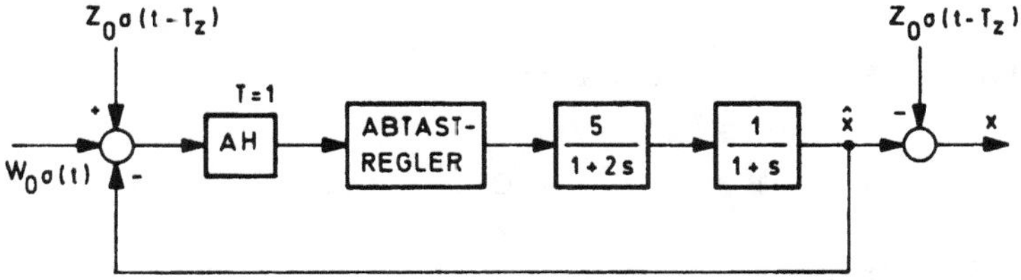

Bild L6

e) Die Schlußweise von d) versagt, weil z_2 zwar über den nachfolgenden Block verlegt werden kann, dann jedoch nicht mehr als sprungförmige Führungsgrößenänderung zu interpretieren ist.

Lösung von Aufgabe 16

a) $$Y_z(z) = \mathfrak{Z}\left\{\frac{K_S}{s(s+2)} \cdot K_R \cdot \bar{U}(s)\right\} .$$

Darin ist wegen $\bar{u}(t) = 2[\sigma(t)-\sigma(t-T)]$

$$\bar{U}(s) = \frac{2}{s}\,(1-e^{-Ts}) .$$

Also ist

$$Y_z(z) = 2K_RK_S(1-z^{-1})\,\mathfrak{Z}\left\{\frac{1}{s^2(s+2)}\right\} .$$

Wegen

$$\mathfrak{Z}\left\{\frac{1}{s^2(s+2)}\right\} = \mathfrak{Z}\left\{\frac{1}{2s^2} - \frac{1}{4s} + \frac{1}{4(s+2)}\right\} =$$

$$= \frac{1}{2}\,\frac{Tz}{(z-1)^2} - \frac{1}{4}\,\frac{z}{z-1} + \frac{1}{4}\,\frac{z}{z-e^{-2T}}$$

folgt daraus

$$Y_z(z) = \frac{K_R K_S}{2}\left[-1+2T\,\frac{1}{z-1} + \frac{z}{z-e^{-2T}} - \frac{1}{z-e^{-2T}}\right].$$

Gliedweise Rücktransformation:

. $F_z(z) = -1 = -1 + 0\cdot z^{-1} + 0\cdot z^{-2} + \ldots$

hat die Originalfolge $(-1, 0, 0, \ldots)$.

. $F_z(z) = \frac{z}{z-1}$ hat die Originalfolge $(1, 1, 1, \ldots)$.

Da die Multiplikation mit z^{-1} der Verschiebung nach rechts um eine Abtastperiode entspricht, gehört zu

$\frac{1}{z-1} = z^{-1}\cdot\frac{z}{z-1}$ die Originalfolge $(0, 1, 1, \ldots)$.

. Entsprechend: $\frac{z}{z-e^{-2T}}$ hat die Originalfunktion e^{-2t} und damit die Originalfolge

$$(e^{-2kT}) = (1, e^{-2T}, e^{-4T}, \ldots).$$

Daher gehört zu $\frac{1}{z-e^{-T}} = z^{-1}\cdot\frac{z}{z-e^{-T}}$ die Originalfolge

$$[0, 1, e^{-2T}, e^{-4T}, \ldots] = \left[0, \left(e^{-2(k-1)T}\right)\right].$$

Insgesamt wird so

$$y_0 = -1+0+1+0 = 0$$

und für $k = 1, 2, \ldots$:

$$y_k = \frac{1}{2} K_R K_S\left[2T+e^{-2kT}-e^{-2(k-1)T}\right]. \qquad \text{(L46)}$$

b) Bezeichnet man die Eingangsgröße der Steuereinrichtung allgemein mit u(t), so gilt

$$Y(s) = \frac{K_R K_S}{s(s+2)} U(s) = \frac{K_R K_S}{2} \left(\frac{1}{s} - \frac{1}{s+2}\right) U(s) .$$

Führt man als Zustandsvariable

$$X_1(s) = \frac{1}{s} U(s) , \quad X_2(s) = \frac{1}{s+2} U(s)$$

ein, so wird $Y(s) = \frac{K_R K_S}{2} [X_1(s) - X_2(s)]$.

Im Zeitbereich wird aus diesen Gleichungen

$$\dot{x}_1 = u , \qquad \text{(L47)}$$

$$\dot{x}_2 = -2x_2 + u , \qquad \text{(L48)}$$

$$y = \frac{K_R K_S}{2} (x_1 - x_2) . \qquad \text{(L49)}$$

Daher ist

$$\underline{A} = \begin{bmatrix} 0 & 0 \\ 0 & -2 \end{bmatrix} , \quad \underline{b} = \begin{bmatrix} 1 \\ 1 \end{bmatrix} , \quad \underline{c}^T = \frac{K_R K_S}{2} [1, -1] .$$

Somit ist

$$\underline{\phi}(t) = \begin{bmatrix} 1 & 0 \\ 0 & e^{-2t} \end{bmatrix} , \text{ also}$$

$$\phi(T) = \begin{bmatrix} 1 & 0 \\ 0 & e^{-2T} \end{bmatrix} ,$$

$$\underline{h}(T) = \int_0^T \begin{bmatrix} 1 & 0 \\ 0 & e^{-2\tau} \end{bmatrix} d\tau \cdot \begin{bmatrix} 1 \\ 1 \end{bmatrix} = \begin{bmatrix} T \\ \frac{1}{2}\,(1-e^{-2T}) \end{bmatrix} .$$

Daher lauten die Zustandsdifferenzengleichungen der Steuerung komponentenweise geschrieben:

$$x_1(k+1) = x_1(k) + Tu(k) \ , \qquad \text{(L5O)}$$

$$x_2(k+1) = e^{-2T}x_2(k) + \frac{1}{2}\,(1-e^{-2T})u(k) \ ; \qquad \text{(L51)}$$

$$y(k) = \frac{K_R K_S}{2}\left[x_1(k)-x_2(k)\right] . \qquad \text{(L52)}$$

Hierbei ist k der Deutlichkeit halber nicht als Index, sondern als Argument geschrieben.

Nach Bild A14b ist hierin

$$u(0) = u_0 = 2 \ , \quad u(k) = u_k = 0 \quad \text{für alle } k > 0 \ .$$

Den Anfangswert $\underline{x}(0)$ kann man aufgrund der Voraussetzung $y(t) \equiv 0$ für $t < 0$ ermitteln. Wegen (L49) folgt daraus $x_2(t) \equiv x_1(t)$ und deswegen aus (L47) und (L48): $u(t) \equiv -2x_2(t) + u(t)$, woraus $x_2(t) \equiv 0$, also auch $x_1(t) \equiv 0$ für $t < 0$ folgt. Daher muß $\underline{x}(0) = \underline{0}$ sein.

Für k = 0,1,2,... erhält man so aus (L5O) und (L51) sukzessive

$$x_1(\nu) = 2T$$

$$x_2(\nu) = (e^{-2T})^{\nu-1} - (e^{-2T})^{\nu} \ , \quad \nu = 1,2,\ldots \ .$$

Nach (L52) wird somit, wenn man nachträglich den Index ν wieder durch k ersetzt:

$$y(0) = \frac{K_R K_S}{2}\left[x_1(0)-x_2(0)\right] = 0 \ ,$$

$$y(k) = \frac{K_R K_S}{2}\left[2T-(e^{-2T})^{k-1}+(e^{-2T})^{k}\right] \ , \quad k=1,2,\ldots .$$

Das ist aber gerade der Ausdruck (L46).

Lösung von Aufgabe 17

a) Da es nur auf das Führungsverhalten ankommt, kann man im Bild 7/3 $\underline{x}_0 = \underline{0}$ setzen. Dann liest man aus ihm ab:

$$\underline{Y}_z(z) = \underline{C}\ \underline{X}_z(z) \ , \qquad \text{(L53)}$$

$$\underline{X}_z(z) = z^{-1}[\underline{\phi}\ \underline{X}_z(z) + \underline{H}\ \underline{U}_z(z)] \ , \qquad \text{(L54)}$$

$$\underline{U}_z(z) = \underline{W}_z(z) - \underline{R}\ \underline{X}_z(z) \ . \qquad \text{(L55)}$$

Man setzt (L55) in (L54) ein, wobei hier wie im folgenden der Übersichtlichkeit wegen das Argument z weggelassen wird:

$$\underline{X}_z = z^{-1}\underline{\phi}\ \underline{X}_z + z^{-1}\underline{H}\ \underline{W}_z - z^{-1}\underline{H}\ \underline{R}\ \underline{X}_z \ ,$$

$$(\underline{I} - z^{-1}\underline{\phi} + z^{-1}\underline{H}\ \underline{R})\underline{X}_z = z^{-1}\underline{H}\ \underline{W}_z \ .$$

Löst man diese Gleichung nach $\underline{X}_z$ auf, setzt $\underline{X}_z$ in (L53) ein, so bekommt man den gewünschten Zusammenhang zwischen der Führungsgröße $\underline{w}$ und der Regelgröße $\underline{y}$ im z-Bereich:

$$\underline{Y}_z = \underline{C}[\underline{I} - z^{-1}\underline{\phi} + z^{-1}\underline{H}\ \underline{R}]^{-1} z^{-1}\underline{H}\ \underline{W}_z \ ,$$

$$Y_z(z) = \underbrace{\underline{C}[z\underline{I} - \underline{\phi} + \underline{H}\ \underline{R}]^{-1}\underline{H}}_{\text{z-Führungs-Übertragungsmatrix } \underline{F}_{wz}(z)}\cdot\underline{W}_z(z)$$

b) Um hieraus das stationäre Verhalten, also das Verhalten für $k \to +\infty$, zu bestimmen, wendet man den Endwertsatz der z-Transformation an:

$$\lim_{k \to +\infty} \underline{y}_k = \lim_{z \to 1+0} (z-1)\underline{Y}_z(z) =$$

$$= \lim_{z \to 1+0} \left[\underline{C}(z\underline{I} - \underline{\phi} + \underline{H}\ \underline{R})^{-1}\underline{H}\right] \cdot \lim_{z \to 1+0} (z-1)\underline{W}_z(z) \ . \qquad \text{(L56)}$$

Wiederum nach dem Endwertsatz ist

$$\lim_{z \to 1+0} (z-1)\underline{W}_z(z) = \lim_{k \to +\infty} \underline{w}_k = \underline{w}_S \ ,$$

Damit folgt aus (L56):

$$\lim_{k \to +\infty} \underline{y}_k = \underline{C}(\underline{I} - \underline{\phi} + \underline{H}\ \underline{R})^{-1}\underline{H}\ \underline{w}_S \ . \qquad \text{(L57)}$$

Damit hat man den stationären Wert $\underline{y}_S$ der Ausgangsgröße in Abhängigkeit vom konstanten Wert $\underline{w}_S$ der Führungsgröße gefunden. Im Abschnitt 7.4 wurde er bereits auf andere Weise hergeleitet.

Lösung von Aufgabe 18

a) Anwendung der Kalmanschen Steuerbarkeitsbedingung: Die Vektoren

$$\underline{b} = \begin{bmatrix} 0 \\ 1 \end{bmatrix} , \quad \underline{A}\ \underline{b} = \begin{bmatrix} 0 & -1 \\ 1 & 0 \end{bmatrix} \begin{bmatrix} 0 \\ 1 \end{bmatrix} = \begin{bmatrix} -1 \\ 0 \end{bmatrix}$$

sind linear unabhängig, da

$$\det[\underline{b}, \underline{A}\,\underline{b}] = \begin{vmatrix} 0 & -1 \\ 1 & 0 \end{vmatrix} \neq 0.$$

Also ist das kontinuierliche System steuerbar.

b) Um die Matrizen $\underline{\phi}(T)$ und $\underline{h}(T)$ des Abtastsystems zu erhalten, muß man zunächst die Transitionsmatrix $\underline{\phi}(t)$ des kontinuierlichen Systems ermitteln. Am einfachsten geschieht dies aus

$$\underline{\phi}(s) = (s\underline{I} - \underline{A})^{-1} = \begin{bmatrix} s & 1 \\ -1 & s \end{bmatrix}^{-1} = \frac{1}{s^2+1} \begin{bmatrix} s & -1 \\ 1 & s \end{bmatrix}$$

durch Rücktransformation:

$$\underline{\phi}(t) = \begin{bmatrix} \cos t & -\sin t \\ \sin t & \cos t \end{bmatrix} .$$

Damit ist

$$\underline{\phi}(T) = \begin{bmatrix} \cos T & -\sin T \\ \sin T & \cos T \end{bmatrix} .$$

und

$$\underline{h}(T) = \int_0^T \begin{bmatrix} \cos t & -\sin t \\ \sin t & \cos t \end{bmatrix} dt \cdot \begin{bmatrix} 0 \\ 1 \end{bmatrix} = \begin{bmatrix} \cos T - 1 \\ \sin T \end{bmatrix} .$$

Daraus folgt

$$\det[\underline{h}, \underline{\phi}\,\underline{h}] = \begin{vmatrix} \cos T-1 & \cos^2 T-\cos T-\sin^2 T \\ \sin T & 2\sin T \cos T - \sin T \end{vmatrix} =$$

$$= 2\sin T(1-\cos T) .$$

Sie wird Null, wenn $T = \nu\pi$, $\nu = 1,2,\ldots$. Genau dann ist also nach dem Kalmanschen Steuerbarkeitskriterium für Abtastsysteme das vorliegende Abtastsystem nicht steuerbar.

Lösung von Aufgabe 19

a) Der Zusammenhang zwischen $\underline{x}(t)$ und der Treppenfunktion

$$\bar{\underline{u}}(t) = \underline{u}_k \quad \text{in} \quad kT \leqq t < (k+1)T, \quad k = 0,1,2,...,$$

wurde in Abschnitt 7.1 beschrieben. Daher gilt die Differenzengleichung

$$\underline{x}_{k+1} = \underline{\phi}\, \underline{x}_k + \underline{H}\, \underline{u}_k \ ,$$

wobei $\underline{x}_k = \underline{x}(kT)$ ist und $\underline{\phi}, \underline{H}$ durch (7.13) gegeben sind. Weiterhin folgt aus $\underline{u}(t) = -\underline{R}\, \underline{x}(t)$ die Gleichung $\underline{u}_k = -\underline{R}\, \underline{x}_k$. Für die gesamte Rückführung gilt deshalb in den Abtastzeitpunkten die Beziehung

$$\underline{x}_{k+1} = (\underline{\phi} - \underline{H}\, \underline{R})\underline{x}_k \ , \quad k = 0,1,2,... \ . \qquad \text{(L58)}$$

b) Aus (L58) folgt:

$$\underline{x}_1 = (\underline{\phi} - \underline{H}\, \underline{R})\underline{x}_0 \ ,$$

$$\underline{x}_2 = (\underline{\phi} - \underline{H}\, \underline{R})\underline{x}_1 = (\underline{\phi} - \underline{H}\, \underline{R})^2\underline{x}_0 \ ,$$

$$\vdots$$

$$\underline{x}_m = (\underline{\phi} - \underline{H}\, \underline{R})^m\underline{x}_0 \ .$$

Ist $\underline{x}_m = \underline{0}$, und zwar für beliebiges $\underline{x}_0$, so muß

$$(\underline{\phi} - \underline{H}\, \underline{R})^m = \underline{0} \qquad \text{(L59)}$$

sein. Genau dann, wenn $\underline{R}$ diese Bedingung erfüllt, kann das System in m Schritten von dem beliebigen Anfangszustand $\underline{x}_0$ nach $\underline{0}$ überführt werden.

c) Für m = 1 geht (L59) in die Gleichung

$$\underset{(n,p)}{\underline{H}} \cdot \underset{(p,n)}{\underline{R}} = \underset{(n,n)}{\underline{\phi}} \qquad \text{(L60)}$$

über. Mit $\underline{R} = [\underline{r}_1,\ldots,\underline{r}_n]$ und $\underline{\phi} = [\underline{\varphi}_1,\ldots,\underline{\varphi}_n]$ werden daraus die n Gleichungssysteme

$$\underline{H}\,\underline{r}_1 = \underline{\varphi}_1,\ldots,\underline{H}\,\underline{r}_n = \underline{\varphi}_n\ , \qquad \text{(L61)}$$

wobei die Vektoren $\varphi_1,\ldots,\varphi_n$ linear unabhängig sind und daher den gesamten Zustandsraum aufspannen. Sollen die n Gleichungssysteme (L61) sämtlich lösbar sein, so muß für jedes die Verträglichkeitsbedingung erfüllt sein. D.h. also: $\underline{\varphi}_1,\ldots,\underline{\varphi}_n$ müssen von den Spaltenvektoren $\underline{h}_1,\ldots,\underline{h}_p$ von $\underline{H}$ linear abhängen. Diese müssen somit den ganzen Zustandsraum aufspannen. Das ist nur dann möglich, wenn p = n ist. Genau dann ist die Gleichung (L60) nach $\underline{R}$ auflösbar. Genau dann läßt sich also von jedem Anfangspunkt $\underline{x}_0$ aus in einem einzigen Schritt der Zielpunkt $\underline{O}$ erreichen. Da $\underline{H}$ jetzt eine (n,n)-Matrix und somit regulär ist (Höchstrang von $\underline{H}$ wurde stets vorausgesetzt), folgt aus (L60) für die Rückführmatrix:

$$\underline{R} = \underline{H}^{-1}\underline{\phi}\ .$$

Lösung von Aufgabe 20

a) Für die Strecke gelten bei beliebigem t die Zustandsgleichungen

$$\underline{\dot{x}} = \underline{A}\,\underline{x} + \underline{b}\,\bar{u}\ , \qquad y = \underline{c}^T\underline{x}$$

mit

$$\underline{A} = \begin{bmatrix} 0 & 1 \\ 0 & -\frac{1}{T_N} \end{bmatrix},\quad \underline{b} = \begin{bmatrix} 0 \\ \frac{K}{T_N} \end{bmatrix},\quad \underline{c}^T = [1,0]\ . \qquad \text{(L62)}$$

Berechnung der Transitionsmatrix $\underline{\phi}(t)$:

$$s\underline{I} - \underline{A} = \begin{bmatrix} s & -1 \\ 0 & s + \frac{1}{T_N} \end{bmatrix}$$

$$\det(s\underline{I} - \underline{A}) = s\left(s + \frac{1}{T_N}\right)$$

$$(s\underline{I} - \underline{A})^{-1} = \frac{1}{s\left(s + \frac{1}{T_N}\right)} \begin{bmatrix} s + \frac{1}{T_N} & 1 \\ 0 & s \end{bmatrix} = \begin{bmatrix} \frac{1}{s} & \frac{1}{s\left(s + \frac{1}{T_N}\right)} \\ 0 & \frac{1}{s + \frac{1}{T_N}} \end{bmatrix}$$

$$\underline{\phi}(t) = \mathcal{L}^{-1}\left\{(s\underline{I} - \underline{A})^{-1}\right\} = \begin{bmatrix} 1 & T_N - T_N e^{-\frac{t}{T_N}} \\ 0 & e^{-\frac{t}{T_N}} \end{bmatrix}$$

Daher ist

$$\underline{\phi}(T) = \begin{bmatrix} 1 & T_N(1-\varepsilon) \\ 0 & \varepsilon \end{bmatrix} \quad \text{mit} \quad \varepsilon = e^{-\frac{T}{T_N}}, \qquad \text{(L63)}$$

$$\underline{h}(T) = \int_0^T \underline{\phi}(\tau)\,d\tau \cdot \underline{b} = \begin{bmatrix} t & T_N t + T_N^2 e^{-\frac{t}{T_N}} \\ 0 & -T_N e^{-\frac{t}{T_N}} \end{bmatrix}_{t=0}^{t=T} \cdot \underline{b} =$$

$$= \begin{bmatrix} KT - KT_N(1-\varepsilon) \\ K(1-\varepsilon) \end{bmatrix}. \qquad \text{(L64)}$$

In den Zeitpunkten kT, k = 0,1,2,..., wird die Strecke durch die Differenzengleichungen

$$\underline{x}_{k+1} = \underline{\phi}\,\underline{x}_k + \underline{h}\,u_k\,,$$

$$y_k = \underline{c}^T\underline{x}_k\,, \qquad k = 0,1,2,...,$$

mit den Matrizen $\underline{\phi} = \underline{\phi}(T)$ und $\underline{h} = \underline{h}(T)$ gemäß (L63) und (L64) sowie $\underline{c}^T$ aus (L62).

b) Im stationären Zustand (durch den Index S gekennzeichnet) soll $x_{1S} = y_S = 1$ sein. Da x_2 nach Bild A16 Eingangsgröße eines I-Gliedes ist, muß $x_{2S} = 0$ gelten. Daraus folgt $\bar{u}_S = 0$. Infolgedessen muß im stationären Zustand auch u_k verschwinden: $u_S = 0$. Andererseits gilt dann

$$u_S = -\underline{r}^T\underline{x}_S + w_S = -r_1x_{1S} - r_2r_{2S} + w_S\,,$$

also

$$0 = -r_1\cdot 1 - r_2\cdot 0 + w_S$$

oder

$$w_S = r_1\,. \tag{L65}$$

Das gilt stets, ganz gleich, welcher Regler eingesetzt wird.

c) Wegen $\underline{Q}_S = [\underline{H}, \underline{\phi}\,\underline{H},...,\underline{\phi}^{n-1}\underline{H}]$ ist hier

$$\underline{Q}_S = \begin{bmatrix} KT - KT_N(1-\varepsilon) & T-T_N\varepsilon(1-\varepsilon) \\ 1-\varepsilon & \varepsilon(1-\varepsilon) \end{bmatrix}, \tag{L66}$$

also

$$\det \underline{Q}_S = -K^2 T(1-\varepsilon)^2 < 0 \,. \tag{L67}$$

Die Strecke ist somit steuerbar. Da es sich um ein System mit nur einer Eingangsgröße handelt, ist der Steuerbarkeitsindex $\mu = n = 2$. Aus (L66/67) folgt

$$\underline{Q}_S^{-1} = \begin{bmatrix} -\dfrac{\varepsilon}{KT(1-\varepsilon)} & \dfrac{T-T_N\varepsilon(1-\varepsilon)}{KT(1-\varepsilon)^2} \\ \dfrac{1}{KT(1-\varepsilon)} & \dfrac{-T+T_N(1-\varepsilon)}{KT(1-\varepsilon)^2} \end{bmatrix} . \tag{L68}$$

Nach (7.56) ist dann

$$\underline{r}^T = \underline{k}_o^T \underline{\phi}^2 \,,$$

wobei $\underline{k}_o^T$ die letzte Zeile von $\underline{Q}_S^{-1}$ darstellt. Daraus folgt hier wegen

$$\underline{\phi}^2 = \begin{bmatrix} 1 & T_N(1-\varepsilon^2) \\ 0 & \varepsilon^2 \end{bmatrix} : \tag{L69}$$

$$\underline{r}^T = \left[\frac{1}{KT(1-\varepsilon)} \,,\; \frac{T_N(1-\varepsilon)-T\varepsilon^2}{KT(1-\varepsilon)^2} \right] .$$

Im Hinblick auf (L65) gilt somit der Algorithmus

$$u_k = -\frac{1}{KT(1-\varepsilon)} x_{1k} - \frac{T_N(1-\varepsilon)-T\varepsilon^2}{KT(1-\varepsilon)^2} x_{2k} + \frac{1}{KT(1-\varepsilon)} \,,$$

$$k = 0,1,2,\ldots \,.$$

Für das Zahlenbeispiel folgt:

$$u_k = -2{,}5413 x_{1k} - 2{,}7074 x_{2k} + 2{,}5413 \,.$$

d) Allgemein gilt nach (7.75) für ein System 2. Ordnung

$$\underline{r}^T = p_0\underline{q}_2^T + p_1\underline{q}_2^T\underline{\Phi} + \underline{q}_2^T\underline{\Phi}^2 . \tag{L70}$$

Dabei sind p_0 und p_1 die Koeffizienten des gewünschten charakteristischen Polynoms der Regelung, folgen also aus

$$(z-z_1)(z-z_2) = z^2 - (z_1+z_2)z + z_1z_2$$

zu

$$p_0 = z_1z_2 , \quad p_1 = -(z_1+z_2). \tag{L71}$$

$\underline{q}_2^T$ ist die letzte Zeile der inversen Steuerbarkeitsmatrix. Nach (L68) gilt für sie

$$\underline{q}_2^T = \left[\frac{1}{KT(1-\varepsilon)} , \frac{T_N(1-\varepsilon)-T}{KT(1-\varepsilon)^2}\right]. \tag{L72}$$

Wegen (L63) und (L69) folgt daraus

$$\underline{q}_2^T\underline{\Phi} = \left[\frac{1}{KT(1-\varepsilon)} , \frac{T_N(1-\varepsilon)-T\varepsilon}{KT(1-\varepsilon)^2}\right],$$

$$\underline{q}_2^T\underline{\Phi}^2 = \left[\frac{1}{KT(1-\varepsilon)} , \frac{T_N(1-\varepsilon)-T\varepsilon^2}{KT(1-\varepsilon)^2}\right].$$

Nach (L70) wird so

$$\underline{r}^T = \left[\frac{p_0+p_1+1}{KT(1-\varepsilon)} , \frac{(p_0+p_1+1)T_N(1-\varepsilon)-T(p_0+p_1\varepsilon+\varepsilon^2)}{KT(1-\varepsilon)^2}\right].$$

Für das Zahlenbeispiel folgt daraus wegen $p_0 = 0{,}25$ und $p_1 = -1$:

$$\underline{r}^T = [0{,}6353\ ;\ 1{,}1974]\ .$$

Mit Rücksicht auf (L65) lautet somit das Regelungsgesetz

$$u_k = -0{,}6353x_{1k} - 1{,}1974x_{2k} + 0{,}6353\ .$$

e) Charakteristische Gleichung des offenen Kreises:

$$\det\begin{bmatrix} z-1 & -T_N(1-\varepsilon) \\ 0 & z-\varepsilon \end{bmatrix} = 0 \quad \wedge$$

Eigenwerte: $\lambda_1 = 1\ ,\quad \lambda_2 = \varepsilon.$

Berechnung der Eigenvektoren gemäß (7.85):

$$\begin{bmatrix} 0 & -T_N(1-\varepsilon) \\ 0 & 1-\varepsilon \end{bmatrix}\begin{bmatrix} v_{11} \\ v_{12} \end{bmatrix} = \begin{bmatrix} 0 \\ 0 \end{bmatrix} \quad \wedge$$

$v_{12} = 0$; v_{11} beliebig, wird etwa = 1 gewählt $\wedge$

$$\underline{v}_1 = \begin{bmatrix} 1 \\ 0 \end{bmatrix}\ ;$$

$$\begin{bmatrix} \varepsilon-1 & -T_N(1-\varepsilon) \\ 0 & 0 \end{bmatrix}\begin{bmatrix} v_{21} \\ v_{22} \end{bmatrix} = \begin{bmatrix} 0 \\ 0 \end{bmatrix} \quad \wedge$$

v_{22} beliebig, etwa 1 $\wedge$ $v_{21} = -T_N$ $\wedge$

$$\underline{v}_2 = \begin{bmatrix} -T_N \\ 1 \end{bmatrix}\ .$$

Also ist $\underline{V} = \begin{bmatrix} 1 & -T_N \\ 0 & 1 \end{bmatrix}$ und damit

$$\underline{V}^{-1} = \begin{bmatrix} 1 & T_N \\ 0 & 1 \end{bmatrix} := \begin{bmatrix} \underline{w}_1^T \\ \underline{w}_2^T \end{bmatrix} .$$

Da die Strecke nur eine Eingangsgröße besitzt, kann nur einer ihrer Eigenwerte verschoben werden. Weil $\lambda_1 = 1$ Instabilität bewirkt, wird λ_1 an eine Stelle z_1 im Innern des Einheitskreises der z-Ebene verschoben. Damit ist der modale Regler gemäß (7.102) bestimmt. Wegen

$$\underline{w}_1^T \underline{h} = [1 \quad T_N] \begin{bmatrix} KT - KT_N(1-\varepsilon) \\ K(1-\varepsilon) \end{bmatrix} = KT \quad \text{wird}$$

$$\underline{r}^T = -\frac{1}{KT}(1-z_1)[1 \quad T_N] \text{ , also wegen (L65):}$$

$$u_k = -\frac{1}{KT}(1-z_1)x_{1k} - \frac{T_N}{KT}(1-z_1)x_{2k} + \frac{1}{KT}(1-z_1) .$$

Für das Zahlenbeispiel wird, wenn man $\lambda_1 = 1$ nach $z_1 = 0{,}5$ verschiebt:

$$u_k = -0{,}5x_{1k} - x_{2k} + 0{,}5 .$$

f) Die Gleichung des Luenberger-Beobachters gemäß (7.109) lautet

$$\hat{\underline{x}}_{k+1} = (\underline{\phi} - \underline{k}\,\underline{c}^T)\hat{\underline{x}}_k + \underline{h}\,u_k + \underline{k}\,y_k .$$

Mit $\underline{\phi}$, $\underline{h}$, $\underline{c}^T$ aus (L63), (L64), (L62) wird daraus

$$\underline{\hat{x}}_{k+1} = \underbrace{\begin{bmatrix} 1-k_1 & T_N(1-\varepsilon) \\ -k_2 & \varepsilon \end{bmatrix}}_{\underline{F}} \underline{\hat{x}}_k + \begin{bmatrix} KT-KT_N(1-\varepsilon) \\ K(1-\varepsilon) \end{bmatrix} u_k + \begin{bmatrix} k_1 \\ k_2 \end{bmatrix} y_k \,. \quad \text{(L73)}$$

$\underline{k} = \begin{bmatrix} k_1 \\ k_2 \end{bmatrix}$ kann man in diesem einfachen Fall unmittelbar aus der Gleichung

$$\det(z\underline{I} - \underline{F}) = (z-\beta_1)(z-\beta_2) = z^2-(\beta_1+\beta_2)z+\beta_1\beta_2 \quad \text{(L74)}$$

bestimmen, wobei β_1 und β_2 die vorgegebenen Eigenwerte des Beobachters sind. Aus (L74) folgt durch Ausrechnen der Determinante und Koeffizientenvergleich:

$$k_1 - \varepsilon - 1 = -(\beta_1+\beta_2) \,,$$

$$\varepsilon - k_1\varepsilon + k_2T_N(1-\varepsilon) = \beta_1\beta_2 \,.$$

Daraus ergibt sich

$$k_1 = 1 + \varepsilon - (\beta_1+\beta_2) \,,$$

$$k_2 = \frac{\varepsilon^2-(\beta_1+\beta_2)\varepsilon+\beta_1\beta_2}{T_N(1-\varepsilon)} \,. \quad \text{(L75)}$$

Legt man $\beta_1 = \beta_2 = 0{,}1$ fest, so erhält man für das Zahlenbeispiel

$$k_1 = 1{,}4005 \,, \quad k_2 = 0{,}3260$$

und damit als Gleichung des Beobachters

$$\underline{\hat{x}}_{k+1} = \begin{bmatrix} -0{,}4605 & 0{,}7870 \\ -0{,}3260 & 0{,}6065 \end{bmatrix} \underline{\hat{x}}_k + \begin{bmatrix} 0{,}2130 \\ 0{,}3935 \end{bmatrix} u_k + \begin{bmatrix} 1{,}4065 \\ 0{,}3260 \end{bmatrix} y_k \,.$$

Bücher zum Thema

<u>Frühe Darstellungen über Abtastsysteme</u>

[1] Oldenbourg, R. - Sartorius, H.: Dynamik selbsttätiger Regelungen. R. Oldenbourg Verlag, 1944.
Kapitel V B.

[2] James, H.M. - Nichols, N.B. - Phillips, R.S.: Theory of Servomechanisms. McGraw-Hill, 1947. Nachdruck: Dover Publications, 1965.
Kapitel 5 von W. Hurewicz.

<u>Lehrbücher über Abtastsysteme (diskrete Systeme, zeitdiskrete Systeme)</u>

[3] Ackermann, J.: Abtastregelung. Springer-Verlag, 3. Auflage, 1988.
Parameterraumverfahren zum Entwurf robuster Regelungen im Band II der 2. Auflage (1983).

[4] Cadzow, J.A. - Martens, H.R.: Discrete-Time and Computer Control Systems. Prentice-Hall, 1970.

[5] Freeman, H.: Discrete-Time Systems. J. Wiley, 1965.

[6] Günther, M.: Zeitdiskrete Steuerungssysteme. Dr. Alfred Hüthig Verlag, 1986.

[7] Hartmann, I.: Zeitdiskrete Systeme. Technische Universität Berlin, Brennpunkt Kybernetik, 1978.

[8] Jury, E.I.: Sampled-Data Control Systems. J. Wiley, 1958.
Keine Zustandsmethoden.

[9] Kuo, B.C.: Discrete-Data Control Systems. Prentice-Hall, 1970.

[10] Leonhard, W.: Digitale Signalverarbeitung in der Meß- und Regelungstechnik. B.G. Teubner, 2. Auflage, 1989.

[11] Lindorff, D.P.: Theory of Sampled-Data Control Systems. J. Wiley, 1965.
Kaum Zustandsmethoden.

[12] Ludyk, G.: Time-variant Discrete-time Systems. Friedrich Vieweg und Sohn, 1981.
Ludyk, G.: Stability of Time-Variant Discrete-Time Systems. Friedrich Vieweg und Sohn, 1985.
Behandlung zeitvarianter Abtastsysteme im Zustandsraum.

[13] Ogata, K.: Discrete-Time Control Systems. Prentice-Hall, 1987.

[14] Ragazzini, J.R. - Franklin, G.F.: Sampled-Data Control Systems. McGraw-Hill, 1958.
Keine Zustandsmethoden.

[15] Schwarz, H.: Zeitdiskrete Regelungssysteme. Friedrich Vieweg und Sohn, 1979.

[16] Strejc, V.: State Space Theory of Discrete Linear Control. J. Wiley, 1981.
Ausschließlich Zustandsmethoden.

[17] Tou, J.T.: Digital and Sampled-data Control Systems. McGraw-Hill, 1959.
Keine Zustandsmethoden.

[18] Zypkin, J.S.: Theorie der linearen Impulssysteme. R. Oldenbourg Verlag, 1967.
Keine Zustandsmethoden.

Allgemeine Lehrbücher über Regelungstechnik und Systemdynamik, in denen Abtastsysteme behandelt werden.

[19] De Russo, P.M. - Roy, R.J. - Close, C.M.: State Variables for Engineers. J. Wiley, 1966.

[20] Dörrscheidt, F. - Latzel, W.: Grundlagen der Regelungstechnik. B.G. Teubner, 2. Auflage, 1993.
Kapitel 4: Abtastregelungen (W. Latzel).

[21] Gassmann, H.: Einführung in die Regelungstechnik, Band 2. Verlag Harri Deutsch, 1989.

[22] Hartmann, I.: Lineare Systeme. Springer-Verlag, 1976.

[23] Luenberger, D.G.: Introduction to Dynamic Systems. J. Wiley, 1979.

[24] Ogata, K.: State Space Analysis of Control Systems. Prentice-Hall, 1967.

[25] Perkins, W.R. - Cruz, J.B.: Engineering of Dynamic Systems. J. Wiley, 1969.

[26] Saucedo, R. - Shiring, E.E.: Introduction to Continuous and Digital Control Systems. The MacMillan Company, 1968.

[27] Solodownikow, W.W.: Analyse und Synthese linearer Systeme. Verlag Technik, 1971.

[28] Takahashi, Y. - Rabins, M.J. - Auslander, D.M.: Control and Dynamic Systems. Addison-Wesley, 1970.

[29] Timothy, L.K. - Bona, B.E.: State Space Analysis. McGraw-Hill, 1968.

[30] Unbehauen, H.: Regelungstechnik II. Friedrich Vieweg und Sohn. 5. Auflage, 1989.

[31] Weinmann, A.: Regelungen - Analyse und technischer Entwurf, Band 2. Springer-Verlag Wien, 2. Auflage, 1987.

[32] Zadeh, L.A. - Desoer, C.A.: Linear System Theory. McGraw-Hill, 1963.

Mathematische Methoden für Abtastsysteme

[33] Cuénod, M. - Durling, A.: A Discrete-Time Approach for System Analysis. Academic Press, 1969.

[34] Doetsch, G.: Anleitung zum praktischen Gebrauch der Laplace-Transformation und der z-Transformation. R. Oldenbourg Verlag, 6. Auflage, 1989.

[35] Gabel, R.A. - Roberts, R.A.: Signals and Linear Systems. J. Wiley, 2. Auflage, 1980.

[36] Jury, E.I.: Theory and Applications of the z-Transform Method. J. Wiley, 1964.

[37] Papoulis, A.: Circuits and Systems. Holt, Rinehart and Winston, 1980.

[38] Vich, R.: Z-Transformation. Verlag Technik, 1964.

Bücher über digitale Regelung

[39] Aström, K.S. - Wittenmark, B.: Computer Controlled Systems - Theory and Design. Prentice-Hall, 2. Auflage, 1990.

[40] Büttner, W.: Digitale Regelungssysteme. Friedrich Vieweg und Sohn, 1990.

[41] Feindt, E.-G.: Regeln mit dem Rechner. R. Oldenbourg Verlag, 1990.

[42] Franklin, G.F. - Powell, J.D. - Workman, M.L.: Digital Control of Dynamic Systems. Addison-Wesley, 2. Auflage, 1990.

[43] Gausch, F. - Hofer, A. - Schlacher, K.: Digitale Regelkreise - Ein einfacher Einstieg mit dem Programm µLINSY (mit PC-Diskette). R. Oldenbourg Verlag, 1991.
Neuauflage in Vorbereitung.

[44] Isermann, R.: Digitale Regelsysteme 1/2. Springer-Verlag, 2. Auflage, 1987/88.

[45] Latzel, W.: Regelung mit dem Prozeßrechner (DDC). Bibliographisches Institut, 1977.
Neuauflage in Vorbereitung.

[46] Samal, E.: Grundriß der praktischen Regelungstechnik. R. Oldenbourg Verlag, 16. Auflage (bearbeitet von W. Becker), 1990.
Teil II: Digitale Regelungstechnik.

Mathematische Grundlagen

[47] Bronstein, I.N. - Semendjajew, K.A.: Taschenbuch der Mathematik. Verlag Harri Deutsch, 25. Auflage, 1991. Ergänzende Kapitel. 6. Auflage, 1991.

[48] Föllinger, O.: Laplace- und Fourier-Transformation. Hüthig Buch Verlag, 6. Auflage, 1993.

[49] Behnke, H. - Sommer, F.: Theorie der analytischen Funktionen einer komplexen Veränderlichen. Springer-Verlag, Nachdruck der 3. Auflage, 1972.

[50] Zurmühl, R. - Falk, S.: Matrizen und ihre Anwendungen. Springer-Verlag, 2 Bände.
Band 1: Grundlagen.
a) 5. Auflage, 1984.
b) 6. Auflage, 1992.

Regelungstechnische Grundlagen

[51] Föllinger, O., unter Mitwirkung von F. Dörrscheidt und M. Klittich: Regelungstechnik, Einführung in die Methoden und ihre Anwendung. Hüthig Buch Verlag, 7. Auflage, 1992.

[52] Thoma, M.: Theorie linearer Regelungssysteme. Friedrich Vieweg und Sohn, 1973.

Sachwortverzeichnis

Methoden der Regelungs- und Automatisierungstechnik

Eine Buchreihe, herausgegeben von
Otto Föllinger, Hans Sartorius
und Volker Krebs

Roppenecker
Zeitbereichsentwurf linearer Regelungen

Föllinger
Nichtlineare Regelungen

Litz
Dezentrale Regelungen

Föllinger
Lineare Abtastsysteme

Schmidt
Simulationstechnik

Föllinger
Optimierung dynamischer Systeme

Krebs
Nichtlineare Filterung

Pfaff
Regelung elektrischer Antriebe I

Pfaff/Meier
Regelung elektrischer Antriebe II

Freund
Regelungssysteme im Zustandsraum

R. Oldenbourg Verlag
Rosenheimer Straße 145, 81671 München

www.ingramcontent.com/pod-product-compliance
Lightning Source LLC
Chambersburg PA
CBHW050657190326
41458CB00008B/2600
9783486227253